权威·前沿·原创

皮书系列为
"十二五""十三五"国家重点图书出版规划项目

BLUE BOOK

智库成果出版与传播平台

大数据应用蓝皮书

BLUE BOOK OF
BIG DATA APPLICATIONS

中国大数据应用发展报告 *No.4*
(2020)

ANNUAL REPORT ON DEVELOPMENT OF
BIG DATA APPLICATIONS IN CHINA No.4 (2020)

中国管理科学学会大数据管理专委会
国务院发展研究中心产业互联网课题组
主　编／陈军君
副主编／吴红星　端木凌

社会科学文献出版社
SOCIAL SCIENCES ACADEMIC PRESS（CHINA）

图书在版编目（CIP）数据

中国大数据应用发展报告. No.4，2020 / 陈军君主
编. -- 北京：社会科学文献出版社，2020.12
（大数据应用蓝皮书）
ISBN 978 - 7 - 5201 - 7651 - 4

Ⅰ. ①中… Ⅱ. ①陈… Ⅲ. ①数据管理 - 研究报告 -
中国 - 2020 Ⅳ. ①TP274

中国版本图书馆 CIP 数据核字（2020）第 233525 号

大数据应用蓝皮书

中国大数据应用发展报告 No.4（2020）

主　　编／陈军君
副 主 编／吴红星　端木凌

出 版 人／王利民
责任编辑／刘学谦　吕　剑

出　　版／社会科学文献出版社·当代世界出版分社（010）59367004
　　　　　地址：北京市北三环中路甲 29 号院华龙大厦　邮编：100029
　　　　　网址：www.ssap.com.cn
发　　行／市场营销中心（010）59367081　59367083
印　　装／天津千鹤文化传播有限公司

规　　格／开本：787mm×1092mm　1/16
　　　　　印张：20.5　字数：305 千字
版　　次／2020 年 12 月第 1 版　2020 年 12 月第 1 次印刷
书　　号／ISBN 978 - 7 - 5201 - 7651 - 4
定　　价／168.00 元

本书如有印装质量问题，请与读者服务中心（010 - 59367028）联系

大数据应用蓝皮书专家委员会

（按姓氏笔画排序）

主要编撰者简介

陈军君　国务院发展研究中心主管主办媒体《中国经济时报》高级编审，中国经济时报社新媒体平台"产业头条"CEO。国务院发展研究中心"产业互联网课题组"联络员，"产业互联网论坛"副秘书长。长期关注产业发展、产业升级和产业政策。在《中国经济时报》任职期间，先后参与新疆维吾尔自治区区域发展专题调查、工业和信息化部中国制造2025试点城市调研、国务院发展研究中心"德国工业4.0在中国的创新与应用"课题组调研等一系列活动，发表相关一系列调查报告及新闻报道，参与《中国制造业大调查：迈向中高端》一书写作。履新"产业头条"后，致力于打造"从产业信息推送到产业项目落地一揽子解决方案"的综合平台。

梁铁中　博士，中国管理科学大数据专委会专家委员，武汉市政府决策咨询委员，曾担任武汉市经济和信息化委员会、住房公积金管理中心等政府经济主管部门负责人，参与并主持市"十一五"到"十三五"间工业产业发展规划的制定和实施及战略新兴产业发展与资金投资管理，对科技成果转化与产业融合创新发展具有丰富经验。

梁　刚　高级统计师，特聘研究员、特聘教授，国家卫计委、湖北省卫计委统计和信息化建设专家。从事卫生统计和卫生信息化的研究和管理。毕业于同济医科大学卫生统计专业，硕士。主持设计武汉市新型农村合作医疗管理信息系统，武汉市居民电子健康档案平台；主持国家区域信息化示范工程—鄂州市区域信息平台建设，云南省临沧市人民医院建设。主持完成国内领先水平科研成果五项，高质量论文四篇，获得第一届中美医学建模竞赛一等奖。担任中国卫生信息与健康大数据学会卫生信息标准专业委员会常委，中国卫生信息与健康大数据学会健康大数据安全和产业委员会常委，中国医院协会信息管理专业委员会（CHIMA）常委，湖北省卫生统计与信息学会副主任委员，武汉市卫生统计学会副主任委员。

周耀明 博士，高级工程师，中国联合网络通信有限公司安徽省分公司首席科学家，中国管理科学学会大数据管理专业委员会副主任，安徽省通信学会大数据与人工智能专业委员会主任。长期从事通信技术、计算机技术应用和通信业务发展工作，精通通信业务市场营销、信息化支撑以及通信网络运营；对移动通信业务、固定通信业务、互联网业务、物联网业务以及移动电子商务等具有多年从业经验并具有很深的造诣；多次主导长途网、数据网、视讯网、接入网、IT 支撑网以及网络维护、信息安全建设和运营。近年来，从事信息化架构发展研究和系统建设，推进大数据、5G 物联网研究发展，积极深入 BI 数据分析、数据挖掘和 AI 人工智能应用。

孟宪伟 研究员级高级工程师，安徽四创电子股份有限公司北斗事业部总经理，享受省政府特殊津贴专家，入选安徽省"特支计划"创新领军人才。兼任北斗卫星导航技术安徽省重点实验室主任、IEC（国际电工委员会）专家、全国导航设备标准化技术委员会委员、工信部定额站标准审核专家、安徽省网络安全和信息化专委会委员、安徽省电子学会理事、安徽省农业信息化协会常务理事等职务；获得安徽省科技进步一等奖（排名第1），国防工业"工人先锋号"（第1负责人）等奖励；先后主持科技部、工信部与发改委20余项国家与省部级项目，主导制定国际标准1项，主编国家标准6项，行业标准8项；主持研发的北斗产品获国家重点新产品2项、安徽省新产品3项；获省部级科技奖项6项；申请专利41项（发明专利21项），授权专利21项（发明专利9项）；发表论文12篇（SCI 收录1篇、EI 收录6篇）。研究成果在交通、海洋海事、国防军工等领域产生良好的经济和社会效益。

摘　要

"大数据应用蓝皮书"由中国管理科学学会大数据管理专委会、国务院发展研究中心产业互联网课题组和上海新云数据技术有限公司联合组织编撰，是国内首本研究大数据应用的蓝皮书。该蓝皮书旨在描述当前大数据在相关行业、领域及典型场景应用的状况，分析当前大数据应用中存在的问题和制约其发展的因素，并根据当前大数据应用的实际情况，对其发展趋势做出研判。

《中国大数据应用发展报告 No. 4》（2020）分为总报告、指数篇、热点篇、案例篇四个部分，描述了 2020 年大数据应用热点问题。

随着 5G、大数据、云计算、物联网、人工智能和工业互联网的迅猛发展，加之政府数据的初步开放、"无接触经济"全面激活，各项新基建政策的密集发布以及基础设施建设的逐步推进……2020 年新形势之下，数据驱动正逐渐成为一切业务应用的基础，大数据应用无处不在。

2019 年底席卷全球、至今仍未消散的新冠肺炎疫情给全球社会生活、经济生产带来巨大冲击，给我国各地政府管理、社会治理、民生服务、产业发展、企业生产经营带来巨大挑战和困难。而大数据在本次抗击疫情中起到了巨大作用，助力我国实现精准"抗疫"和恢复生产两不误，且催生、推动了"无接触经济"的发展。与此同时，2020 年初政府工作报告中确立的"新基建"已成为应对疫情和经济下行的有效手段，既代表经济高质量发展的未来方向，也成为数字经济发展新引擎。

在此背景下，本书聚焦"新基建"、政府应急管理等领域，策划组织了大数据应用在疫情下的社会治理等方面的实践案例，以及由此引发的数据安全、数据安全治理等相关探索实践。从中不难发现，未来，大数据管理和应

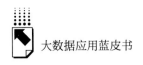

用将是国家治理体系和治理能力现代化建设的基础支撑能力。

大数据应用无处不在，已融入各行各业，渗透至经济活动、社会生活的方方面面。2020年4月，中共中央、国务院发布关于要素市场配置的文件，将数据与劳动力、资本、土地、科技并列为五大生产要素。本卷《大数据应用蓝皮书》提醒，随着国际单边主义和科技保护主义势力的抬头，我国高科技产品供应链受到影响，技术创新源头受到制约，中国大数据核心技术发展需要寻找自主创新的新途径。

关键词：大数据应用 新基建 政府应急管理

序 一
大数据发展前景广阔

黄　维*

美国卫斯理大学图书管理员 Fremont Rider，早在 1944 年就描绘了"2040 年耶鲁大学图书馆将收藏 2 亿卷图书，书架绵延 6000 英里，6000 名员工忙于编撰图书目录"的惊人景象。之后，在很长时间里，人类也从没停止过积极谋求管理和掌握高度密集复杂信息的努力。

随着数据存储、数据处理、数据传递核心能力飞速发展，人类初步具备了利用大数据掌握复杂信息的能力。大数据的发展已上升至国家战略，大数据的应用遍及百姓日常的方方面面。大数据发展和应用对于整个人类社会的重要影响已经显而易见，但社会各界对大数据发展的探索尚未停歇。近十年来，大数据技术体系已经相对成熟，大数据的一些基本原则和理论已经广泛使用，大数据的一些基本处理和分析方法已经得到普遍应用，具有高度数据密集的第四范式科学研究方法也得到更多科研人员的关注和认可。但由于数据的复杂性，现有的大数据技术能力尚远远不足、应用还远远不够。大数据的异构计算、时空大数据的理论与技术尚待完善，大数据技术与人工智能、物联网、区块链等相关技术仍需要融合发展，不同行业背景下的大数据管理方法和理论仍需要探讨。

从应用与管理角度看，大数据仍有很大发展空间，需要"易使用、好管理"。目前开源大数据技术体系复杂，部分云产品存在大规模数据迁移、

---

* 黄维，中国科学院院士，俄罗斯科学院外籍院士，中国有机电子学与柔性电子学的主要奠基者，西北工业大学党委常委、常务副校长。中国化学会第三十届理事会副理事长。

数据部署困难问题；数据经过长期积累以后，容易产生数据倾斜并引发效率问题；数据仓库的部署、调试、管理、优化缺少可视化技术手段；掌握大数据的专业技能水准门槛要求高，为大数据技术普及应用带来瓶颈。

从知识和方法角度看，大数据应用管理的系统化知识和方法需要深入普及。尽管目前大量学术机构组织开展了包括大数据成熟度、数据资产管理体系等研究，但由于具体业务场景的复杂，如何将自身业务与数据有效结合利用，如何满足数据伦理、法律、法规的制约，充分发挥数据资源的最大价值，仍然需要不断摸索。

从技术和发展角度看，大数据技术不是孤立发展的，应与相关领域技术密切联系。数据的采集，数据的挖掘与数据价值的流通、变现等，需要与多个学科交叉融合。大数据技术发展在与物联网、5G、人工智能、云计算等信息技术密切协同基础上，还应进一步与空间探测、知识图谱、生物工程等学科深入结合，可形成更为宽泛的大数据应用，发挥更大的数据价值。

《中国大数据应用发展报告》是一本研究跟踪中国大数据管理与应用发展的年度报告，具有时效性、权威性、普及性的特点，能够对中国大数据前沿成果做出学术性总结，富含知识并对中国大数据的发展有借鉴价值。中国管理科学学会大数据管理专业委员会的相关专家们一直为此不懈努力，迄今已经成功出版了三卷，涉及大数据发展趋势、技术前沿、最新应用成果。本书是该系列报告的第四卷，收纳了2020年度中国数字经济、社会治理、新基建等当前最新领域大数据发展成果，对中国大数据发展起到了推广作用。

目前，中国大数据发展保持强劲增长态势，数据量快速增长，大数据应用十分广泛，推动中国大数据快速发展已经成为全国共识。随着大数据与数字化、网络化、智能化的深度融合，大数据将迎来更加美好的发展前景。

序 二
"无接触经济"助推经济社会新发展

李怀林*

2020 年暴发的全球新冠肺炎疫情，带给人类巨大灾难，疫情的迅速扩散，给人类社会带来恐慌，对既有经济秩序带来冲击。从经济发展的角度看，防疫抗疫的过程中实质上给一些产业带来了损失，但是也为某些产业带来机遇，特别是以互联网、大数据、人工智能、虚拟现实产业为代表的"无接触经济"，实现逆势增长。

在克服疫情带来的种种困难过程中，以"无接触经济"为主的产业转变、经济转型和社会形态升级已全面激活。2020 年的经济数据表明，智能制造、无人配送、在线消费、医疗健康等产业在疫情期间都有显著的逆势增长，大数据、人工智能、互联网、物联网作用得到明显体现。这种"无接触经济"，就是表现为在未来经济生活的各个环节中，人与人之间尽可能地减少面对面的物理接触和空间接近，而更多地通过"人——物——人"、"人——网络——人"等物理和实体空间相对隔离的方式开展经济生活。无接触经济作为特定时期特定环境下促进生产、推动经济发展的经济模式，已然成为经济发展新的重要标志。

"无接触经济"作为新时期经济发展的一个闪耀亮点，已经随着"互联网经济"的发展呈现出新的特征。例如，消费者在电子商务交易过程中已经不需要和卖家面谈；患者通过在线医疗诊断已经无须去医院问诊；企业利

---

* 李怀林，教授级研究员。享受国务院政府特殊津贴专家。中国检验检测学会会长。国家标准化专家委员会委员，深圳大学中国质量经济发展研究院特聘教授。

用智能化技术手段可以实现无灯工厂、无人物流仓储等。

为了更好发展"无接触经济",我们需要在以下方面做好准备。

首先,"无接触经济"需要保证"人"的安全。在生产、社会活动和日常生活中,防止人身受到自然灾害,以及来自电、核、磁、生物毒害等物质侵害,要加强利用检验检测的力量。例如借助于大数据、人工智能技术开展全员健康码的检验,及时发现并追踪可能产生的风险。

其次,"无接触经济"需要保证"物"的安全。产品和服务是市场最基本的要素和产物,如何在不见面、不接触的前提下保证产品是安全合格的?这就要依靠信息技术、网络技术、智能技术、物联网、云计算、大数据技术为检验检测提供手段,开发更高效、更环保、更智慧的产品,满足消费者的合法需求。

第三,"无接触经济"需要保证"网"的安全。无论是大数据中心、互联网还是5G,所有的信息系统都存在安全隐患。要通过加强检验检测来保证网络和信息系统的正常运转,这需要我国的政治、科学、技术、经济各界共同努力。

《大数据应用蓝皮书》是国内首本研究大数据应用的蓝皮书。该蓝皮书提供的大数据应用在疫情下的社会治理等方面的实践案例,对大数据产业和"无接触经济"发展有着很强的引领性,极具参考价值。

大数据应用无处不在,已融入各行各业,渗透到经济活动、社会生活的方方面面。大数据对"无接触经济"具有巨大推动作用,"无接触经济"将成为经济社会发展的新亮点。

目　录

Ⅰ　总报告

Ⅱ　指数篇

Ⅲ　热点篇

Ⅳ 案例篇

V　附录

皮书数据库阅读**使用指南**

总　报　告

General Report

General Report

B.1

创新·突围：深度变革时期的
中国大数据发展

大数据应用蓝皮书编委会

摘　要： 中国的社会经济技术正进入深度变革时期，正朝向高质量发展做重要转变。2020年，我国数字治理作用得到显现，数字经济驱动力量加强，产业与经济结构面临调整，大数据面临新的机遇和重要挑战。随着数据生产要素化、政府数据的初步开放、"无接触经济"全面激活，数据经济的数据核心价值得到体现，大数据的核心作用更加明显。近年来，新基建有望成为我国迅速拉动宏观经济的新动力而得到了高度关注。随着各项新基建政策的密集发布以及基础设施的逐步推进，大数据的发展具备了充实的物质基础和内容基础。新形势下，数字治理作用得到强调，数字政府发展态势良好，"大数据＋网格化"成为智慧城市的一种发展途径。随着国际单边主义

大数据应用蓝皮书

和科技保护主义势力的抬头，我国高科技产品供应链受到影响，技术创新源头受到制约，中国大数据核心技术发展需要寻找自主创新的新途径。

关键词： 数字智能　新基建　社会应急体系　数据治理　开源软件

一　深度变革时期的中国大数据

2020 年处于中国"两个一百年奋斗目标"的时间交汇，是实现全面建成小康社会的收官之年，是中国"十四五"规划的开篇谋划之年，意味着我国正朝向现代化国家努力奋进。随着新冠肺炎疫情的暴发，世界的变局加速了进程，经济全球化遭遇逆流，保护主义、单边主义上升，世界经济低迷，国际贸易和投资大幅萎缩，给人类社会带来了前所未有的挑战和考验①。国内发展也面临前所未有的风险挑战，中国面临消费、投资、出口下滑，就业压力显著加大，企业经营困难凸显等诸多问题。2020 之后的"十四五"时期，中国科技、经济、社会呈现深刻变化，经济由高速发展向高质量阶段发展，中国正处于改变发展方式、转变发展路径、转换增长动力的起步与关键时期。中国大数据面临重大机遇和挑战。

首先，以大数据、人工智能为重要技术特征的数字经济成为重要发展枢纽。"十四五"期间以原子能、电子计算机、空间技术、生物工程为重要内容的第三次工业革命进入尾声，第四次工业革命尚未形成。世界经济被认为进入了第五次经济长周期的结束和第六次经济长周期的开始②，新一代数字技术被寄予厚望。以云计算、智能制造、大数据、人工智能、5G 为代表的

---

① 习近平：《以坚定的步伐走出人类历史上这段艰难时期》，中新网，http://www.chinanews.com/gn/2020/09-05/9283345.shtml，2020 年 9 月 5 日。
② 陈长缨：《"十四五"时期新一轮科技工业革命变化趋势，影响和应对》，《经济研究参考》2019 年第 23 卷，第 24~33 页。

新信息技术将与增材制造、基因技术等相互融合, 逐步进入深入和大规模应用阶段, 引发新技术积累效应, 触发更加深刻的产业变革, 数字经济进入高速发展阶段。

其次, 全球供应链布局呈现区域化特征, 引发我国产业结构问题更加突出, 数字经济新动能有待进一步释放。目前, 全球供应链布局逐渐由全球化向局域化转变, 供应链关系由互补转变为替代、由合作转变为竞争。随着东南亚等国家在土地、劳动力、能源等方面成本优势增强, 中国产业外迁压力加大, 我国区域产业差异变大、产业结构不合理问题更加突出。在此形势下, 具有跨产业经济模式的数字经济、智能经济赋能作用进一步加强, 将突破服务业的发展障碍, 进而带动相关产业增长, 数据的核心作用凸显。

再次, 各国新科技工业革命竞争激烈, 科技保护主义势力逐渐抬头, 对我国数字经济产生不利影响。随着争夺技术资源的竞争加剧, 以美国为代表的国家除对我国核心芯片、基础软件等技术从供应链源头进行压制之外, 还采取禁止我国高科技技术产品出口、采用经济制裁、限制高技术人才流动等多种手段压制中国高科技企业, 从而限制了我国技术产业的创新发展, 对我国新技术产业发展带来阻碍, 大数据核心技术发展需要寻找新的途径。

在新形势下, 中国将面临社会变迁挑战, 大数据在社会治理中发挥的作用有待加强。一是我国人口正处于老龄化、城镇化、中产化、数据社会化的社会结构变迁阶段①, 面临包括养老金供给侧与需求侧不匹配、人口竞争加剧、中产阶层碎片化、社会阶层更加分化等诸多问题与矛盾。大数据等相关技术在社会资源调配、引领社会意识形态、防止社会断裂等方面具备的优势需要进一步发扬。二是疫情以来, 中国政府采取了各项有力措施, 中国的疫情防控进入常态化, 社会应急体系面临更大压力。数字化的公共卫

---

① 张翼:《社会发展、结构变迁与社会治理——"十四五"社会治理需关注的重大问题》, 《中国特色社会主义研究》2020 年第 3 期, 第 5 ~ 13 页。

生应急管理体系应该在数据及时采集、平战结合的全生命周期管理、疫情快速响应与调度、政府应急管理事项的全覆盖、区域的精准划分等领域发挥重大作用。

二 大数据在中国数字经济高速发展中起到核心作用

数字经济自20世纪90年代被提出以来，其定义一直在改变，这也折射出技术高速发展的性质以及使用技术的企业和消费者易变特征。到了21世纪，数字经济被定义为："是经济总体产出中，衍生于数字输入的部分，其中这些数据输入包括数字技能、数字设备（硬件、软件以及通信设备）以及中间数字产品和服务。①"随着以数字为基础的交易越来越与经济的各项功能密不可分，人们更多地采用了数字经济的广泛定义，数字经济是使用数字技术来完成各种经济活动的总和。如图1所示，数字经济可表示为数字领域（digital sector）、数字经济（digital economy）与数字化经济（digitalized economy）三部分内容，其中数字领域与数字经济被称为狭义数字经济，其内容涵盖ICT基础设施和ICT产品、平台和数字服务，数字化经济则表示除去狭义定义之外的数字经济活动。依据此定义，数字经济对全球经济有重要影响，并且主要集中在中美两国，约占世界数字经济总量的40%。

围绕着大数据的经济活动是数字经济的一部分内容，数字经济的关键活动更是离不开大数据技术与应用的支持。如图2所示，数字经济的各种活动是围绕着数据展开的社会分工，数据是整个生产过程的劳动资料，是数据价值链的起点。数据从收集、存储到分析，直至转化为数字智能（Digital Intelligence），才真正具备货币变现的条件。数字智能包括数据分析和算法，能够指导社会组织进行决策和创新活动，通过对生产资源、生产关系的优化

---

① Mark Knickrehm, Bruno Berthon, Paul Daugherty, "Digital disruption: The Growth Multiplier, Optimizing Digital Investments to Realize Higher Productivity and Growth", 2016.

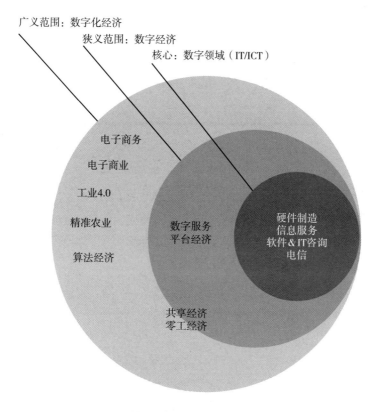

图1　数字经济的内涵

资料来源：Bukht and Heeks，2017。

与调整，进而对社会经济结构产生重大影响。在数字经济的生产链的每一个环节，都离不开大数据手段。首先，在数据价值链过程中，数据存在价值密度低的特征，因此需要汇集足够多的数据才能发现一定的有价值的知识，而在数据集聚、存储、管理的过程，需要借助于包括网络、存储、算力的大数据基础设施支撑，借助于大数据的收集、清洗、分析、检索手段才能提炼出有价值的知识，并利用数据可视化手段将其价值明白地展示出来。其次，在数据货币化过程中，数字智能的变现同样借助于大数据工具，以数据驱动营销、数据驱动销售、数据驱动生产、数据驱动采购、数据驱动协同等方式帮助企业增进效益并获取利润。

　　中国的数字经济发展迅速，总体增加值和GDP比重逐年增加。如图3

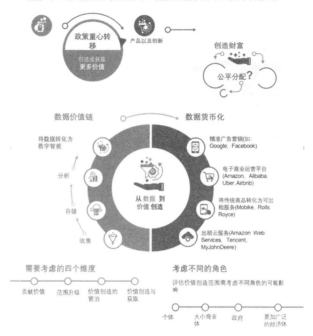

图 2　数据经济的价值

资料来源：联合国 2019 年数字经济报告。

所示，中国数字经济 GDP 比重由 2005 年的 14.2% 提高到 2019 年的 36.2%，增加值由 2005 年的 2.6 万亿元增加到 2019 年的 35.8 万亿元。中国数字经济进入数字产业化、产业数字化、数字化治理、数据价值化四个领域协同发展阶段。其中，产业数字化 2019 年增值规模为 28.8 万亿元，占 GDP 比重为 29.0%；数字产业化增加值规模为 7.1 万亿元，占 GDP 比重为 7.2%。[①]数据价值化、数字化治理发展稳健，功效显著。围绕着中国数字经济发展，2020 年的中国大数据发展呈现出数据生产要素化、政府数据资源得到初步开放、"无接触经济"全面激活等特征。

---

① 中国信息通信研究院：《中国数字经济发展白皮书（2020）》，2020 年 7 月。

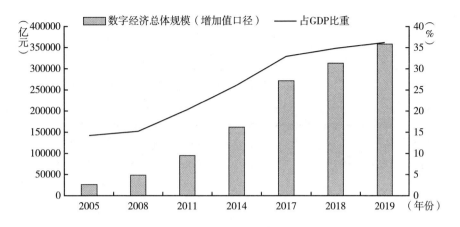

图3　中国数字经济逐年增长

资料来源：中国信息通信研究院。

（一）数据生产要素化

2020年4月，中共中央、国务院发布关于要素市场配置的文件①，将数据与劳动力、资本、土地、科技并列为五大生产要素，提出要推进政府数据共享开放，提升社会数据资源价值，加强数据资源整合与保护。数据作为生产要素在市场上流通，就需要首先明确数据权利的归属。自2015年起，我国以大数据交易所、行业机构、数据服务商、大型互联网公司为主体建立了一系列数据确权平台，如表1所示。随着我国将数据列为生产要素，数据确权平台的作用得到进一步强调，数据要素流转将更为顺畅。

表1　部分数据确权平台

平台名称	城市	公司名称
北京大数据交易服务平台	北京市	北京软件和信息服务交易所有限公司
中关村数海大数据交易平台	北京市	中关村数海大数据交易平台公司
京东万象大数据交易平台	北京市	北京京东尚科信息技术有限公司(京东智联云)

---

① 新华社：《中共中央　国务院关于构建更加完善的要素市场化配置体制机制的意见》，http：//www.gov.cn/zhengce/2020 – 04/09/content_ 5500622. htm，2020年9月10日。

续表

平台名称	城市	公司名称
百度智能云云市场	北京市	北京百度网讯科技有限公司
数粮	北京市	北京数量信息科技有限公司
天眼查	北京市	北京金堤科技有限公司
APIX	北京市	北京黑格科技有限公司
抓手数据	北京市	中青联盟大数据研究(北京)有限公司
中国管理大数据交易平台	北京市	中源数聚(北京)信息科技有限公司
数据星河	北京市	北京中数融合数据服务有限公司
数据堂	北京市	数据堂(北京)科技股份有限公司
发源地数据交易平台	上海市	上海连源信息科技有限公司
上海数据交易中心	上海市	上海数据交易中心有限公司
重庆大数据交易市场	重庆市	贵阳现代农业大数据有限公司
哈尔滨数据交易中心	黑龙江省/哈尔滨市	哈尔滨数据交易中心有限公司
天元数据	山东省/济南市	浪潮集团有限公司
西咸新区大数据交易所	陕西省/西安市	西咸新区大数据交易所有限责任公司
中原大数据交易中心	河南省/郑州市	河南中原大数据交易中心有限公司
环境云	江苏省/南京市	南京云创大数据科技股份有限公司
中国数据商城	江苏省/南京市	南京赢想力信息技术有限公司
聚合数据	江苏省/苏州市	天聚地合(苏州)数据股份有限公司
企查查	江苏省/苏州市	苏州朗动网络科技有限公司
华东江苏大数据交易平台	江苏省/盐城市	华东江苏大数据交易中心股份有限公司
杭州钱塘大数据交易中心	浙江省/杭州市	杭州钱塘大数据交易中心有限公司
浙江大数据交易中心	浙江省/乌镇镇	浙江大数据交易中心
东湖大数据交易中心	湖北省/武汉市	武汉东湖大数据交易中心股份有限公司
长江大数据交易中心	湖北省/武汉市	长江大数据交易中心公司
华中大数据交易平台	湖北省/武汉市	湖北华中大数据交易股份有限公司
阿凡达数据	湖北省/鄂州市	湖北普雅花互联互通科技发展有限公司
数据宝	贵州省/贵安新区	贵州数据宝网络科技有限公司
贵阳大数据交易所	贵州省/贵阳市	贵阳大数据交易所有限责任公司
贵阳现代农业大数据交易中心	贵州省/贵阳市	贵阳现代农业大数据有限公司
大数据挖掘模型交易平台	广东省/广州市	广东泰迪智能科技股份有限公司
iDataAPI	广东省/广州市	广州简亦迅信息科技有限公司

资料来源:以上内容为作者自行搜集整理。

（二）政府数据资源得到初步开放

数据资源是数据经济的起点和源头，数据资源的充沛对于数据经济的可持续发展起到决定性作用，而中国的信息数据资源集中掌握在政府手中，因此中国政府数据开放程度直接决定了数据市场的繁荣程度。2019 年，中国政府数据开放进入高发期，表 2 列出了部分政府开放的网站平台。随着政府数据的开放，围绕着数据的精加工产业配合将逐渐形成，应用生态更加丰富。

表 2　国内部分政府数据开放平台

数据开放平台名称	网站地址	数据开放情况
北京市政务数据资源网	http://www.bjdata.gov.cn/jkfb/index.htm	
上海市政府数据服务网	https://data.sh.gov.cn/http://www.data.sh.gov.cn/home!toHomePage.action	47 个数据部门,98 个数据开放机构,3989 个数据集(其中 1930 个数据接口),10 个数据应用,39052 个数据项,103384016 条数据
天津市信息资源统一开放平台	https://data.tj.gov.cn/	21 个主题、53 个部门、571 个数据集、600 个数据接口
成都市公共数据开放平台	http://www.cddata.gov.cn/	647 个开放目录,680 个开放数据集,52 个部门,38768396 条数据,3035 个数据文件,39 个 API,12 个应用
数据开放——四川省人民政府网站	http://www.scdata.net.cn/odweb/index.htm	37 个省级部门、2 个市(州)开放数据集 1000 个,开放接口 91 个,开放应用 16 个,开放数据总量达 9346 万条
达州市政府数据开放平台	http://data.dazhou.gov.cn/	302 个数据集、21 个部门、14841172 条数据、437 个 API、12 个应用
雅安市人民政府数据开放栏目	http://www.yaan.gov.cn/shuju.html	
福建省公共信息资源统一开放平台	https://data.fujian.gov.cn/odweb/	61759.43 万条数据,711 个资源,1357 个数据接口,48 个部门
厦门市大数据开放平台	http://data.xm.gov.cn/	8896790 条数据,789 个数据资源,327 个数据接口、39 个部门

续表

数据开放平台名称	网站地址	数据开放情况
开放广东	http://gddata. gd. gov. cn/	51 个省级部门,21 个地市部门,5124 个数据集,政府数据 1.474 亿条,81 个数据应用
广东省金融数据开放平台	http://210. 76. 74. 192/	
佛山市政府数据开放平台	http://www. foshan – data. cn/	49 个部门,25 个主题分类,1068 个数据集,42671557 条数据
深圳市政府数据开放平台	http://opendata. sz. gov. cn/	46 个市级部门,2416 个数据总量,24606 项数据,333357342 条数据,2384 个数据接口
广州市政府数据统一开放平台	http://data. gz. gov. cn/	68 个部门,1307 个数据集,100248678 数据量
数据东莞	http://dataopen. dg. gov. cn/dataopen/	22527874 条数据、67 个部门、710 类资源、15865 个数据包、5236286 次浏览、230424 次下载
惠州市政府数据开放平台	http://data. huizhou. gov. cn/	4521697 条数据、418 个数据集、46 个部门
珠海市民生数据开放平台	http://data. zhuhai. gov. cn/	40 个部门,372 个数据集,49 个数据接口服务,10 个数据应用,431 个数据资源
广东省政府数据统一开放平台 – 潮州市	http://gddata. gd. gov. cn/data/dataSet/toDataSet/dept/515	139 个数据集
广东省政府数据统一开放平台 – 河源市	http://gddata. gd. gov. cn/data/dataSet/toDataSet/dept/510	114 个数据集
江门市数据开放平台	http://data. jiangmen. gov. cn/	39 个部门、12 个主题分类、417 个开放数据集、87. 24 万条数据
中山市政府数据统一开放平台	http://zsdata. zs. gov. cn/web/index	215 个数据集总数,56 个机构部门,1736366 条数据
肇庆市人民政府数据开放平台	http://www. zhaoqing. gov. cn/sjkf/	
贵阳市政府数据开放平台	http://www. gyopendata. gov. cn/	14416440 条数据,2729 个数据集,384 个数据接口,44 个市级部门,13 个区县
遵义市政府数据开放平台	http://www. zyopendata. gov. cn/	248 开放数据集;295 个开放文件;29 个部门
铜仁市政府数据开放平台	http://gztrdata. gov. cn/	累计提供 310 个数据资源,其中数据类型资源 69 个,接口 164 个,应用 77 个
海南省政府数据统一开放平台	http://data. hainan. gov. cn/	20 个主题,15 个部门,3 个数据集,1052 个数据接口

续表

数据开放平台名称	网站地址	数据开放情况
河南省公共数据开放平台	http://data. hnzwfw. gov. cn/odweb/	47 个部分，20 个领域，357.72 万数据量，806 数据集，1607 数据接口，10 个应用
江西省政府数据开放网站	http://data. jiangxi. gov. cn/	14723 条数据，60 个数据目录，1 个接口，24 个部门
宁夏回族自治区数据开放平台	http://ningxiadata. gov. cn/odweb/index. htm	
石嘴山政府数据开放平台	http://szssjkf. nxszs. gov. cn/	已开放 100 个数据集，110 个数据资源，32 个部门
银川市城市数据开放平台	http://data. yinchuan. gov. cn/	
山东公共数据开放网	http://data. sd. gov. cn/	52 个部门，41841 目录，9.91 亿数据，7.51 万数据接口，22 个应用
济南市公共数据开放网	http://www. jndata. gov. cn/	71 个部门，2106 个数据集，4300 个接口，6506 个文件
青岛公共数据开放网	http://data. qingdao. gov. cn/	10 个区县，47 个部门，3243 个数据目录，2284 万条数据，5636 个数据接口，2 个创新应用
陕西省公共数据开放平台	http://www. sndata. gov. cn/	57 个部门 1300 多个可开放目录，省级部门已开放 121 个目录，1654 万条数据。（＊2018 年数据）
浙江政务服务网"数据开放"专题网站	http://data. zjzwfw. gov. cn/	全省共开放 8933 个数据集（含 4545 个数据接口），39238 项数据项，143049.42 万条数据
宁波市政府数据服务网	http://www. datanb. gov. cn/nbdatafore/web/indexpage. action	
蚌埠市人民政府数据开放栏目	http://www. bengbu. gov. cn/sjkf/index. html	开放数据集 73 类
黄山市人民政府数据开放栏目	http://www. huangshan. gov. cn/DataDevelopment/showTopicContentList/8/page_2. html	
武汉市政务公开数据服务网	http://www. wuhandata. gov. cn/whData/	开放数据部门 101 家，开放数据集 4749 类，开放数据总量 154437 条
苏州市政府数据开放平台	http://www. suzhou. gov. cn/OpenResourceWeb/home	开放数据 237 个，开放接口 237 个，开放部门 6 个

续表

数据开放平台名称	网站地址	数据开放情况
常州市政府数据开放平台	http://opendata. changzhou. gov. cn/	812590 条数据;653 个数据资源;63 个部门;2577160 次访问;37992 次下载
哈尔滨市政府数据开放平台	http://data. harbin. gov. cn/	46 个部门;1110 个数据集;5755308 条数据;4138 个数据文件;2315 个数据接口;9 个 App
嫩江市政务公开统计数据	http://www. nenjiang. gov. cn/zwgk/tjsj/	
内蒙古自治区人民政府国有资产监督管理委员 - 数据开放栏目	http://gzw. nmg. gov. cn/zwgk/zdlyxxgk/sjkf/	
香港特区政府资料一线通	https://data. gov. hk/sc/	
澳门特区政府统计暨普查局	https://www. dsec. gov. mo/home_zhmo. aspx	
台湾政府资料开放平台	http://data. gov. tw/	38745 个资料集,18 个分类,649 个部门
中国人民银行	http://www. pbc. gov. cn/diaochatongjisi/116219/index. html	主要包括社会融资规模、金融统计数据、货币统计、金融机构信贷收支统计、金融市场统计、企业商品价格指数,等等,数据权威且容易查找,实用性强
中国银行业监督管理委员会	Http://Www. Cbrc. Gov. Cn/Chinese/Home/DocViewPage/110009. Html	主要包括银行业的数据统计,包括资产负债规模、主要监管数据等
中国证券监督管理委员会	http://www. csrc. gov. cn/pub/newsite/sjtj/	主要包括证券市场、期货市场相关数据,每天更新快报,并有周报、月报等定期更新
中国银保险监督管理委员会	http://www. cbirc. gov. cn/cn/index. html	对银行业和保险业机构的公司治理、风险管理、内部控制、资本充足状况、偿付能力、经营行为和信息披露
中国国家统计局	http://www. stats. gov. cn/tjsj/	主要包括国家经济宏观数据,社会发展、民生相关重要数据及信息,非常全面,且定期发布统计出版刊物,实用性强
国家数据	http://data. stats. gov. cn/	数据源来自国家统计局,但排版更清晰简洁,包括国计民生各个方面的月度数据、季度数据、年度数据、各地区数据、部门数据以及国际数据

续表

数据开放平台名称	网站地址	数据开放情况
中国政府网数据栏目	http://www.gov.cn/shuju/	主要包括 CPI、GDP、PPI、工业生产增长指数、固定资产投资、社会消费品零售总额、粮食产量等的指数统计，只列出了主要数据，数据来源于国家统计局，点击会跳转至统计局的国家数据网站。查找起来比较简洁清晰，适合需要快速获取这些基础数据的人群
中国经济数据库	https://www.ceicdata.com/zh-hans/products/china-economic-database	
中国互联网信息中心	http://www.cnnic.cn/	主要包括互联网发展相关基础数据，相对第三方机构的互联网数据而言，数据更宏观且权威

资料来源：以上内容为作者自行搜集整理。

（三）"无接触经济"给大数据带来更多应用场景

2020年，中国的"无接触经济"得到了全面激活，成为新的经济增长点。新冠肺炎疫情的暴发给大量行业带来冲击的同时，给新经济技术产业带来机会，包括远程办公、音视频会议、医疗信息化和产业互联网、传媒互联网、电商、在线教育和教育信息化、服务机器人、大数据、IDC 等行业成为经济新增长点。2020年春节复工期间，我国共计超过4亿用户使用远程办公应用。2020年3月到5月期间，全国网上零售额综合合计26464.0亿元，同比增长7.3%，实现逆势增长①。2020年6月，我国在线教育用户规模达4.5亿，较2018年底增长110%，约2.65亿在校生转向线上教育②。随着"无接触经济"的全面激活，大数据应用场景更为丰富，大数据应用得到进一步发展。

---

① 艾瑞咨询：《后疫情时代，电商新生态助力中国消费经济复苏》。
② 比达咨询：《2020上半年度中国在线教育行业发展报告》，2020年9月11日，https://www.sohu.com/a/417562051_783965。

三 新基建带来大数据发展机遇

我国是 2018 年提出新基建概念的，目前尚没有准确的定义，其理解包括新基建是信息基础建设；新基建是与数字经济相关的基础建设；新基建是包括 5G 等 7 个领域建设等，不一而足。目前被普遍接受的标准是"以高质量发展为目标，以信息网络为基础，提供数字转型、智能升级、融合创新等服务。"① 除了对新基建的定义尚不统一，学者们对于新基建是否具有宏观经济拉动作用也存在争议。存在新基建是"宏观经济稳增长的关键"和新基建"还是挑不起大梁"两种截然不同的声音。

新基建与"老基建"的区别在于新，特征是：首先是技术新，新基建目的在于通过数字技术推动产业经济结构的调整。新一代信息技术成为重要的技术驱动力量，以大数据、人工智能、物联网等信息技术与其他行业新旧技术相互融合相互促进，进而繁衍出丰富技术形态，技术创新与融合将成为新基建技术活动的主线。其次是投资主体新，由于新基建广泛采用了 5G、人工智能、区块链、大数据、云计算等先进技术，部分采用量子通信、芯片制造、卫星导航等前沿技术，核心和关键技术创新尚没有停止。技术与市场均存在不确定性，以政府为主体的组织机构很难及时做出投资方向、投资规模的正确判断。因而新基建需要以社会资本为主导。同时为了应对新技术大规模应用的不确定性，新基建需要引入新的投资模式和融资工具。最后是投资区域新，中国希望通过新基建改善中西部经济就业结构、经济结构，力图实现国内地区均衡发展，因而不同于传统基建，新基线的重点投资方向集中在我国中西部欠发达地区。

2020 年以来，国内国际形势趋于复杂，全球经济形势严峻，受众多因素影响，我国提出"六稳""六保""经济双循环"等众多举措。新基建成为促进经济增长、改善经济结构的"新风口"而备受瞩目。2020 年以来，

---

① 2020 年 4 月 20 日国家发改委在新闻发布会上对新基建的回应。

围绕着新基建的各项政府政策密集出台，如表3所示，其中包括大数据、大数据中心、智慧城市等成为各地新基建政策内容。随着各项政策的出台，资金计划也在积极启动，截至2020年3月，13省市启动了34万亿资金计划。从目前新基建关注的行业来看，我国也具有一定优势，例如：目前我国5G基站建设数目居于世界首位，已经有近20万座基站建成并投入使用，5G的专利数量世界领先，约占世界总数的33%。数据中心机架和投资均大幅增长，2019年分别达到了217万架和3698亿元，阿里、腾讯、京东、百度分别进入全世界数据中心运营商排名前十行列。人工智能领域有1189家活跃企业，占世界总数的22%。中国高铁运营里程达2.5万公里，占世界总量的66.3%。我国充电桩基础设施数量已累计达124万个，远远高于其他国家。

表3 2020年部分新基建政策

发布时间	政府	文件名称	部分内容
2020年5月9日	四川省	《2020年四川省政府工作报告》	"关于2020年重点工作安排建议"中，提到"要补短板扩大有效投资。推动基础设施等重点领域补短板三年行动，加大5G网络、大数据中心等新型基础设施投资力度，抓好700个重点项目建设，加强重大项目争取和储备"
2020年5月10日	云南省	《2020年云南省政府工作报告》	"以更大力度推进'数字云南'建设，加快培育壮大新动能。"主要讲到要"深入实施'云上云'计划，积极布局新基建，加快培育数据要素市场，推动'上云用数赋智'，建设产业互联网，加快建设'数字云南'"，以及"加快布局5G网络、数据中心、区块链技术云平台、人工智能、工业互联网、物联网等新基建，提升数字经济发展支撑能力"
2020年5月11日	甘肃省	《关于进一步促进消费扩大内需的实施意见和行动计划的通知》（甘政办发〔2020〕41号）	"坚持抓重点、补短板、强弱项，统筹推进传统基础设施和新型基础设施建设，着重围绕农村村组道路、农村燃气、农村电网、全省水网、冷链物流、老旧小区改造、重大物资储备、5G建设等八大领域，研究制定并推进落实专项实施方案，不断增进民生福祉，培育壮大消费新动能"
2020年5月11日	上海市	《上海市推进新型基础设施建设行动方案（2020～2022年）》（沪府办〔2020〕27号）	"到2022年，全市新型基础设施建设规模和创新能级迈向国际一流水平，5G、人工智能、工业互联网、物联网、数字孪生等新技术全面融入城市生产生活。"为实现这一目标，其提出了实施"新网络、新设施、新平台、新终端"建设行动四大任务，并成立上海市新型基础设施建设推进工作机制

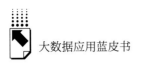

续表

发布时间	政府	文件名称	部分内容
2020 年 5 月 18 日	上海市	《关于加快特色产业园区建设促进产业投资的若干政策措施》（沪府办〔2020〕31 号）	"加强新型基础设施建设,带动新兴产业投资。聚焦新网络、新设施、新平台、新终端等,加快以 5G 为代表的信息基础设施、人工智能、工业互联网、智能网联汽车、智能电网等领域新型基础设施建设"
2020 年 5 月 18 日	湖北省/黄冈市	《关于加快推进重大项目建设着力扩大有效投资的实施意见》（黄政发〔2020〕8 号）	围绕"十四五"规划谋划项目。具体而言要"狠抓'十四五'重大工程项目研究谋划,聚焦新基建,谋划一批 5G、特高压、城际高速铁路和城际轨道交通、新能源汽车充电桩、大数据中心、人工智能、工业互联网七大领域项目"
2020 年 5 月 20 日	广东省	《关于培育发展战略性支柱产业集群和战略性新兴产业集群的意见》（粤府函〔2020〕82 号）	在保障措施中提到要"有效提升创新水平",具体包括"深入实施新一轮技术改造,持续支持企业加大设备更新和基础设施质量提升,加速建设 5G 网络、数据中心、人工智能、物联网等新型基础设施,促进集群数字化网络化智能化转型升级"
2020 年 5 月 21 日	海南省/三亚市	《三亚市加快新型基础设施建设若干措施》（三府规〔2020〕9 号）	本市新基建建设领域包括 5G 基站、数据中心、人工智能、区块链、卫星互联网等信息基础设施;智慧城市、智慧能源、新能源充电桩等融合基础设施;深海科技、南繁育种、卫星遥感等创新基础设施;以及崖州湾科技城、互联网信息产业园、遥感信息产业园等重点产业园区建设。为推动这些领域发展,共提出了十点措施,具体包括加大财政支持、加强人才引进,等等
2020 年 5 月 21 日	江西省/赣州市	《赣州市开发区创新发展三年倍增行动计划实施方案（2020～2022 年）》（赣市府办字〔2020〕38 号）	在工作举措中提到要布局新兴产业链,具体包括"抢抓 5G、大数据、人工智能、工业互联网等新基建发展机遇,以智能制造为主攻方向,推进新一代信息技术与现有产业链深度融合、系统重构"
2020 年 5 月 22 日	中央政府	《2020 年全国政府工作报告》	将安排地方政府专项债券 3.75 万亿元和中央预算内投资 6000 亿元,重点支持既促消费惠民生又调结构增后劲的"两新一重"建设,主要是:加强新型基础设施建设,发展新一代信息网络,拓展 5G 应用,建设充电桩,推广新能源汽车,激发新消费需求、助力产业升级

发布时间	政府	文件名称	部分内容
2020 年 5 月 30 日	广东省/广州市	《加快推进数字新基建发展三年行动计划（征求意见稿）》	意见征求内容包括三年行动目标为"建成 5G 基站 8 万座，总投资超过 500 亿元，培育 200 家 5G 应用领域创新型企业"。主要任务为"1. 开展 5G'头雁'行动；2. 开展人工智能场景构建行动；3. 开展工业互联网融合创新行动；4. 开展充电基础设施提升行动"。以及一系列政策支持
2020 年 6 月 4 日	福建省	《2020 年数字福建工作要点》（闽政办〔2020〕23 号）	要"加快新基建建设"，具体内容为"优化提升信息网络基础设施。力争建成 2 万个以上 5G 基站，5G 网络优先覆盖核心商圈、重点产业园区、重要交通枢纽等"，以及"完善提升政务网络基础设施。加强政务信息网安全防护，推进无线政务专网应用等。建设数字福建展示大厅。加强政务数据交互安全保障，推进重要领域国产密码应用"
2020 年 6 月 7 日	山东省	关于贯彻落实国务院《政府工作报告》若干措施的通知（鲁政发〔2020〕10 号）	提到在落实政府工作报告中强调的"两新一重"项目建设方面，要"1. 着力解决 5G 基站建设运营中遇到的电价高和进场难等焦点问题，支持济南打造 5G 新基示范城市、示范基地（园区）；2. 2020 年年底前建成高速公路服务区充电站 162 座，2022 年年底前全省充电基础设施保有量达到 10 万个以上；3. 城镇基础设施全年完成投资 800 亿元以上；4. 积极对接争取国铁集团提高山东干线铁路项目出资比例，对部分城际铁路项目出资；5. 2020 年如期完成方案确定的 1643 个重点水利项目既定建设任务；6. 编制东平湖、南四湖生态保护和高质量发展规划，争取重点工程项目纳入国家相关规划"
2020 年 6 月 10 日	北京市	《加快新型基础设施建设行动方案（2020～2022 年）》	通过聚焦"新网络、新要素、新生态、新平台、新应用、新安全"六大方向，对北京新基建建设进行部署，重点任务主要包括"建设 5G、千兆固网、卫星互联网、车联网、工业互联网、政务专网等新型网络基础设施；建设新型数据中心、云边端设施、大数据平台、人工智能基础设施、区块链服务平台、数据交易设施等数据智能基础设施；建设共性支撑软件、科学仪器、中试服务生态、共享开源平台、产业园区生态等生态系统基础设施；建设重大科技基础设施、前沿科学研究平台、产业创新共性平台、成果转化促进平台等科创平台基础设施；建设政务、城市、民生、产业等智慧应用基础设施；以及建设可信安全基础设施"

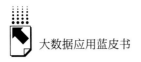

发布时间	政府	文件名称	部分内容
2020 年 6月 10 日	山东省/潍坊市	《新型基础设施建设三年行动计划（2020～2022 年）》（征求意见稿）	意见征求内容主要目标为实施"1310"工程,即 1 个目标、3 大行动、10 类应用场景。其中,1 个目标是:5G 网络支撑有力,大数据中心资源体系完善,工业互联网普及推广,人工智能技术领先,特高压、新能源汽车充电桩、加氢站、城际高铁和城市轨交保障完善,基本建成集约高效、经济适用、智能绿色、安全可靠的现代化新型基础设施体系。3 大行动是:实施信息基础设施创新行动、融合基础设施突破行动、创新基础设施提升行动。10 类应用场景是:建设智慧农业、智慧工厂、智慧生活、智慧医疗、智慧交通、智慧教育、智慧旅游、智慧监测、智慧社区、智慧政务等应用场景。计划实施"新基建"项目 119 个,总投资 1720 亿元
2020 年 6月 12 日	陕西省/商洛市	《2020 年商洛市政府工作报告》	提出要"加强中心城市基础建设",其中重点提到"积极适应高铁时代,搞好高铁站点建设,做好高铁大道、高铁新城和南新街等项目前期工作。抓好第六代互联网协议部署,推进 5G 网络等新型基础设施建设"
2020 年 6月 12 日	陕西省/咸阳市	《2020 年咸阳市政府工作报告》	提出要"狠抓重点项目建设和项目争取",其中重点提到"突出 5G、工业互联网等新型基础设施以及新型城镇化和交通、水利等重大工程"
2020 年 6月 15 日	陕西省/宝鸡市	《2020 年宝鸡市政府工作报告》	提出要"加强新型基础设施建设,年内实现主城区和重点景区、大型场馆、交通枢纽等重点区域 5G 网络整体覆盖"
2020 年 6月 15 日	浙江省/宁波市	《推进新型基础设施建设行动方案（2020～2022 年）》（甬政发〔2020〕29 号）	提出主要目标为"到 2022 年全市 5G、AI、物联网等新技术全面融合生产生活,实施 100 个重大新型基础设施项目,释放 2000 亿元融资"。为实现这一目标,要进行"信息基础设施提升行动;融合基础设施提速行动;创新基础设施提质行动;以及新基建带动产业赋能行动"
2020 年 6月 19 日	重庆市	《新型基础设施重大项目建设行动方案（2020～2022 年）》（渝府发〔2020〕18 号）	要围绕信息基础设施、融合基础设施、创新基础设施 3个方面,突出新型网络、智能计算、信息安全、转型促进、融合应用、基础科研、产业创新 7 大板块重点,强化重大项目的牵引与带动作用,积极布局 5G、数据中心、人工智能、物联网、工业互联网等新型基础设施建设,有序推进数字设施化、设施数字化进程。力争到 2022 年,基本建成以新型网络为基础、智能计算为支撑、信息安全为保障、转型促进为导向、融合应用为重点、基础科研为引领、产业创新为驱动的新型基础设施体系,基础设施泛在通用、智能协同、开放共享水平全面提升,打造全国领先的新一代信息基础支持体系

续表

发布时间	政府	文件名称	部分内容
2020 年 6 月 29 日	福建省/福州市	《推进新型基础设施建设行动方案（2020～2022 年）》（榕政综〔2020〕104 号）	提出"到 2022 年，基本形成信息基础设施布局完备、融合基础设施广泛赋能、创新基础设施驱动发展的良好格局，全市新型基础设施建设规模和发展水平达到国内一流水平"。并给出 5G 基站数量等详细指标。为实现这些目标，《方案》给出三大点 18 小点重点任务，包括"优化提升信息基础设施、深化建设融合基础设施以及强化布局创新基础设施"
2020 年 7 月 9 日	浙江省	《新型基础设施建设三年行动计划（2020～2022 年）》（浙政办发〔2020〕32 号）	提出总体目标"到 2022 年，全省新基建投资累计近万亿元；建成 5G 基站 12 万个以上；培育 10 个以上产业基地、100 家以上标杆企业、100 家以上高能级创新平台"。为实现这一目标，《计划》表示要积极开展"数字基础设施建设、整体智治设施建设、生态环境设施智能化建设、交通物流设施智能化建设、清洁能源设施智能化建设、幸福民生设施智能化建设、重大科研设施建设、产业创新平台建设、产业融合发展、应用场景创新"等十大行动
2020 年 7 月 10 日	工信厅	《工业互联网专项工作组 2020 年工作计划》（工信厅信管函〔2020〕153 号）	按照"提升基础设施能力、构建标识解析体系、建设工业互联网平台、突破核心技术标准、培育新模式新业态、促进产业生态融通发展、增强安全保障水平、推进开放合作、加强统筹推进、推动政策落地"等分类给出了总计 54 项重点任务的具体举措，并设置 2020 年 9 月、11 月和 12 月为三个时间节点，树立相应年度目标，各部门配合完成
2020 年 7 月 16 日	农业农村部	《全国乡村产业发展规划（2020～2025 年）》（农产发〔2020〕4 号）	给出总体目标，"到 2025 年，乡村产业体系健全完备，乡村产业质量效益明显提升，乡村就业结构更加优化，产业融合发展水平显著提高，农民增收渠道持续拓宽，乡村产业发展内生动力持续增强"。为实现这一目标，要"推进加工装备创制。扶持一批农产品加工装备研发机构和生产创制企业，开展信息化、智能化、工程化加工装备研发，提高关键装备国产化水平。运用智能制造、生物合成、3D 印刷等新技术，集成组装一批科技含量高、适用性广的加工工艺及配套装备，提升农产品加工层次水平"
2020 年 7 月 16 日	广东省/广州市	《2020 年广州市进一步加快 5G 发展重点行动计划》（穗工信函〔2020〕54 号）	提出工作目标是"到 2020 年底，新建 5G 基站 1.27 万座，实现全市行政区域范围 5G 信号连续覆盖。5G 用户数达 500 万户，打造 5G 应用 300 个，5G 应用体验中心 5 个"。为实现这一目标，要"加快 5G 网络建设、加强 5G 应用培育、推动 5G 产业集聚"，并给出了 15 项具体举措

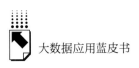

发布时间	政府	文件名称	部分内容
2020 年 7 月 16 日	四川省/成都市	《新型基础设施建设行动方案（2020～2022 年）》（成办发〔2020〕65 号）	"到 2022 年，基本形成技术先进、模式创新、四网融合、支撑有力的新型基础设施，与铁路、公路、桥梁等传统基础设施共同构建数字化、网络化、智能化的基础设施体系，对国民经济和社会发展的贡献度和支撑力显著提升"。为实现这一目标，要"坚持网络赋能、适度超前，大力实施基础信息网攻坚工程；坚持集中攻坚、优化布局，大力实施枢纽交通网畅达工程；坚持保障有力、安全高效，大力实施智慧能源网支撑工程；坚持应用牵引、平台支撑，大力实施科创产业网升级工程"。其中每项工程下都有 3~5 项具体措施
2020 年 7 月 27 日	福建省/莆田市	《加快 5G 网络建设和产业发展实施方案》（莆政办〔2020〕57 号）	"力争到 2020 年，全市建成 5G 基站 2000 个；2022 年，全市建成 5G 基站 8000 个，5G 个人用户数超过 50 万，5G 相关产业产值规模超 400 亿元"。为实现这一目标，要"加快 5G 新型基础设施建设；布局 5G 产业集群；推进 5G 社会应用；打造 5G 示范工程"，具体包括 18 项详细任务
2020 年 7 月 28 日	四川省	《关于推动制造业高质量发展的意见》	提出发展目标，"到 2025 年，制造业增加值占全省地区生产总值比重稳中有升，高技术制造业营业收入占规模以上工业营业收入比重提高 5 个百分点左右，制造业企业研发经费年均增长 10% 左右，亩均营业收入年均增长 7% 左右，创新型经济形态加快形成，集群化、高端化、智能化、绿色化、融合化发展成为主要特征，制造业竞争实力迈入全国先进行列"。为实现这一目标，要"推进制造业数字化赋能"，具体包括"建设新型数字基础设施、推进制造业数字化转型、培育数字经济核心产业"

资料来源：以上内容为作者自行搜集整理。

新基建的推进必然带来数据量的激增，数据成为新基建的核心。而目前各行业数据应用普遍面临"存不下、流不动、用不好"的难题。海量数据结构复杂，大规模的数据迁移存在带宽等限制，数据应用的"算力墙、网络墙、介质墙"等诸多问题成为制约大数据应用发展的瓶颈。提供数据的"采－存－算－管－用"全生命周期管理支撑成为数据基础设施的重要目标。协同、融合、智能、安全、开放成为数据基础设施的发展趋势；跨数据源协同、跨域协同分析、异地数据即时访问、跨域计算能力共享成为数据基础设施的重要场景；异构算力融合、存算融合、数据库存储融合、协议融合、格式融合成为重要目标。智能芯片、智能软件框架、智能数据治理成为关键环节；隐私合规、数据安全、平台安全成为重要安全保障；开放的产业技术和产业生态是数据基础设施的发展方向。我国的数据基建以大数据中心的建设为主体。2019 年数据中心机架规模达到 227 万架，投资规模达到 3698 亿，形成以华北、华东、中南为引领，中西部调整结构的局面。包括阿里、腾讯、华为、中国电信、中国移动在内的企业纷纷走出国门，为全球多个国家地区提供 IDC 服务，数据中心产业国际化、技术发展日益模块化的产业格局。5G、数据基础建设为大数据应用奠定物质基础，特高压、城际轨道交通等丰富了大数据应用场景，丰富了大数据应用空间。随着新基建持续推进，中国大数据将获得更大的发展空间。

四　大数据在数字治理中得到广泛应用

中国即将进入"十四五"规划发展时期，围绕着维护社会秩序、促进社会团结、激发社会活力、防范社会风险的任务目标，社会治理理念、体制机制和方式方法面临变革要求。以人民为中心的创新社会治理、深入推进社会治理体制改革、创新社会治理方式方法成为现阶段社会治理的主要改进目标。我国对完善数字治理体系、提升社会治理现代化水平提出了更高要求。我国社会治理正在向数字化治理转变。

数字化治理通常指依托互联网、大数据、人工智能等技术和应用，创新社会治理方法手段，优化社会治理模式，推进社会治理的科学化、精细化、高效化，助力社会治理现代化。从我国现阶段看，"数字政府"建设加速落地、数据融通共享步伐加快、政企合作挖掘社会治理新潜能、"大数据 + 网格化"治理成效明显、"智慧城市"发展"去虚向实"成为当前数字治理的重要发展趋势。

"数字政府"是数字化治理的重要抓手。在我国数字经济快速发展背景下，各省市数字政府建设呈现良好态势。数字政府信息化建设已经基本完成，正加速发展进入数据化时代。沿着智能驱动向需求驱动的服务模式演进，单向治理模式向共建共享模式演进，从人力分析到智能决策模式演进，从政府主导到社会化运营演进，呈现公共服务便民化、社会治理精细化、经济决策科学化特征。地域上形成了泛珠三角地区、长江三角洲地区、环渤海地区带动周边地区，"以点带线、以线及面"的发展格局。

一直以来，中国的智慧城市建设往往以"大数据平台＋城市大脑"方式进行，力图通过建设大数据平台实现政府数据汇集、部门数据共融共享，借助于"城市大脑"计算中枢实现数据决策和公共服务。但由于城市发展水平、信息化手段差异等原因，城市大数据平台建成的不多，大部分城市停留在政务数据共享交换水平上。2020年，全国各省市纷纷启动了"大数据＋网格化"的社会应急管理模式。该模式根据属地管理、地理分布、现状管理等原则，将管辖地域划分为若干网格状单元，利用大数据、人工智能技术动态，实时、精准地掌握辖区居民信息。区域之间借助于大型互联网企业、运营商的大数据手段，以微信、手机应用实现区域之间的信息共享。尤其是阿里、腾讯推出的健康码得到广泛普及，为阻断疫情源头做出极大贡献。"大数据＋网格化"成为智慧城市建设发展的一种新途径。

五　中国大数据需要加强关键技术的自主创新

长期以来，以美国为首的国家一直采用高技术产品出口限制的方式，对我国科技创新源头技术进行阻断。随着近些年的科技保护主义、单边主义势力抬头，其对我国的技术封锁愈演愈烈。2018年，以中兴遭到美国全面制裁为标志，美国对我国科学技术封锁和打击力度持续增大。截至2019年5月，已经有261家中国企业被纳入实体清单，且名单目录持续扩大。美国除对这些企业进行学术、技术、服务、销售、供应链等全面封锁之外，还利用

"长臂管辖"驱使其他国家禁售我国高科技技术产品和服务，意图从根源上控制我国技术供应链。我国的高新基础产业将在"十四五"期间受到更多限制。受益于开源软件，我国的大数据软件行业短期内尚没有遭受重大冲击。

中国软件企业广泛接受开源技术。据云计算开源产业联盟统计，我国已经有86.7%的企业采用了开源技术，与大数据相关的数据存储、大数据分析、数据库企业分别有56.7%、54.8%、48.6%采用了开源代码。我国的大数据技术严重依赖于开源技术。Hadoop技术体系对中国众多大数据技术厂商影响深远。Hadoop项目本来是Apache Nutch项目的子项目之一，受谷歌的研究成果影响，该子项目逐渐独立，至2006年，该项目被正式迁移出来，并被命名为Hadoop。2011年，项目释放出第一个开源版本Hadoop 1.0.0，具备了大数据的基本处理能力。此后产品一直不断演进迭代，系统框架和技术组件均有所变化。2017年，Hadoop 3.0版本被正式发布，系统进入了实用化状态。在Hadoop开发过程中，大量的技术组件包括HBase、Hive、ZooKeeper逐渐脱离Hadoop，成为Apache顶级项目，形成以Hadoop为核心的技术群体。该技术群体不断增长，包括FaceBook、Amazon、IBM、Google、Intel、EMC、Twitter、LinkedIn、Netflix等众多技术厂商以及各种各样开源技术组织均参与其中，其中不乏来自中国百度、阿里等团队和个人的参与，最终形成了一个庞大的技术联盟，被称为Hadoop技术生态。根据GitHub数据统计，目前一共有240个项目被列入Hadoop生态体系。按照分类，分别包括分布式文件系统，分布式编程系统，NoSQL，NewSQL，SQL中介，性能以及测试工具、数据挖掘、机器学习、服务编程、安全工具、调度系统、性能加速插件等近20个类别。

开源大数据在解决大数据系统基本可用的情况下，存在使用难题。首先，极度复杂的开源大数据技术体系导致使用困难。开源大数据技术产品来源于不同的技术组织，其应对场景与技术产品的框架思路完全不同，技术机理与开发环境千差万别。现实业务的复杂场景又需要通过不同的技术组合来满足，给开发团队提出了很高的技术要求。其次，开源技术组件由于缺少技

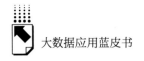

术服务团队，在使用过程中面临大量维护难题。例如大数据在数据倾斜、高并发环境下的数据缓存击穿、雪崩等问题。需要熟悉相关技术的人员采取措施防止和恢复。而驳杂的大数据技术组合，提高了运营维护的技术复杂度，带来管理风险。最后，开源大数据产品存在严重安全隐患。包括 Hadoop/Spark，Cassandra/Spark 等技术产品，在设计之初就没有考虑过安全审计、安全控制等问题。而随着问题暴露，开发组织往往采用打安全补丁、添加安全技术组件的方式来弥补，技术产品缺少安全整体规划，安全隐患问题突出。

中国很难从西方开源技术中演绎出自主产权的大数据核心技术。这主要有以下原因。第一，企业在修改开源核心代码时，存在两难选择。往往企业在修复软件产品 Bug 或者解决一个特殊场景问题，需要触及开源核心代码时有两种选择：其一是通过贡献源代码方式向代码拥有组织提交修改，这种方法不仅时效慢还容易暴露使用场景以及相关商业秘密。其二是将代码重新分支，由企业自行维护。但开源代码自身技术是由社区推动并不断演进的，企业要承担演进过程中代码合并的成本以及错误风险。一旦开源代码进行大的技术更迭，原先代码就会遭到弃用。企业要么甘于技术落后，要么承担大量工作白白浪费的后果。第二，企业在使用开源代码时，要防范与规避法律风险。开源代码通过许可证协议约束其开放范围，部分许可证协议如 GPL 等，往往要求企业公布其修改的源代码内容。许可证根据要求开放程度分为开放型、弱传染型、传染型、强传染型等种类，如表 4 所示。部分企业软件的开源许可则存在不确定性，例如 Neo4j，MongoDB，Kafka，Redis 等厂家均做了修改开源协议或者闭源的决定，以上厂家都是大数据重要的技术供应商，协议的修改给使用开源的国产大数据核心技术带来一定影响。第三，开源软件一样存在"长臂管辖"问题。以世界最大的开源代码托管平台 GitHub 为例，该平台拥有超过 3000 万人的开发用户，其托管代码库为 9600 万。大量的中国用户也参与其中，且数量仅次于美国。2019 年 5 月 21 日，该网站更新用户协议，提出其保管代码受美国进出口管治法律辖制，意味着其托管的代码资源与芯片技术一样，同样不向实体清单名录企业开放。图 4 为 GitHub 用户协议中的出口管制部分内容。

GitHub and Trade Controls

GitHub.com, GitHub Enterprise Server, and the information you upload to either product may be subject to trade control regulations, including under the U.S. Export Administration Regulations (the EAR).

GitHub's vision is to be the global platform for developer collaboration, no matter where developers reside. We take seriously our responsibility to examine government mandates thoroughly to be certain that users and customers are not impacted beyond what is required by law. This includes keeping public repositories services, including those for open source projects, available and accessible to support personal communications involving developers in sanctioned regions.

To comply with U.S. trade control laws, GitHub made some required changes to the way we conduct our services. As U.S. trade controls laws evolve, we will continue to work with U.S. regulators about the extent to which we can offer free code collaboration services to developers in sanctioned markets. We believe that offering those free services supports U.S. foreign policy of encouraging the free flow of information and free speech in those markets. For more insight on our approach and how sanctions affect global software collaboration, read our blog on sanctions.

Although we've provided the following information below for your convenience, it is ultimately your responsibility to ensure that your use of GitHub's products and services complies with all applicable laws and regulations, including U.S. export control laws.

图 4　GitHub 用户协议

表 4　开源许可协议

许可证类型	许可证名称	版本
开放型许可证 （Permissive License）	MIT license	/
	BSD 2 – Clause	2 – Clause
	BSD 3 – Clause	3 – Clause
	Apache License	2
弱传染型许可证 （Weak Copyleft License）	GNU LGPL	2.1
	GNU LGPL	3
	Mozilla Public License（MPL）	2
	Eclipse Public License（EPL）	1
传染型许可证 （Copyleft License）	GNU GPL	2
	GNU GPL	3
强传染型许可证 （Strong Copyleft License）	GNU AGPL	/
		3

西方开源大数据技术对于中国大数据核心技术发展影响将逐步减弱，中国要寻找新的途径发展大数据核心技术。除在基础科研发展大数据核心理

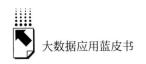

论、推进中国大数据核心技术研究之外，还需要采取以下措施：鼓励中国自己研发大数据技术产品，推动包括阿里的 MaxComputer、AnalyticDB，华为的 FusionInsight，以及 GBase、达梦数据库等国产数据库的应用，丰富国产数据库的应用场景。建设中国的开源社区，建设中国开源代码法律授权系统，鼓励中国企业组织和个人贡献原创的开源代码，建立类似 Gitee① 的代码平台。制定中国大数据产品标准和安全标准，制定大数据软件测试工具套件，加强对大数据开源代码以及产品的扫描分析工作。加强对现有开源代码研究，培养中国自己的大数据核心人才。

2020 年，我国处于外部环境与内部发展的深度变革时期。中国企业加速企业数字化转型过程，社会应急体系得到健全和完善，包括线上教育、电商、远程会议等行业得到高速增长，大数据应用得到广泛发展。随着"十四五"规划编制工作展开，大数据的物质基础和内容基础得到充分保障，伴随我国在自主核心知识产权的持续努力，大数据将在深度变革时期发挥重大价值。

---

① OSChina 建设的中国开源代码托管平台。

指 数 篇

Index Report

B.2
安徽省发展数字经济评价指标体系研究

汪 中　刘贵全[*]

摘　要：　本指标体系以数字中国白皮书为指导方向，结合安徽省各地市的实际情况，本着科学的设计理念，将数字经济分为数字产业化、产业数字化和信息基础设施3个大项、20个子项。采用专家法制定各评价体系指标百分比权重，按照功效系数法计算各地市的得分，再对安徽省16个地市各指标项的平均值、标准差、方差、峰度、偏度等信息进行统计分析。对安徽省数字经济的发展具有一定的推动作用，填补了省内数字经济指标体系的空白，为安徽省发展数字经济提供决策支持。

* 汪中，九三学社社员，博士（后），高级工程师。授权国家发明专利8项，申请软件著作权10项。安徽省计算机学会理事，安徽省百名专家讲科普成员，合肥市数字经济委员会委员、安徽省通信学会大数据专委会委员。主要研究方向：大数据、人工智能、智能交通等。刘贵全，中国科学技术大学计算机学院副教授，大数据分析与应用安徽省重点实验室。

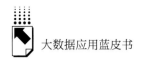
关键词： 数字经济　数字产业化　产业数字化　信息基础设施

一　发展数字经济评价指标体系设计

在全国层面，涉及数字经济发展的数据源主要有 4 个，一是《中国统计年鉴》、二是《中国电子工业年鉴》、《中国电子信息产业统计年鉴》和《1949～2009 中国电子信息产业统计》等[1]；三是《中国固定投资统计年鉴》及《中国固定投资统计数典 1950～2000》[2]；四是全国及地区投入产出表系列[3]。第一类为综合性宏观数据，第二和第三两类数据属于行业统计数据，最后一类是国民经济核算（SNA）数据。

针对安徽省数字经济的特点和发展趋势，发现安徽各地市的统计数据相较于国家层面的数据缺失较大，根据各地市实际获得数据的可行性及指标的实际可获得程度，制定了发展数字经济评价指标体系，包括数字产业化、产业数字化、基础设施 3 个大项、20 个子项，如表 1 所示。

表 1　发展数字经济评价指标体系

数字产业化指数	电子信息制造业
	电子信息制造业增速
	软件服务业
	软件服务业数及其增速
	电信、广播、微信传输
	电信、广播、微信传输增速
	互联网
	互联网增速
	信息产业企业数
	信息产业企业数及其增速
	信息产业固定资产投资占社会固定资产投资比重
	数字经济领域技术创新情况（输出成交额得分）
	数字经济领域技术创新情况（吸纳成交额得分）

---

[1]　数据堂科技股份有限公司：《大数据产业调研与分析报告》，2015 年 2 月。

[2]　联合国：《2019 数字经济报告》，2019 年 9 月。

[3]　中国电子技术标准化研究院：《工业大数据白皮书》，2019 年 3 月。

续表

	企业两化融合发展水平
	贯标水平
产业数字化指数	电子商务发展
	智慧教育
	智慧医疗
	智慧旅游
基础设施指数	信息基础设施

二 发展数字经济评价指标体系测算

发展数字经济评价指标计算方法分为如下 4 步：

（1）采用专家法制定各评价体系指标百分比权重；

（2）按照"功效系数法"计算各地市的得分，再根据权重计算出最终得分；

（3）再对各地市各指标项的平均值、标准差、方差、峰度、偏度等信息进行统计分析；

（4）编制各项指标的统计分析图。

其中，"功效系数法"又叫功效函数法，它是根据多目标规划原理，对每一项评价指标确定一个满意值和不允许值，以满意值为上限，以不允许值为下限，计算各指标实现满意值的程度，并以此确定各指标的分数，再经过加权平均进行综合，从而评价被研究对象的综合状况。功效系数是指各项评价指标的实际值与该指标允许变动范围的相对位置。在进行综合评价时，先运用功效系数对各指标进行无量纲度量转换，然后再采用几何平均法对各项功效系数求总功效系数，作为对总体的综合评价值。

设 X_{ij} 为第 i 个城市第 j 项指标值的评分值，x_{ij} 为第 i 个城市第 j 项指标的实际数值，x_{jmax} 为第 j 项指标的最大值，x_{jmin} 为第 j 项指标的最小值。采用功效系数法的公式如下：

$$X_{ij} = 0.4 * \frac{x_{ij} - x_{jmin}}{x_{jmax} - x_{jmin}} + 0.6$$

各子项指标采用"功效系数法"进行计算，将各地市的每项指标归一化到 60 ~ 100 分之间。对于个别地市的子项指标得分为 0 的情况（例如阜阳、淮北的软件及增速指标得分为 0），本报告综合分析各地市的实际情况并根据专家的意见设置子项指标得分为 0。

发展数字经济评价指标的权重设置采用专家评估法，组织相关领域专家对所选择的指标在促进数字经济发展方面的重要程度和关注程度，进行专家判断，最后汇总平均得到适用于发展数字经济督查激励评价指标体系的权重分配表，如表 2 所示：

表 2　发展数字经济督查激励评价指标体系权重设计

指标项		权重（%）
数字产业化指数	电子信息制造业	3
	电子信息制造业增速	2
	软件服务业	2.4
	软件服务业增速	1.6
	电信、广播、微信传输	1.2
	电信、广播、微信传输增速	0.8
	互联网	2.4
	互联网增速	1.6
	信息产业企业数	6
	信息产业企业数增速	4
	信息产业固定资产投资占社会固定资产投资比重	10
	数字经济领域技术创新情况(输出成交额得分)	5
	数字经济领域技术创新情况(吸纳成交额得分)	5
产业数字化指数	企业两化融合发展水平	7.5
	贯标水平	7.5
	电子商务发展	15
	智慧教育	3.3
	智慧医疗	3.3
	智慧旅游	3.4
基础设施指数	信息基础设施	15

三 评价结果及分析

（一）评价结果

1. 安徽省各地市综合得分

由图 1 可以看到，在安徽省数字经济领域中，综合实力最强的是合肥市，明显领先于其他各地市。合肥市作为安徽省的省会城市，数字经济领域的基础比其他地市均要领先，近年来，合肥市政府也相当重视数字经济领域的发展。目前，合肥市数字经济企业超过 700 家，2017 年数字经济规模占GDP 比重 35.77%，略高于全国平均水平 32.9%，高于安徽省数字经济占比26.89%[①]。2018 年数字经济总量 2920 亿元，占 GDP 比重 37.3%，高于全国和安徽省平均水平[②]。合肥市数字经济相关企业数量、营业收入、从业人员等多个数据居安徽省第一。数字经济如今日益成为合肥市经济发展的新动能，在合肥市经济发展中占据着重要位置。合肥市在大数据应用领域的企业最多，人工智能领域增长最快。合肥市在数字经济产业化方面，重点聚焦大数据、人工智能、集成电路、新型显示、智能制造、健康医疗等领域，积极打造区域性的数字经济生产应用中心，数字经济产业发展正在向第一梯队城市迈进[③]。

芜湖市、滁州市、宣城市综合得分处于安徽省数字经济领域中的第二梯队，淮北市、阜阳市、淮南市综合得分情况最不理想。从地域角度综合来看，皖北地区大部分城市在安徽省数字经济领域发展现状处于中下游地位，皖南和皖中地区大部分城市在安徽省数字经济领域表现处于中上游地位。城市数字经济综合实力的地域差异与城市自身的信息化基础建设密切相关，相对来说，皖北地区信息化建设起步较晚，重视程度也普遍不及皖南皖中地区。

---

① 赛迪顾问股份有限公司：《中国大数据产业发展白皮书》，2019 年 3 月。
② 中国信息通信研究院：《中国大数据与实体经济融合发展白皮书》，2019 年 5 月。
③ 中国信息通信研究院：《城市大数据平台白皮书 V1.0》，2019 年 6 月。

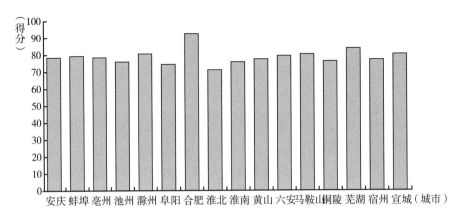

图1 安徽省各地市综合得分

2. 电子信息及增速得分

由图2可以看出，合肥市在电子信息（简称"电子"）项的得分在安徽省内处于领先地位，亳州市在电子信息增速项的得分在安徽省内排名第一。总体来看，安徽省电子信息产业发展态势良好，省内相关企业布局全面。以合肥市为例，合肥经开区是安徽省最大的电子信息产业基地及新型工业化电子信息产业示范基地，2017年经开区电子信息产业产值约774亿元，规模以上工业企业26家，主要分布在笔记本电脑、平板电脑整机制造及核心配套等环节。合肥经开区拥有中部地区最为完善的集成电路及电子信息产业链，形成了整机生产、零组件、配套环节等全产业链，本地化配套水平位居中部前列，构筑了以联宝电子、宝龙达、景智电子、航嘉电器、经纬电子、芯瑞达电子为代表的电子信息产业基地①。

3. 软件服务业及增速得分

由图3可以看出，合肥市的软件服务业（简称"软件"）得分在安徽省内处于领先地位。2019年，合肥市软件和信息服务业在统企业主营业务收入730亿元，从业人员超8万人。蚌埠市、池州市和合肥市的软件服务业增速势头在安徽省内并列第一。阜阳市、淮北市和黄山市尚未在软件服务业领域有所部署，未来有相当大的发展潜力。

---

① 首席数据官联盟，《中国大数据企业排行榜V6.0》，2019年5月。

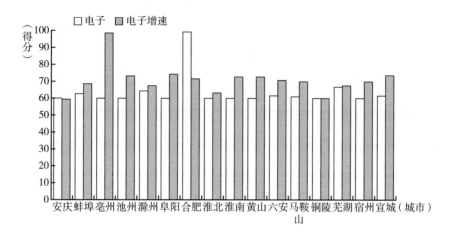

图 2　电子信息及增速得分

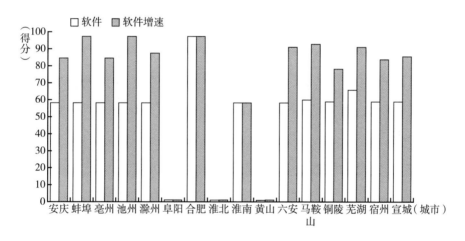

图 3　软件服务业及增速得分

4. 电信、广播、微信传输及增速得分

由图4可以看出，合肥市在电信、广播、微信传输领域得分在省内大幅度领先于其他城市，这与相关领域的龙头企业在安徽省内布局大部分选址在合肥市有一定关系。在电信、广播、微信传输增速方面，宣城市、黄山市、池州市和六安市发展势头都相对迅猛。

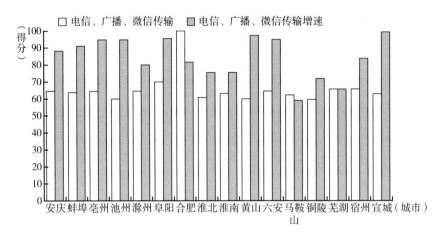

图4　电信、广播、微信传输及增速得分

5. 互联网及增速得分

互联网产业（简称"互联网"）定义为以现代新兴的互联网技术为基础，专门从事网络资源搜集和互联网信息技术的研究、开发、利用、生产、贮存、传递和营销信息商品，可为经济发展提供有效服务的综合性生产活动的产业集合体，是现阶段国民经济结构的基本组成部分。由图5可知，合肥市在互联网领域处于安徽省内领先地位，安庆市在安徽省内互联网领域增长幅度最快。亳州市、池州市和淮北市尚未在互联网领域有所发展。

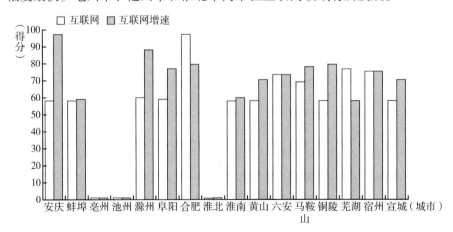

图5　互联网及增速得分

6. 信息产业企业数及增速得分

信息产业属于第四产业范畴，它包括电信、电话、印刷、出版、新闻、广播、电视等传统的信息部门和新兴的电子计算机、激光、光导纤维、通信卫星等信息部门。主要以电子计算机为基础，从事信息的生产、传递、储存、加工和处理。信息产业特指将信息转变为商品的行业，它不但包括软件、数据库、各种无线通信服务和在线信息服务，还包括传统的报纸、书刊、电影和音像产品的出版，而计算机和通信设备等的生产将不再包括在内，被划为制造业下的一个分支。由图6可知，在安徽省内，合肥市在信息产业领域处于大幅领先地位，亳州市在信息产业领域增长幅度最快。

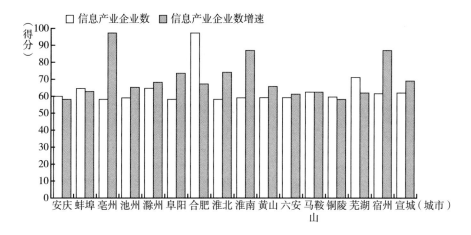

图6　信息产业企业数及增速得分

7. 信息产业固定资产投资占社会固定资产投资比重得分

由图7可知，在信息产业固定资产投资占社会固定资产投资比重项中，合肥市、滁州市、铜陵市处于前三，阜阳市、亳州市处于安徽省内落后地位。信息产业固定资产投资占社会固定资产投资比重项在一定程度上反映了当地的信息化程度，皖北地区传统产业根基较深，现代化信息企业进驻较少，投入的固定资产也相对其他传统产业较少。

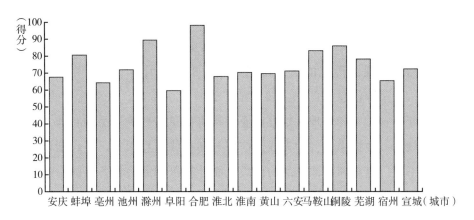

图7　信息产业固定资产投资占社会固定资产投资比重得分

8. 数字经济领域技术创新情况得分

由图8可知，合肥市和芜湖市在数字经济领域中的技术创新明显领先于其他城市。技术创新需要高层次人才，合肥市和芜湖市高校和企业内相关人才储量较其他城市更为丰富。

合肥是世界科技城市联盟会员城市、国家科技创新型试点城市、中国综合性国家科学中心。拥有诸多高校人才资源、拥有国内先进的技术。合肥科教资源丰富，拥有中国科学技术大学、合肥工业大学、中科院等实力雄厚的科研院所近100家，各类科研机构200多个，省部级以上研发平台544个，省部级以上重点实验室和工程实验室151个，其中国家重点（工程）实验室13个。建设并运行中科大先进技术研究院、中科院合肥技术创新工程院等10所新型研发和系统创新平台，形成了涵盖基础研究、共性技术攻关、转移转化、创新服务的创新体系。合肥市集聚了两院院士108人、院士工作站47家、国家千人计划专家195人，拥有专业技术人员73.8万人，各类人才总数130多万人，在校大学生、研究生60余万人，研发人员比例、每万人专业技术人员数位居全国前列。合肥是全国三大综合性国家科学中心之一，拥有国家级科研机构13个，继北京之后，全国排名第二。

芜湖市智慧城市研究院依托中国科学技术大学团队，在技术创新领域也有所突破，人才储备在安徽省内仅次于合肥市。

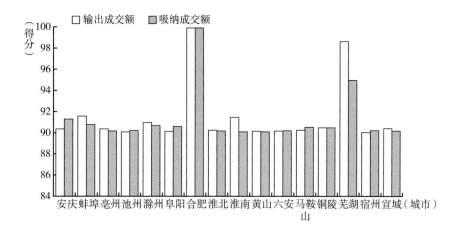

图8　数字经济领域技术创新情况得分

9. 企业两化融合及贯标得分

由图9可知，合肥市的企业两化融合发展水平和贯标水平均处于安徽省内领先地位。合肥市两化融合信息基础设施完善，且信息化提升工业发展的效益较好。合肥有着十分丰富、水平很高的科技教育资源，是全国唯一的国家科技创新型试点城市，和其他城市相比，其技术力量相对雄厚得多。科教文卫各项事业全面发展，交通通信便利，城市化水平高，是安徽省各城市发展的依托中心和联系纽带。由于高素质的人才资源丰富，这为其经济的高速发展提供了有力保障。工业的结构比较合理，工业门类比较多。重工、轻工都有一定的比例，在发展过程中通过能力的汇聚能产生很好的效果。合肥市两化融合发展也有一些劣势：生产性服务业经营成本较高。生产性服务业的发展对于"两化"融合的推动作用是巨大的，但近几年在各项生产要素价值尤其是土地和房地产价格迅速攀升的情况下，合肥市的生产性服务业的成本（土地成本、房屋租赁成本、人力成本、交通通信等）越来越高，这不仅对生产性服务业的发展带来不利影响，也对工业由单一的制造向"制造＋服务"模式方向发展带来不利影响。

其他城市两化融合水平相差不大，两化融合贯标水平有些许差异，皖北地区诸如宿州市、淮南市贯标水平显然不如其他地区。

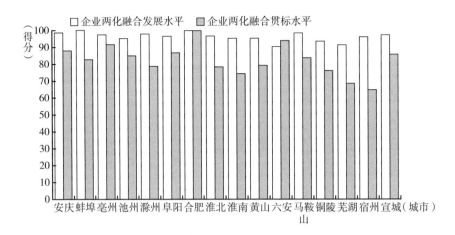

图9　企业两化融合及贯标得分

10. 电子商务发展得分

由图10可看出，合肥市和芜湖市在电子商务领域明显大幅领先于其他地市。淮北市和铜陵市在省内处于落后地位。

以合肥为例，蜀山经济开发区是全国首批国家电子商务示范基地，在发展数字经济产业上有着得天独厚的优势，目前有阿里巴巴一达通、敦煌网、大龙网等平台企业在开展"大数据+跨境电商"业务，顺丰速运、德邦货运等物流企业在开展"大数据+物流"业务。依托中科大及北京大数据研究院优势资源，以数据堂、中水三立、宝龙环保等国内外领先数字经济行业企业为重点，蜀山经济开发区大数据产业园一期、二期概念性规划也乘势出炉，构建以"1个大数据协同创新平台、2个国家级大数据产业基地、3个全国行业大数据应用中心"为主体的"123"大数据发展格局。肥东县以中国（肥东）互联网生态产业园建设为重要抓手，以合肥（华东）高端电子商务运营中心、合肥仙临生态农业电子商务平台等为拓展，大力引进国内外知名电子商务服务企业，集聚一批电子商务骨干人才，重点支持电子商务在生产、生活方面的应用，进一步强化其引领作用，将其打造成为合肥重要的电子商务中心。全县中小企业电子商务应用普及率达到60%；形成2~3个要素集聚、产业集中度高的电子商务示范区，引进国内外知名的电子商务领军企业和配套服务商 10 家以上，培育电子商务应用示范企业 100 家。

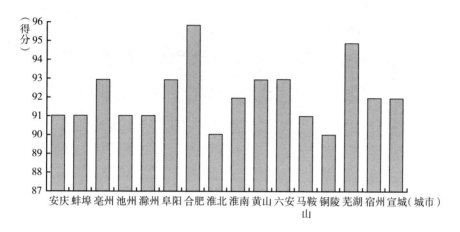

图 10　电子商务发展得分

11. 智慧教育、智慧医疗、智慧旅游得分

由图 11 可看出，安庆市、亳州市、合肥市、芜湖市、黄山市、马鞍山市和宣城市等大部分地市在智慧教育领域发展都处于良好态势。在智慧医疗指标上，安徽省内各地市差异也不大。在智慧旅游指标上，宣城市和黄山市领先于其他地市，依托城市内得天独厚的旅游资源，宣城市和黄山市大力发展智慧旅游，更好地促进当地旅游业的发展，从而进一步带动区域经济发展①。

12. 信息基础设施得分

信息基础设施主要指光缆、微波、卫星、移动通信等网络设备设施，既是国家和军队信息化建设的基础支撑，也是保证社会生产和人民生活的基本设施重要组成部分。信息基础设施的建设特点是投资量大、建设周期长、通用性强并具有一定的公益性，也更具有军民共用的性质。由图 12 可知，合肥市和芜湖市的信息基础设施建设在安徽省内较为完善，淮南市和铜陵市较为落后。

---

① 中国信通院：《全球数字经济新图景（2019 年）》，2019 年 10 月。

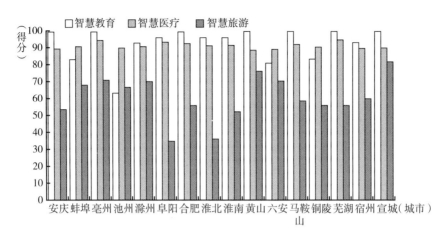

图11　智慧教育、智慧医疗、智慧旅游得分

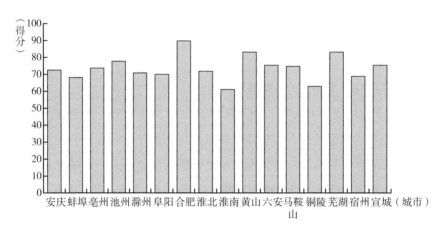

图12　信息基础设施得分

（二）结果分析

1. 合肥市分析

合肥市是安徽省数字经济领域中的"领头羊"，各项指标均位列安徽省首位。合肥市在数字经济领域应用层面有着许多可以思考、借鉴、推广的案例与思路。2018 年数字经济总量 2920 亿元，占 GDP 比重 37.3%，高于全国和安徽省平均水平。"2019 长三角城市数字经济指数"发布，合肥市以

78 分排名第五，与上海、杭州、无锡、南京一起，引领长三角"三省一市"数字经济发展，其中与上海、苏州、杭州并列工业数字化指标最高得分。初步形成了以人工智能、信息软件、网络信息安全、量子信息、集成电路、新型显示云计算与大数据等为主的数字经济产业体系。合肥是长三角世界级城市群副中心城市和"一带一路"、长江经济带双节点城市、综合性国家科学中心、国家创新型试点城市、全国"智慧城市"试点示范城市、"宽带中国"示范城市、全国城市信息化试点示范城市、国家级信息化和工业化融合试验区、电子信息国家高技术产业基地、国家电子商务示范城市，2019年获批国家新一代人工智能创新发展试验区、特色型信息消费示范城市，正在加快打造具有国际影响力的创新之都。在基础设施建设上，合肥持续贯彻落实"网络强国"和"宽带中国"战略，全面建成光网城市，实现4G网络全覆盖，5G基站部署超过3240个；建设以"智慧合肥"安全城市云资源平台为中心的新一代政务云；与中科曙光签署合作协议，高标准建设合肥先进计算中心。合肥联手国内知名高校和科研院所共建13个新型协同创新平台，中科大先进技术研究院、合工大智能制造技术研究院、中科院合肥技术创新工程院、清华合肥公共安全研究院、北大未名生物经济研究院等协同创新平台步入良性运转，哈工大机器人中央研究院、工信部电子五所安徽省军民融合技术研究院、广州能源所合肥能源研究院等加快建设，是全省数字经济创新发展引擎。当前合肥城市数字化也深入推进，数字经济环境下政府治理模式初步形成，快速、扎实推进数据汇聚、共享、应用，在全省首推居民智慧生活圈数字生活试点，以居民为中心，打造高质量、多功能的智慧生活服务体系，智慧民生和城市治理水平明显提高，智慧旅游、智慧教育、智慧医疗等智慧民生服务应用不断升级、优化扩容。

2019 年，合肥市软件和信息服务业在统企业主营业务收入 730 亿元，从业人员超 8 万人。智能语音及人工智能产业基地"中国声谷"已经成为全省示范，2019 年入园企业数达 805 户，实现总营收超 800 亿元，产品研发、招商引资、平台建设、示范应用等方面成绩显著。

2019 年电信业务总量 803.04 亿元，比上年增长 63.1%。年末本地固定电话用户127.78万户，比上年增加9.86万户；移动电话用户1045.0万户，增加38.5万户。基础电信运营企业计算机互联网接入用户348.49万户，增加33.43万户。电信、广播电视和卫星传输服务规上企业营业收入达151.07亿元；互联网和相关服务规上企业营业收入达25.18亿元。

合肥市数字经济发展也存在以下一些制约因素：

（1）数据核心驱动不强，一是立法层面支撑不够。数据资源立法尚在探索，数据交易和数据安全保障缺少法律依据，政务数据商用步伐缓慢。二是数据价值认知不足。对数据作为关键生产要素的认知不足，未能充分认识到数据资源的价值，用数据驱动经济社会转型的动力不够，培育新动能推动新发展的意识不强。三是融合发展能力不强。产业数字化融合发展受制于信息化人才尤其是跨界人才培养不足，专项资金投入不多，数据应用场景开发不深，培育新业态新模式本领不强。四是企业应用创新不够。数字经济企业创新力普遍不强，数据资源开发利用不充分，基于大数据的创新应用不多，数字产业化发展偏慢。

（2）市场主体培育不足。一是新业态独角兽企业尚为空白。根据胡润研究院报告显示，截至2018年，国内独角兽企业共有186家，其中北京79家、上海42家、杭州18家、深圳15家，市企业无一入选。二是缺少平台型生态引领企业，平台投资孵化和数字生态构建是数字经济爆发增长的原动力，本市缺乏华为、蚂蚁金服、滴滴出行、京东物流、菜鸟网络、商汤科技、盒马鲜生等引领新兴业态的平台型企业。三是龙头企业带动不够。2017年上市公司年报显示，阿里巴巴集团营收2502.7亿元、利润832.1亿元，腾讯公司营收2337.6亿元、利润715.1亿元，百度公司营收848.1亿元、利润183亿元，科大讯飞营收54亿元、利润5.9亿元，市龙头企业在自身体量和对产业链上下游的集聚力上都相差较大。

（3）发展基础有待夯实。一是数字技术创新平台支撑不足。现有平台集中在智能语音和量子信息领域，在大数据、云计算、网络信息安全、区块链等领域，数字技术共享创新平台数量较少。二是新一代信息基础设施有待提升。推动数字经济发展，需加快部署5G，IPv6，工业互联网等新一代信息基础设施，实现由"万物互联"向"万物数联"演进。三是缺少数字经济专项政策。本市出台了高质量发展、"三重一创"、软件与集成电路、人工智能等系列政策，对标杭州、福州、贵阳等先发城市，数字经济相关政策条款比较分散、精准不够、力度不足。

（4）数字人才相对短缺。一是数字经济人才总量偏少。根据赛迪顾问的相关材料显示，2018 年本市数字经济人才数量总计约 46 万人，同期杭州的数字经济人才约为合肥的 3～4 倍。二是复合型人才缺乏。产业数字化需要大量既懂信息化又懂具体产业发展规律的数字人才，但具有"数字＋"行业应用经验的跨界复合型人才紧缺。三是高端人才引进培育不足。在大数据、云计算、人工智能等领域拥有核心技术并具备产业化条件的高端人才或团队数量偏少。

2. 芜湖市分析

芜湖市在数字经济领域全省排名第二，尤其在"互联网＋政务服务"、智慧城市等方面表现突出。先后获得全国首批智慧城市试点城市、国家信息消费试点示范城市、"宽带中国"示范城市、国家信息惠民试点城市、国家社会信用体系建设示范城市等荣誉。获得 2017 年中国新型智慧城市惠民服务优秀示范城市（省内唯一），2018 年中国新型智慧城市建设与发展综合影响力评估全国地级市第 12 位、2018 年中国城市信用建设守信激励创新奖。具体如下：

（1）推进智慧基础设施建设，不断夯实大数据基础。一是夯实网络通道，全市 3G/4G 网络 100% 覆盖，在全省率先建成"全光网市"，市区窄带物联网完成全覆盖建设。全市政务网络实现市直、县（区）、镇（街）和村（居）四级全覆盖，为信息化建设提供了畅通的运行网络。二是夯实云计算设施，建成全省首个高效运行的政务云计算中心，整合市直各部门数据资源，迁入集成 107 个单位、283 个应用系统，新建信息化项目需求全部由政务云平台提供支撑，年节约资金 2000 万元以上，提升了信息化系统运行效率。三大通信运营商相继建成云数据中心，特别是中国电信集团云计算中心已在芜投入使用。三是夯实政府大数据。独创"信息系统生命树"，陆续整合归集 211 个单位、1484 个大类数据，运用数据规整技术，形成准确、高质的规整库数据 6.8 亿条，建成 17 个专题库、858 类数据共享表和 49 类电子证照，建成全国领先的政府大数据库，为全市智慧城市应用提供了重要支撑。四是夯实公共支撑平台，持续建设完善政务信息资源共享交换平台，建立数据目录维护机制，依托持续更新的城市勘测底图，不断完善全市统一地理信息（GIS）共享平台，为各类网格化管理应用提供支撑。推动实施"天网"和"雪亮"工程，整合构建视频资源共享平台，建成同城异地容灾备份中心，实现全市 97 个单位或部门、145 项重要业务数据和系统的灾难备份。

（2）围绕惠民兴企，持续推动大数据应用。一是提升数据应用能力。基于共享数据的归集与规整，构建了数据共享能力服务中心，可提供数据共享服务接口 1099 个。目前，约 60% 已共享的政务数据被交换给各部门使用。其中，电子证照支撑政务服务网上办事可达 45%。探索性地搭建了数据开放实验室及数据开发云平台，在安全、可控的条件下，面向银行、信用机构、科研院所、大数据重点企业等社会机构对政务数据进行合法合规使用，开发应用数字芜湖各类产品。二是推进智慧惠民服务。围绕自然人和法人需求，建成符合国家标准、融入省系统、具有芜湖特色的"互联网 + 政务服务"平台，实现网上政务服务统一门户、统一认证、统一支付、统一监察、全程信用留痕。推行线下"城市一卡通"、线上"皖事通 – 城市令"的"一证通办"惠民服务体系，可以提供文体休闲、医疗健康、交通出行、教育等各类网上惠民服务 267 项。三是实施城市综合治理。围绕自然人行为、法人行为和城市空间等三类对象，推进一张底图分网格、一个平台纳事项、一个体系促管理、一套机制保长效的"互联网 + 监管"模式，全市划分网格 3796 个，信息平台已累计处置社会管理、市场主体和城市管理等事件超过 300 余万件，处置率 97% 以上。创新设计"全民社管"应用，鼓励居民通过"抢红包"的方式，帮助发现"城市病"、核查问题处理结果。"全民社管"上线"红包核查"7 万余次，上报的关切问题 7000 余起及时得到解决，创新了"人人参与、人人尽力、人人享有"社会治理新思路，探索了城市治理共管、城市发展共享新方式。四是构建社会信用体系。建成全市"一网一库一平台",建立完善公共信用信息征集共享使用管理制度和工作机制。面向企业,支撑打造"征信机构+银行+担保"的融资新模式,已发放"信用(易)贷"21亿元;面向个人,推行个人信用"乐惠分",并拓展信用积分在政务、商务、公共服务等方面的应用场景;围绕司法公信,在全国率先创新推出全市范围的"失信彩铃",运行近一年,已督促"老赖"执行了3000多万元欠款。五是强化项目管理。围绕"智慧城市应用目标、信息系统整合要求、数据共建共享原则、网络安全防护底线",建立健全政府投资信息化项目全过程管理机制。

(3)积极汇聚要素政策,助推大数据产业发展。一是推进大数据研究机构形成集合。市政府相继与中国科学技术大学合作筹建智慧城市研究院,与安徽电信、清华大学、科大讯飞组建安徽大数据工程研究中心。二是吸引大数据企业开始集聚。中国电信集团云计算中心正式启用,并以此为载体作为全市大数据产业园,招引了旷视科技、奇安信、诚迈软件等一批行业龙头企业来芜扎根,推动三只松鼠、惠国征信、凡臣电子、共生物流、易久批等一批产业互联网企业快速发展。三是推动行业大数据中心逐步集中。中国电信集团数据分中心、省农业大数据中心、省电子认证(CA)数据中心相继落户芜湖。旷视科技在芜建设运营全省规模最大的"超算中心"。四是推动数字经济人才加快集成。芜湖11所院校均设立计算机、网络工程、大数据、信息管理等相关专业,科大讯飞主办的安徽信息工程学院每年培育专业人才数千人,奇安信与芜湖职业技术学院共建网络安全学院,旷视科技加快与芜湖本地高校共建大学,为芜湖培育"技术+业务"的复合型人才奠定了坚实基础。五是推动大数据产业集群。依托中国电信集团云计算中心一期(总投资5亿元)和正在建设的二期工程(总投资20亿元),打造大数据产业园一"芜湖数谷",作为我市大数据产业园核心园区,强化资金、技术、人才、项目和企业等产业要素导入和集聚,以创新驱动为抓手协助推进数字产业化,以两化融合为重点推进产业数字化,促进数字经济集聚发展。

芜湖市数字经济虽然取得了一定成效,但也面临诸多问题与挑战,主要

表现在以下几个方面。

（1）体制机制不完善。全省自上而下的大数据和信息化体制有待尽快理顺，特别是基层部门，队伍力量相对薄弱，不能统筹建设应用工作全局。数据资源管理和大数据产业工作缺少统筹，多头管理、多重考核的局面仍然存在。

（2）数据共享不彻底。跨地区、跨部门、跨行业的信息互联互通、共享共用，是推进数字经济和数字城市建设的基础和保障。国家级、省级信息系统相互分散、独立运行，自上而下的"信息孤岛、数据烟囱"现象普遍，整合协同难度大，如省委巡视反馈芜湖"信息平台多、基层负担重"、经梳理，我市仅延伸至基层（镇街和村居）使用的省部级平台就有65套，整合难度很大，省级单位如法院、检察院、教育、金融、海关、税务等领域，未开放共享数据，未实现与其他系统的协同运行。这些系统的数据对于支撑数字经济、政务服务、城市治理作用巨大，亟待破冰。

（3）数字应用不深入。各级各部门应用系统遍地开花，但对于信息系统的"智慧、惠民"属性，民众却并不满意，如：相比商用软件，政府部门建设的信息系统功能设计没有贴合用户需求，缺少互联网思维，缺乏运营能力。一些城市问题较为突出："城市一卡通"整合难；各医院间居民医疗信息难以共享，医院看病耗时长、不方便；停车难、交通堵、共享单车乱停乱放；互联网金融支撑作用不突出；教育资源分配不合理和网上教育服务不充分，等等。大数据主导的数据应用与满足人民日益增长的美好生活需要之间还有明显差距。

（4）大数据产业势头不强劲。我市乃至我省大数据产业发展相对滞后，缺乏专项的规划指导、缺少产业园区布局。全市数据资源开发利用率较低，我市大数据中心虽然集中了全市各类数据资源，但数据的持有者、开发者、使用者相对分离，数据资产运营缺少国有载体，无法最大程度利用数据为社会治理和企业发展提供动能，导致技术创新能力弱。此外，我市乃至全省由于缺少产业链龙头企业，致使资金引入难，技术应用难、人才留住难现象突出。

3. 淮南市分析

淮南市在数字经济领域中的表现处于安徽省内中下游水平，主要是从突出规划引领、坚持创新发展、强化要素保障等方面加以推动。

一是坚持规划引领，引领大数据发展。在全省率先出台大数据产业发展规划和三年行动计划、促进大数据发展应用办法等，围绕大数据存储、交易、应用三大体系，加大政策引导和资金支持力度，将淮南打造成为省内领先的政务大数据开放开发和创新应用集聚地，网络信息技术策源地和大数据产业新高地。

二是坚持创新发展，推动大数据发展。淮南高新技术产业开发区升级为国家高新技术产业开发区，为淮南发展大数据坚定了信心。在江苏、浙江、安徽联合申报长三角国家大数据综合试验区，其中将淮南定位为长三角国家大数据综合试验区（三省九市）城市的大数据特色示范区、绿色存储示范区、交易示范区、安全示范区，为淮南以大数据促进转型升级提供了动力。淮南获批筹建安徽省大数据技术标准创新基地，为淮南大数据发展的标准奠定了基础。

三是加强要素供给，支撑大数据发展。先后制定《关于加快"数字淮南"建设的意见》、三重一创、制造强市等政策，省市财政累计支持大数据产业发展资金超 3 亿元，扶持大数据产业链关键环节重点项目。与国家信息中心、中国航天系统科学与工程研究院、安徽理工大学、中国信通院、中国标准化研究院等院所和大学等机构合作，建设国内首个钱学森智库分中心、设立专家咨询委员会，建立柔性的专家人才引进机制。与 8 个国家级科研平台、9 家院士工作站建立联动孵化机制。打造大数据展示中心、中国移动（安徽）数据中心一期、国产资源卫星大数据中心一期、"江淮云"、"智慧谷"、双创中心等一批大数据平台。

四是强化项目保障，集聚大数据发展。围绕龙头企业，开展产业链招商；围绕重点企业、核心业务，开展精准招商。集聚华云、网易云、浪潮、达实智能、科大讯飞、中国移动、中国电信、中国联通、中国铁塔、煤炭开采国家工程技术研究院、中电科八所、璞华大数据、龙科智能等一批企业。

五是发挥数据应用实效，促进大数据发展。依托中国移动（安徽）数据中心，在"互联网＋政务服务"、社会服务管理信息化等平台基础上，搭建市级数据中心、"政务云"平台，计算资源（VCPU）1080 个、内存资源3600GB，存储容量 150TB。建立信息资源共享交换平台，完成人口、法人、地理空间、电子证照等基础数据库建设，汇聚全市 52 家部门 1148 类政务信息资源并上线，实现部门间信息资源共享交换的申请、批复的线上全流程管理，出台《淮南市政务信息资源共享管理办法》，编制政务信息资源目录1020 项，发布实施清单 11.22 万项，汇集数据 6.76 亿条。制定市级信息化建设项目管理制度，建立电子政务项目建设评审机制，2018 年评审市级电子政务项目 33 个，节约财政资金 1800 万元。在全国率先建成覆盖 280 万人口的健康医疗大数据平台，专网覆盖各级医疗机构 945 家，服务 789 家医疗机构，人口 179 万，重点人群 45 万人，预约挂号 App 注册用户 26.04 万，正在探索基于健康医疗数据的运营。智慧教育云平台服务全市 750 余所学校、3 万教师、40 万学生和家长。平安淮南工程实现全市重点区域安全覆盖率 100%，交通信息覆盖范围 100%。

热 点 篇

Hot Topics

武汉全民健康市区一体化信息平台应用发展

梁刚 良言 刘毅 冯磊 梁雄伟*

摘 要： 武汉市区一体化信息平台在遵循国家"46312"顶层设计和《省统筹区域人口健康信息平台应用功能指引》的基础上，按照"统筹设计、对标先进、创新引领、先行示范"的建设

* 梁刚，高级统计师，特聘研究员，特聘教授，国家卫健委、湖北省卫健委统计和信息化建设专家，从事卫生统计和卫生信息化的研究和管理。

良言，博士，高级经济师，武汉市政府决策咨询委员，曾长期担任武汉市经济和信息化委员会、武汉住房公积金管理中心等政府部门负责人，主要研究方向为产业资本投资，经济与信息化，数字产业发展研究及应用。

刘毅，研究员，就职于慧医可信大数据技术（武汉）有限公司，曾担任国家"863"信息安全专家。主要研究方向为可信计算、医疗大数据研究及应用。

冯磊，高级工程师，就职于慧医可信大数据技术（武汉）有限公司，主要研究方向为可信计算、医疗大数据研究及应用。

梁雄伟，高级工程师，就职于慧医可信大数据技术（武汉）有限公司，主要研究方向为可信计算、医疗大数据研究及应用。

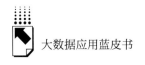
原则，贯穿"前台服务化、后台数据化"建设思想，遵循国家相关建设要求和规范基础，强化平台对业务融合与协作的服务支撑能力、对医疗健康数据的后结构化处理能力、大数据可视化分析挖掘能力以及云资源应用管理服务能力，全面提升全市卫生健康服务的数据标准化和数据治理水平，促进全市医疗健康大数据融合共享和服务支撑，助力"健康武汉"战略发展。

关键词： 一体化信息平台　数据融合　全民健康

一　现状、需求及总体设计思路

（一）政策背景

中共中央、国务院《"健康中国 2030"规划纲要》要求以人的健康为中心，依次针对个人生活与行为方式、医疗卫生服务与保障、生产与生活环境等健康影响因素，提出普及健康生活、优化健康服务、完善健康保障、建设健康环境、发展健康产业等五个方面的战略任务。《国务院办公厅关于促进"互联网＋医疗健康"发展的意见》（国办发〔2018〕26 号）允许在线开展部分常见病、慢性病复诊，允许在线开具部分常见病、慢性病处方；探索医疗卫生机构处方信息与药品零售消费信息互联互通、实时共享；对线上开具的常见病、慢性病处方，经药师审核后，医疗机构、药品经营企业可委托符合条件的第三方机构配送。探索医疗卫生机构处方信息与药品零售消费信息互联互通、实时共享，促进药品网络销售和医疗物流配送等规范发展。《国务院办公厅关于促进和规范健康医疗大数据应用发展的指导意见》（国办发〔2016〕47 号）强调加强深化医改评估监测、居民健康状况等重要数据精准统计和预测评价；综合运用健康医疗大数据资源和信息技术手段，健全医院评价体系，推动并深化公立医院改革，完善现代医院管理制度；促进健康医疗业务与大数据技术深度融合，加快构建健康医疗大数据产业链，不断推进健康医疗与养生、养老、家政等服务业协同发展。《省人民政府关于印发湖北省"十三五"深化医药卫生体制改革规划的通知》（鄂政发〔2017〕36号）指出充分利用信息化手段，推广应用医疗服务智能监管平台，加强对医疗机构门诊、住院诊疗行为和费用开展全程监控和智能审核。

（二）信息化基础

武汉市市委、市政府和市卫健委高度重视全民健康信息化建设工作，全市初步建立了电子病历、电子健康档案、全员人口三大数据库，实现了基本覆盖全市公立医院及基层医疗机构的卫生专网，创新使用电子居民健康卡，不断完善加强卫生信息标准和信息安全保障体系，为开展市区一体化区域全民健康信息平台建设打下了较好的基础。但是仍存在一些问题：

1. 业务数据难以有效利用：由于缺乏顶层设计，各业务系统分散建设，业务数据采集后，难以综合利用；

2. 基层信息一体化建设水平不高：基层医疗机构的信息化系统集成化水平不高；

3. 公共卫生缺乏整合：国家直报系统、计划免疫等系统数据信息均未存储到本地，市级人口健康信息平台无法有效采集到相关数据，信息烟囱现象依然明显；

4. 项目建设进度缓慢：信息化项目前期准备流程较长。一个项目从立项到招标完毕，正常情况一般需半年左右的时间；项目建设周期过长。区域健康信息化建设项目因系统建设规模大，协调事项多，软件系统建设周期基本都在1年以上。

（三）项目总体目标

以保障人民健康为核心，构建统一、互联互通的省统筹区域全民健康信息平台武汉市市区一体化试点。以"前台服务化、后台数据化"为理念，

利用创新技术驱动业务提升效能，整合各方力量和资源，消除信息壁垒和孤岛，实现卫生健康信息跨区域、跨领域、互联互通、业务融合，创新健康服务模式，增强行业监管和业务协同能力。

利用 3 年时间，分三个阶段基本建成"资源集成共享、系统无缝融合、数据应用分离、服务多元便捷、管理科学有效、运营安全持续"的省统筹区域全民健康信息平台武汉市市区一体化试点，实现卫生健康信息化、服务智能化、管理网络化、协作区域化，为市、区政府、各级卫生行政管理部门、医疗卫生服务机构和社会公众提供健康信息化服务。基于已建的武汉市人口健康信息平台（一、二期）、区级基础平台，充分利用国内外先进、成熟的信息化技术，建设"健康武汉云"，为实现"人人享有基本医疗卫生服务"的目标保驾护航。

（四）总体架构

以"融合、创新、提升、惠民、可持续"为原则，借助全民健康信息化和健康医疗大数据的发展机遇，统筹规划、建设我市全民健康信息化和健康医疗大数据中心，覆盖全市 16 个区、205 家基层医疗卫生机构、42 家公立二三级医院，如图 1 所示。

二 平台四大能力建设

（一）业务融合与服务支撑能力

业务融合与服务支撑能力建设完全遵循国家《省统筹区域人口健康信息平台应用功能指引》，主要包括基础服务、行业服务、区级平台应用扩展服务三部分建设，基础服务为市区一体化平台整体应用提供基础服务支撑，包括注册服务、EMPI 服务、数据资源目录管理、协同应用服务、信息安全服务等平台基础建设，如信息安全服务提供数据加密、数据脱敏、数据审计、隐私保护等一系列数据安全机制，保障健康医疗大数据合规、安全、可

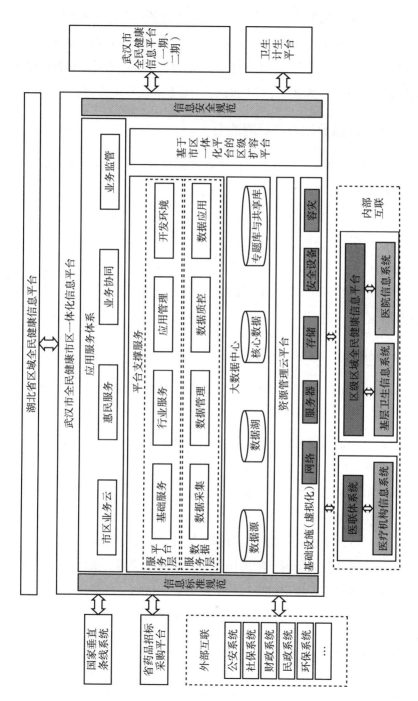

图 1　武汉市全民健康市区一体化信息平台总体框架

控开放，支撑跨行业的数据共享；行业服务为平台应用提供业务融合支撑服务、共享调阅服务、智能提醒服务为医疗卫生机构之间的业务协同和数据共享提供支撑；区级平台应用扩容服务采用多租户应用建设模式，基于大数据智能服务模型，可根据武汉市各区县业务监管上报需求满足差异化大数据分析服务。

（二）医疗健康数据资产处理能力

医疗健康数据是健康大数据中心建设的重要环节，本项目通过元数据管理、数据质量管理、数据标引等数据治理建设，夯实了医疗健康数据的基础，提升了健康大数据中心数据处理能力，为市区一体化信息平台的应用服务奠定基础。基于数据清洗转换、数据聚合、归一化、标准化、结构化处理等全流程数据治理体系，实现从医疗卫生数据采集到数据湖、核心数据库、专题数据库的全过程数据处理，为可视化数据挖掘分析、精细化病种医疗费用分析、卫生综合监管、数据共享调阅及第三方应用生态构建提供数据应用支撑。

（三）健康医疗大数据可视化挖掘能力

健康医疗大数据具有采集面广、数据源杂、数据体量大等特点，本项目基于 Mesh 医疗知识库数据标引、数据挖掘模型、深度学习、医学知识图谱等技术应用，夯实了医疗健康数据的基础，提升了健康医疗大数据可视化挖掘能力，并发挥出健康数据的应用潜能。一方面通过基于 Mesh 医疗知识库数据标引将非结构化数据或文本数据进行结构化处理，并以关系型结构方式将这些语义结构存储到数据库中，转化和挖掘出可利用、连续性、结构化的价值数据。另一方面基于大数据中心数据挖掘模型、医学知识图谱、深度学习等技术，可支持在健康管理、辅助诊疗、健康风险预测、疾病谱分析等多应用场景的服务潜能，发挥出健康医疗数据的应用价值，各应用场景产生的数据也可进一步丰富整体的数据，由此形成一个价值闭环。

（四）云资源应用管理服务能力

云资源及应用管理服务分为资源管理和应用管理两个系统。资源管理系统的功能是将整个平台的计算资源、存储资源和网络资源封装整合成资源池进行统一管理。给整个平台上的各个应用系统提供共享的物理资源。系统的资源由所有应用系统共享，提高资源的利用率，降低系统的硬件成本。实现整个平台动态弹性扩容，为平台后期的可持续发展提供保障。应用管理系统的功能是为在平台上运行的应用程序提供统一的标准化发布和自动化运维环境。平台可以统一管理和运维所有应用程序，提高系统可靠度，降低系统的管理和运维复杂程度，降低运维成本。

三　平台创新应用体系

（一）总体创新说明

本项目充分考虑到武汉市当前医疗卫生服务现状和大健康发展趋势，总体设计以"前台服务化、后台数据化"为核心，以"一个健康大数据中心、四项数据能力"为设计理念，保障武汉市健康大数据中心具备安全、智能、高效、融通、全面等应用特性。

1. 一个健康大数据中心

大数据中心实现全人群全生命周期健康医疗信息采集、汇聚、标准化、存储及应用。构建数据湖，通过数据湖将临床数据、健康档案数据、公共卫生数据、互联网服务数据等全行业全类型数据，分发汇入核心库中，实现"多库合一"建设。并基于核心数据库建立各个业务主题域模型，经过"聚合"、"分析"和"挖掘"，形成多个主题库和全文检索库（ES），实现各个主题场景支撑应用，对存储的数据资源目录进行可视化管理，提升数据应用价值和效率。

2. 四项数据能力

数据处理能力：医疗健康大数据中心实现各医疗卫生机构业务数据的多源异构数据融合，支持包括卫生数据定时采集、实时采集、文件采集等多类采集方式，通过清洗转换、后结构化处理、数据聚合、归一化等数据处理服

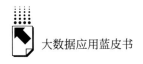

务，实现消除多源信息之间可能存在的冗余和矛盾，改善信息提取的及时性和可靠性，提高数据的使用效率；

智能转化能力：市区一体化信息平台实现支撑智能化、多场景、全方面的应用服务能力，具备强大的医学知识图谱、自然语言处理、人工智能等基础能力，如医学知识图谱可应用于医疗信息搜索、医疗决策支持（临床决策）等医疗健康服务场景；

安全管控能力：大数据中心存储大量患者隐私信息，为保证大数据中心数据和对外数据服务过程的安全性，采用包括数据沙箱、数据脱敏、安全审计、隐私保护等数据安全保障服务技术，实现对数据进行安全隔离、某些敏感信息进行变形等安全防护。

数据服务能力：健康大数据中心支持平台构建百花齐放应用生态，依托统一的数据服务提供数据开放服务、数据资源调用服务、第三方接入服务、访问控制服务等，有力支撑全民健康应用体系、"互联网＋医疗健康"应用及第三方应用环境构建。

（二）创新功能明细

市区一体化信息平台建设分为卫生数标准规范、医疗业务应用服务平台、健康大数据中心、数据采集交换平台、基础支撑平台、云资源基础设施支撑服务 6 大部分，在满足国家、湖北省相关功能指引规范的基础上，结合武汉市实际医疗卫生业务需求及未来发展趋势，进行了相关创新应用设计，相关情况如表 1 所示。

表 1　全民健康一体化平台相关创新应用设计表

序号	应用模块	主要创新内容	创新说明
1		行业服务	医疗健康大数据调阅服务：支持按照时间、区域、疾病、性别、年龄段等方式对核心数据库的医疗健康信息进行批量检索调阅。
2		区级平台应用扩容服务	区级平台应用扩容服务采用多租户应用建设模式，基于大数据智能服务模型，可根据武汉市各区县业务监管上报需求满足差异化大数据分析服务。

序号	应用模块	主要创新内容	创新说明
3	健康大数据中心	业务应用数据服务	基于疾病分组的医疗费用精细化分析:基于一定疾病分组规则,实现各类疾病的总体费用和费用占比情况分析,帮助区域内医院建立基于标引疾病组的医疗费用监管体系。
4		数据智能引擎服务	1. 智能整合引擎: • 支持多种数据库的访问服务,实现区域内全量级医疗业务数据库融合; • 支持高并发、高吞吐的运行能力,实时效率小于100ms; • 支持建立业务字段智能匹配模型,实现数据多口径、多深度、多维度的整合; • 支持词向量、深度学习技术的文本信息挖掘,实现文本后结构化处理; • 支持实现任意在库数据的自定义分组、筛选。 2. 智能分析引擎: • 提供各类临床统计学、机器学习、数据挖掘模型; • 支持多模型自定义串联组合与对比组合分析,从而达到对核心库中全量数据"多维度、多模型、多场景"的分析效果; • 支持模型组合可视化配置面板与模型动态拖拽; • 支持任意输入与输出资源的自定义编辑。 3. 智能应用引擎: • 支持按专题建立业务分析流程与模型; • 支持对已有分析模型的即时调用; 4. 智能检索引擎: • 支持在库数据的全量检索、单次检索、批量多次检索、精准检索,从而达到对平台任意数据的检索调用。
5		数据智能展现服务	1. 模型智能推荐: • 可对新增数据进行分析路径的智能推荐。 2. 疾病画像服务: • 支持建立高发疾病、慢性病、传染病的疾病画像模型; • 支持实时更新所关注疾病的新增数据及指标预警提醒。
6		数据标引	1. 医学知识库中的术语应能对电子病历与电子健康档案中非结构化医学实体达到一定的覆盖率(95%),对于领域公认的命名实体应能达到全覆盖。 2. 医学知识库以Mesh为主干架构,兼容现存业界公认的术语标准,如mesh,snomedct等,在不同的标准之间应存在一套完整的映射关系。
7		核心数据库	核心数据库建立在针对全量数据进行标注及索引的基础之上。对电子病历、健康档案、全员人口信息中结构化及非结构化信息进行处理,抽取疾病谱、单病种、症状、体征、手术操作等医学实体内容,尤其是对非结构化数据中包含的治疗过程的信息进行后结构化处理,解决了之前诊疗过程中内容数据无法有效利用的问题。

四 平台与现有信息化系统的关系

（一）与二三级医院信息系统建设的关系

武汉市全民健康信息市区一体化平台的建设将依托现有二三级医院数据采集交换应用的信息化建设基础，一方面通过本项目扩展现有二三级医院电子病历数据采集交换内容，实现对武汉市健康大数据中心的建设；另一方面通过新建对二三级医院数据采集的数据质量控制应用，满足对全市二三级医院上传平台的数据进行及时性、规范性、一致性、完整性等全方位的质量控制，为平台提升高质量的健康大数据应用基础。

（二）与基层医疗卫生机构的关系

基层医疗卫生机构后续基层卫生云应用服务建设，将基于武汉市全民健康信息市区一体化平台（一期）的应用服务，实现全市基层医疗卫生机构一体化、协同、互联、全面的应用服务需求。

（三）与市级人口健康信息平台关系

湖北省统筹区域全民健康信息平台试点武汉市全民健康信息市区一体化平台（一期）将基于武汉现有市级人口健康信息平台建设，秉承"继承、改造、新建"的理念，实现与前期平台建设的有效衔接。数据采集通道方面，将保留现有对全市各医疗卫生机构的数据接口基础；医疗卫生数据资源方面，将继承现有市级人口健康信息平台的医疗卫生数据资源，实现信息共享、综合监管等应用；平台业务应用方面，将基于现有市级人口健康信息平台业务应用建设基础，实现医疗卫生服务应用的融合创新。

基于现有人口健康信息平台建设基础，通过运用人工智能、自然语言处理、大数据等创新技术，实现武汉市全民健康信息市区一体化平台建设的创新应用。如通过市区一体化平台市级卫生综合监管、基于 DRGs 的医疗费用精细化分析、市级公共卫生地理信息平台、慢性病监测分析、人口群体健康分析、疾病谱分析扛等平台业务应用数据服务建设，提升平台业务应用服务能力；通过基于一体化平台扩容的区级平台建设，满足多租户管理应用的需求。

（四）与省级全民健康信息平台关系

湖北省统筹区域全民健康信息平台试点武汉市全民健康信息市区一体化平台（一期）建成后，将根据湖北省省级全民健康信息平台对下级平台数据采集的标准要求，将武汉市相关医疗卫生数据上传入省级全民健康信息平台。同时湖北省省统筹区域全民健康信息平台建成后，也将保留省统筹区域全民健康信息平台的数据接口要求。

（五）发展思路

在新形势、新变化的挑战下，新一代全民健康信息平台发展思路如图2所示。

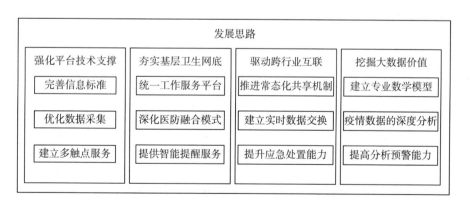

图2　武汉市全民健康信息平台建设发展思路

强化平台技术支撑：加强平台系统的平台化、服务化建设模式改进，强化对前端的技术支撑；持续建设大数据中心，统一标准及后台管控；提供标准、智能化服务。

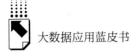
夯实基层卫生网底：通过信息化手段赋能基层，构建预防为主、医防融合的智慧基层卫生服务体系，推动基层卫生服务体系向"以健康为中心"的转变。深度融合条块业务，持续互联网创新服务发展，赋能家庭医生业务，为综合监管，健康管理，临床诊疗，公共卫生，检验检查，辅助诊断和疫情防控提供标准一体化服务工作平台，实现全环节多触点提醒服务。

驱动跨行业互联："战"时转"平"时，持续推进跨行业常态化的互联互通与信息共享。一方面对接方式需要转变为系统间的信息交换，疫情期间要加强实时数据交换；另一方面各委办信息系统应统一居民基本信息的标准及数据交换接口标准，以确保个人身份、时间、地址三种信息的统一。建立实时的数据交换机制，实现公安、政务大数据局、民政、CDC、定点医院、殡仪馆等各行业、各单位、各委办信息系统的数据联动。

挖掘大数据价值：沉淀专业的模型、算法，开展相关分析研究，如新冠肺炎严重指数（PSI）模型、患者愈后转归分析及预测和新冠肺炎人群愈后生存研究等，找出规律、提前研判，为疫情防控提供决策支持，帮助地区进行提前预警和响应准备。以"前台服务化、后台数据化"为理念，深度分析疫情数据，建立专业数学模型，提高分析预警能力。

（六）总体展望

强化平台技术支撑，夯实基层卫生网底，驱动跨行业互联，挖掘大数据价值，针对疫情对医疗卫生信息系统查漏补缺。在新形势下必然面临新挑战，我们需要坚定信心拥抱新变化。武汉市在疫情之前申报、评审通过了市区一体化全民健康信息化和基层卫生云的整体方案，依托疫情期间已开展的信息化实践工作，武汉市卫健委将加快步伐，全力推进新一代全民健康信息平台的建设。

B.4
时空大数据技术框架及行业应用

孟宪伟　贾琳　王小琼*

摘　要： 随着国家治理体系、政府民生管理、智慧城市对时间和空间信息要素的依赖程度的提高，时空数据正日益成为现代化治理能力、经济运行机制、社会生活方式以及各行业领域发展的核心驱动力。本文系统地介绍了时空大数据的概念及发展现状，探讨了时空大数据的技术框架体系及关键技术，分析了时空大数据发展中存在的问题和发展趋势，列举了时空大数据在智慧交通、海洋渔业领域的典型应用。

关键词： 时空大数据　北斗　PNT　产业链　技术框架

一　时空大数据概念及现状

（一）时空大数据的概念

随着社会各行业大数据发展态势的增长，大数据逐渐成为各个行业不可

---

* 孟宪伟，研究员级高工，现任四创电子北斗事业部总经理、北斗卫星导航技术安徽省重点实验室主任；省政府特殊津贴专家，安徽省"特支计划"创新领军人才，主要从事北斗卫星导航关键技术研究与产业化应用。

贾琳，高级工程师，现任四创电子北斗事业部研发工程师，主要从事北斗时空大数据关键技术与应用研究。

王小琼，高级工程师，现任四创电子北斗事业部研发工程师，主要从事北斗时空大数据关键技术与应用研究。

或缺的资源，数据的挖掘分析及应用是提高城市智能化治理能力、改善民众生活品质的重要内容，能够使社会运行成本降低，从而产生更大的经济价值。

时空数据是兼具时间和空间属性的数据，包含了时间、空间、专题属性等三维信息，在现实生活中，80%的数据均直接或间接的具备时空属性。当时空数据的数据量具备一定规模时，即可定义为时空大数据。因此，时间大数据呈现出海量、多源异构、动态多变等基础特性。所有数据都是在特定的时间和空间背景中产生的，且直接或间接地被贴上时间和位置标签。因此，广义的大数据从本质上可以认定为与时空大数据同等属性，它是现实地理世界空间结构与空间关系要素中具有（现象）的数量、质量、时间变化特征的数据集的"总和"。所以，时空大数据具有时间、空间、属性三个维度的信息特征，同时也具备与大数据相同的海量数据规模、快速数据流转、多样数据类型和价值密度低四大特征。

随着国家治理体系、政府民生管理、智慧城市对时间和空间信息要素依赖程度的提高，时空数据正日益成为现代化治理能力、经济运行机制、社会生活方式以及各行业领域发展的核心驱动力。利用数据挖掘技术能够在统一的时空基准下从事物的"空间""时间""动态"三个维度去寻找规律，在海量大数据中挖掘出有用的信息，探索数据之间潜在的关联，客观的分析出隐藏的容易被忽略的因素，并提供给决策者时空大数据的增值应用。

目前，从数据源的物理载体角度来分，时空大数据可分为时间与空间基准数据、卫星导航轨迹数据、大地/重磁测量数据、RS（遥感影像）数据、GIS 数据、空间媒体数据等类型。

1. 时间与空间基准数据：时间基准数据包含守时/授时/用时等系统提供的时间数据；空间基准数据包含大地坐标基准、高程和深度基准、重磁（重力、磁场）基准等数据。

2. 卫星导航轨迹数据：通过北斗、GPS、GLONASS、Galileo 等卫星导航系统获得用户的运动数据（时间＋位置），能够用于分析用户位置、状态、交通场景、社会偏好等情况。包括个人轨迹、群体轨迹、交通轨迹、信息流轨迹、物流轨迹、资金流轨迹等数据。

3. 大地测量与重磁测量数据：包括大地控制数据、重力场数据、磁场数据等。

4. 遥感影像数据：包括卫星遥感影像、航空遥感影像、地面遥感影像、地下空间和管线分布等感知数据、水下声呐探测等数据。

5. GIS 数据：包括各类地图、地图集数据，以数字化形式描述的空间地理数据及其属性。

6. 空间媒体数据：指具有空间位置特征且随时间变化的数字化图形、图像、声音、视频、影像等媒体数据。

（二）时空大数据的发展现状

2015 年 9 月国务院印发《促进大数据发展行动纲要》，系统部署大数据发展工作，数据已成为国家基础性战略资源。2020 年我国的大数据市场规模将超过万亿，预计 2025 年将增至 48.6ZB，我国大数据行业正迎来发展的黄金时期（见图 1）。

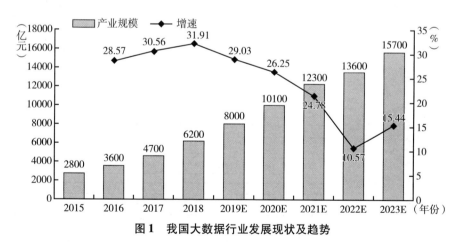

图 1　我国大数据行业发展现状及趋势

资料来源：中国产业信息网，http：//www.chyxx.com/industry/202002/835772.html。

时空大数据与卫星导航行业、测绘行业、地理信息技术行业、位置服务行业、遥感图像处理行业等多个细分行业存在相互包含或交叉重叠的关系，

可分为广义时空大数据和狭义时空大数据。广义的时空大数据产业由上游的数据获取、中游的数据处理、下游的信息服务与应用，以及贯穿整个产业链的硬件制造和软件开发组成。而狭义的时空大数据只是中游的数据存储和处理。时空大数据产业链组成如图2所示。

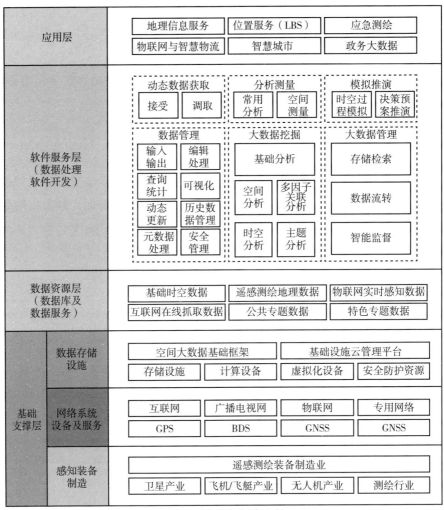

图2 时空大数据产业链

上游基础支撑层：为时空大数据行业提供硬件支持，包括卫星导航设备、遥感测绘装备、测量载体制造业、网络系统设备制造业和服务业、数据存储装备制造业、设施及服务提供商。

中游数据资源层、软件服务层：产业链的核心部分。从卫星导航、遥感测绘、物联网、互联网等渠道获取海量时空大数据，通过对数据进行传输、清洗、存储、分析、加工、应用等，产生对下游用户有价值的数据资产，该部分是整个产业链的增值重点和技术发展难点。

下游应用层：是时空大数据的消费方，指政府、厂商、公众等。具体可包括位置服务提供商、地理公共信息服务提供商、物联网与智慧物流用户、政府智慧城市系统及政务大数据系统等。

随着应用场景不断被发掘，时空大数据的应用创新了很多商业模式，并创造了可持续的社会经济价值。

二 时空大数据的技术框架

（一）技术框架

1. 总体架构

时空大数据框架主要是基于大数据技术、地理信息系统技术、卫星导航定位技术、卫星遥感技术、计算机和通信网络技术，面对海量多源异构的时空数据资源进行数据挖掘和分析处理与服务应用处理，面向多行业、多场景、多应用，提供多维动态时空信息服务的跨平台、可伸缩的框架（见图3）。

从产业链方面考虑，时空大数据框架主要包括处于产业链上游的时空基础设施，处于产业链中游的时空大数据平台和平台支撑环境，以及产业链下游的时空大数据应用。其中，时空大数据平台是时空大数据框架的重要组成，主要汇聚时空基础设施提供的海量时空数据资源；依托云计算环境中的计算资源、存储资源、网络资源、安全系统形成时空大数据中心；利用特征提取、模型匹配、特征关联、协同分析等技术挖掘时空大数据价值及其隐含价值，进而实现数据的应用价值。

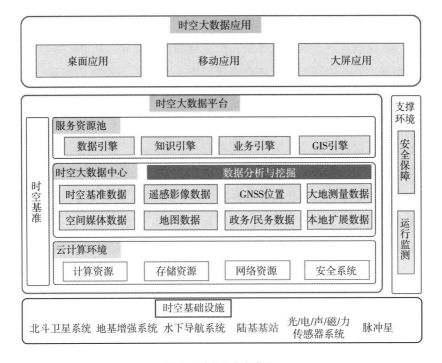

图3 时空大数据框架

2. 时空基础设施

时空大数据框架的实现需要时空基础设施的支持，PNT（定位Positioning、导航Navigation、授时Timing）传感器是时空基础设施的基石，是人们得以在纷繁信息中准确描述时间和空间的关键要素。针对单一PNT传感器技术在安全性、可用性、连续性和可靠性等方面的不足问题，为了建立时空大数据体系，需搭建以北斗为核心、多机理PNT传感器互相补充与备份、多源时空信息深度融合的时空基础设施，以稳健的时空基础设施为支撑，实现基于时空大数据的多元化应用（见图4）。

根据应用场景，可将时空基础设施分为以下三种。

（1）空天、深空时空基础设施。面对无线电信号微弱、载体动态高、运行环境恶劣等复杂情况，以北斗（北斗漏信号）为核心，利用惯导、脉

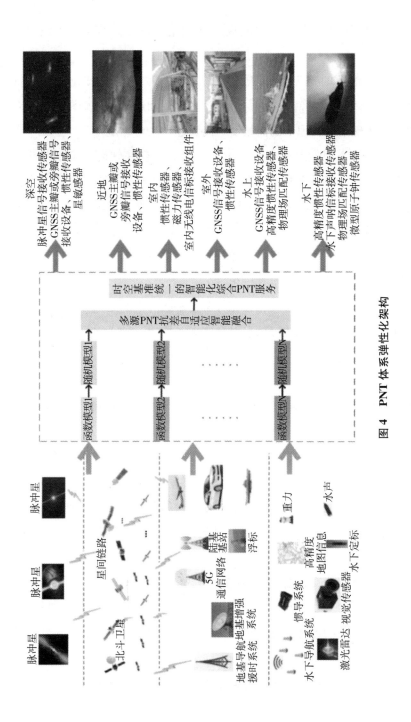

图 4　PNT 体系弹性化架构

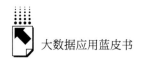

冲星、VLBI、星图匹配等技术手段实现 PNT 自适应深度融合定位方法及时间维持方法。

（2）室内、地下时空基础设施。室内、地下时空基础设施主要包括 WiFi、iBeacon、IMU、摄像头、5G、激光雷达等，利用这些基础设施的融合定位技术，可实现室内、地下的高精度、高连续、高可靠定位。

（3）水上、水下时空基础设施。水上、水下时空基础设施包括北斗系统、声学定位系统、惯导系统、多波束测深声呐、浮标潜标等，基于各个传感器的优化组合方式，建立多传感器数据统一时空基准，实现不同场景不同工作模式下传感器间的自适应优选，采用卡尔曼滤波技术实现多波束地形匹配、重力场匹配、地磁匹配和光学图像匹配多源信息融合，与长基线、多波束测深仪同时完成惯导系统的位置校正。

基于多场景下的时空基础设施，充分考虑不同时空基础设施的特点、应用需求与场景约束，利用自适应信息融合技术，构建一种高保真的空天地海一体化时空基础设施体系。

3. 时空大数据平台

时空大数据平台主要由云计算环境、时空大数据中心和服务资源池组成。

（1）弹性云计算环境

云计算环境为时空大数据集平台提供了 IT 基础设施，对计算资源进行统一管控、形成资源池。由云计算中心管理平台的调度系统统一协调，并可根据实际需要，为云资源用户分配使用配额。云计算环境的架构如图 5 所示。

云计算环境可智能交付的 IT 能力包括以下三点。

第一，计算能力（虚拟机）。云数据中心管理平台可在几分钟内完成用户定制的虚拟机实例的创建。同时可以提供一组虚拟机实例，比如论坛、博客模板。

第二，存储能力。计算能力的存储不再受本地硬盘的限制，云平台可以根据需求在数十秒的时间内交付一个拥有数百 G 容量的块存储设备。交付

图5　云计算环境

容量上取决于整个数据中心的共享容量。同时提供二级存储，用于存储用户的 ISO、模板镜像，提高静态模板的读取速度。

第三，网络能力。提供丰富的网络拓扑结构、简单模式、路由模式、内部网络模式，满足用户搭建局域网的需求。路由模式提供 DNS、NAT、DHCP、端口映射、VLAN、虚拟防火墙等网络服务。

（2）时空大数据中心

时空大数据中心是时空大数据平台的核心，主要完成海量时空数据存储、大规模数据计算、快速数据分析等工作。通过面向时空大数据的时空分布、关联分析、深度学习、机器学习等技术，深入挖掘潜藏数据背后的知识与规律，提升时空大数据的价值。时空大数据中心的总体架构如图6所示。

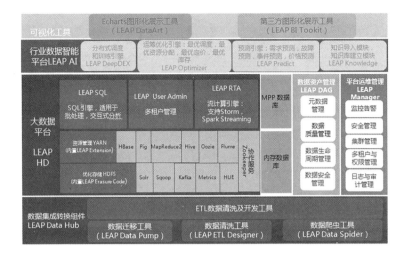

图 6　时空大数据中心

面对海量异构的时空数据需求，时空大数据平台针对数据的不同特征提供多种接入方式及中间件实现海量异构数据的接入及标准化，并对多种类、多来源的全业务流程数据进行层级化的抽取、清洗、过滤等数据预处理。其中，按照数据来源可分为 FTP、WebService、数据库、消息等。结合数据来源以及数据应用的需求，使用不同的工具对数据进行接入。

（3）丰富的服务资源池

服务资源池是时空大数据平台数据价值升华的关键，是平台与用户之间的纽带。通过丰富的服务模块组合与配置，对第三方提供二次开发 API 接口，实现时空数据服务的共享。

如图 7 所示，服务资源池包括了数据引擎、知识引擎、业务引擎、GIS引擎，各引擎均通过接口调用的方式向用户提供服务。服务提供的接口包括有 Restful 接口、推送接口、地图服务接口。

Restful 接口：主要的服务访问方式，可实现对时空数据、知识、业务信息的查询、增加、修改、删除等操作。

推送接口：用于对实时性要求较高的数据，支持将系统数据按照用户权限进行推送。

地图服务接口：用于用户的地理实体数据、影像数据、高程模型数据以及三维模型数据的访问。包括 WMS、WMTS、WCS、CSW 等多种标准服务接口。

数据引擎：提供时空基础数据、公共专题数据、地理信息数据、终端感知数据、政务数据、民务数据、互联网数据、本地扩展数据等数据的高效访问及管理。

知识引擎：通过大数据分析形成的专题信息时空分布规律、关联规则和时空演变等潜藏在大数据深层的规律和隐性联系，池化为知识服务。完成对数据的深度挖掘，进而获取有价值的知识。具体包括分析引擎、推演引擎、业务知识链。

分析引擎：基于时空大数据挖掘分析，通过统计分析、数据特征提取、关联分析、聚类分析等技术，建立实时分析模型库。

推演引擎：采用决策树、人工神经网络等技术，建立预测推演模型库，实现时空数据的预测与推演。

业务知识链：基于分析引擎及推演引擎，结合用户业务实际，形成智能化知识链，在用户使用中自适应调整与完善，实现知识链的丰富与扩充。

业务引擎：按照业务的逻辑和流程规则，建立不同业务流程模型，可通过业务服务接口调用实现业务流程的自动流转。具体功能包括业务规则管理、运行服务管理以及运行监控管理。实现了业务审批模块的工作流元模型，实现了审批流程节点、节点类型和角色类型及其之间相互联系的自定义逻辑处理。

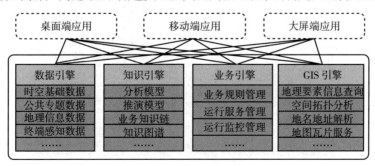

图 7　服务资源池

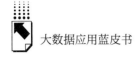

4. 平台支撑环境

平台支撑环境将完成系统安全保障及服务监测功能。通过对时空大数据平台各模块运行情况的监控、模块间数据流转监控、外部对服务接口的调用监控，实现快速系统异常识别以及系统动态扩容。

——安全保障：包括 Web 安全、虚拟化安全、数据安全、访问控制、安全审计、服务限流、熔断及资源安全隔离等安全模块。

——运行监测：实现平台运行情况监测管理功能，实现对平台自身运行情况、各组件运行情况和各模块运行情况进行实时监测、阈值预警、处置情况跟踪等功能。同时，保证资源开销和集群规模保持线性增长的关系，有效降低服务管理为平台带来的开销。

5. 智慧时空应用

基于时空大数据平台提供的时空数据服务，根据用户实际应用需求可开发出丰富的时空应用。依据应用的载体不同，应用可分为桌面应用、移动应用以及大屏应用（见图 8）。

桌面应用是运行于笔记本、台式机等桌面终端设备的应用软件，适用于监控调度、日常办公等应用场景。移动应用面向个人用户，依托时空数据服务实现路线导航、兴趣点搜索、移动办公等功能。大屏应用利用数据的可视化技术，实现时空数据的可视化表达，包括时空趋势展示与全息数据展示等。

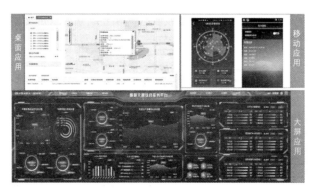

图 8　智慧时空应用

（二）关键技术

1. 统一时空基准

时空基准建设是政治大国、经济强国和军事强国的重要基础建设和重要标志。实施军民融合国家战略，需要加强时空基准建设，确保领土、领海、领空安全，需要空天地海一体的时空基准保障。因此，统一的时空基准是时空大数据平台运行的前提，只有将时空大数据建立在统一的时空基准下，才能够真正构建空天地海一体化的时空大数据智慧化应用体系。

时空基准是包含了地理空间的几何信息和时空分部信息的地球三维立体模型，以数据的形式表示各种地理要素在真实世界的空间位置及其时变的参考基准。我国自主建设的北斗卫星导航系统是统一时空基准建设的重要依托，因此，建立以北斗卫星导航为核心的新一代天地一体、无缝覆盖的时空基准是时空大数据技术的核心关键。

空间基准。我国 2008 年启用的新一代国家大地坐标系 CGCS2000 属于地心大地坐标系统，该坐标系统的采用支撑了我国北斗卫星导航系统的建设和应用，同样满足全球航天遥感、海洋监测及地方性测绘服务的坐标参考基准需求。因此，以北斗位置作为空间基准，可以满足各行业用户对高精度、快速、实时时空大数据服务的要求。

时间基准。北斗作为现阶段授时精度最高、应用前景最广泛的授时手段，可实现标准时间大范围、高精度、全天候的播发，满足时空大数据应用过程中对统一时间基准的需求。因此，时间基准采用北斗时（BDT），它是一种原子时，以国际单位制（SI）秒为基本单位而连续累计，不用调秒的形式，历元为协调世界时（UTC）2006 年 1 月 1 日 0 时 0 分 0 秒，采用周和周内秒的计数形式。

2. 时空大数据挖掘

随着北斗三号的全面应用，时空信息在人们身边的作用越来越大，指示时空服务的需求越来越广泛，公众的出行需求以及政府的监管需求都需要精细化、智能化的时空服务。目前，很多省、市政府部门和企业已经开展了基

于北斗的时空大数据平台的建设工作，包括建设交通数据大数据中心以及地基增强系统等。为了充分发挥时空大数据的服务作用，需要对时空数据进行挖掘，主要包括整合分析、训练预测以及可视化表达。

时空数据的整合分析主要包括两类，一类是面向轨迹点集数据的整合分析，如轨迹匹配（包括网约车人车路线匹配、雷达回波轨迹匹配等）、报警点聚合分析（包括车辆报警路段分析、道路拥堵分析等）、用户时空行为分析（包括社交媒体数据分析、公众出行分析、消费行为分析等）；另一类是面向影像数据的整合分析，这部分内容主要需结合遥感数据，包括农作物遥感监测、洪涝灾害预测以及通过夜光遥感影像进行社会经济动态监测等。

时空数据的训练预测主要借助人工智能等先进技术，利用时空知识引擎进行数据的训练建模。时空知识引擎主要针对不同的应用场景模型形成知识链条，再通过数据训练不断优化模型和链条，最终可以实现时空数据的预测分类等功能。

时空数据的可视化表达可以借助目前丰富的 GIS 可视化手段，包括热力图、聚合图、散点图进行展示时空趋势，也可以借助不同场景进行展示包括二维地图场景、三维建模场景等，最后采用多视图整合、多维度的展现方式，以地图为基础，结合折线图、柱状图、迁徙图等统计手段进行同步展示。

3. 时空大数据快速检索技术

时空数据的获取主要依靠 PNT 传感器（比如车辆位置数据依赖车载终端，遥感数据依赖遥感卫星），时空大数据的内容很广，可以包括行业业务数据、北斗/GPS 位置数据等结构化数据，也可以包括遥感影像数据等非结构化数据。时空大数据的获取能力既快又易，然而与之形成对比的是数据的存储方式以及检索速度。

目前，时空数据的存储大多数以基础显性属性为主，往往容易忽略其时空特性，导致人们在实际应用中进行时空数据的检索效率不佳，同时有些遥感影像数据还需要人工经验去进行标定再进行存储检索。但是，随着时空数体量越来越大，依靠人工方法对影像数据进行标签，已经难以保证其准确性和时效性。因此，对于结构化的时空数据，可以对位置和时间进行索引，这里需要注意的是位置索引可以结合地理信息系统的特性，对区域查询以及线路查询进行特殊支持。对于遥感数据的快速检索，需要将影像数据进行语义提取，再通过语义进行快速检索。

同时，随着传感器、天地一体化信息网络等在时空数据的接入，由于目前的时空数据缺乏语义，从而对时空数据的检索需要提出更高的要求。然而随着人工智能技术的不断发展，基于时空数据的知识图谱的信息关联方法将会是时空数据关联的发展方向之一。通过机器学习增加时空数据的语义，能够快速索引时空大数据将成为今后的发展趋势。

三　存在问题及发展趋势

（一）存在问题及挑战

随着社会各行业、各领域信息量爆发式地增长，我国已进入了时空大数据时代。面对如此海量的时空数据，如何通过数据挖掘技术让时空大数据在更多的行业领域中创造更多的社会经济价值，还面临着如下问题和挑战。

第一，时空数据多依赖于不同传感器（卫星导航、雷达、遥感、互联网、RFID、移动设备、WiFi 等）的感知和获取，多种 PNT 传感器噪声特性均有所不同，呈现非线性、非平稳、非高斯、非白色等特性，传统的利用 Kalman 滤波手段实现数据融合已无法完成，因此构建有效的多源时空信息融合机制面临着极大的挑战。

第二，缺乏统一的时空基准，海量数据呈现杂乱无规律的状态。统一的空间基准是大范围，尤其是全球信息分析的基础挖掘是重要支撑，大数据挖掘强调空间关联，重要的信息需要位置信息来支持。统一的时间基准是动态分析历史规律和未来发展趋势的重要基础，是信息和知识是否准确的判定机制。因此，统一的时空基准是大数据时代的标尺，是实现时空数据成为全球大数据的重要前提。

第三，时空数据分析处理带来的安全性问题。以智慧城市为代表的精准时空服务，在提高城市治理能力的同时也面临着信息泄露的风险。通过移动设备等传感器采集的时空数据包含着很多重要的隐私信息，如何保证时空数据在发布、采集、存储、分析与处理过程中的安全性，是保证时空大数据应用可持续发展的核心关键。

（二）发展趋势

1. 产业发展趋势

近年来，随着卫星导航定位技术、天空地一体化遥感技术、地理信息系统技术、计算机和通信网络技术以及"互联网＋"、"北斗＋"服务的普及和发展，时空信息服务已经深入社会的各行各业。例如网约车、共享单车等共享经济行业需要精准的位置服务；精准农业中的自动播种、施肥、收割，提高作业精度需要基于精准时空服务来实现；同时，我国已进入人工智能时代，自动驾驶、超级高铁、无人机等也离不开精准时空服务。

北斗是我国自主研发的卫星导航系统，是获取空间和时间信息的重要手段。2020年6月23日9时43分，北斗系统最后一颗全球组网卫星成功发射，标志北斗三号全球卫星导航系统星座部署全面完成，正式迈进全球服务新时代。未来北斗将更多地扮演时空信息传感器的角色，与大数据、云计算、物联网与5G通信等技术融合创新应用，以精准时空信息服务为核心生产力的新兴产业生态链将成为北斗产业快速发展的新引擎。

北斗的定位导航授时功能是大数据的基石。其中，北斗定位功能可为用户提供精准的位置信息，北斗短报文通信功能可作为覆盖全球范围的通信链路，北斗之所以能够与各个行业结合在一起，是因为北斗提供的时间和位置服务是与人类所有活动息息相关的。因此，北斗时空大数据应用将是大数据挖掘的重要发展方向。统一时空基准是北斗时空大数据服务的核心要素，大数据挖掘同样需要根据"空间维P""时间维T""动态性N"去寻找规律，发现线索，提供决策。首先，在空间基准方面，大数据关联强调空间关联，重要信息和知识需要空间信息的支持。例如，跨区域、跨场景的动态载体需要在统一空间基准的大数据支持下进行流量分析；全球海洋信息挖掘，需要统一空间参考基准；不同国家边界活动的监测，也需要统一空间基准。其次，统一的时间基准也很重要，时间基准是大数据动态分析的基础，为了实现智能的大数据挖掘，需建立统一的时间机制。同时，时间基准也是历史规律、未来趋势分析的基础。

目前，北斗产业新生态初露端倪，基于北斗的时空大数据在智慧公安、共享经济、智能汽车、物联网等领域中已开始应用，随着 5G 时代的到来，"北斗 +5G"将成为物联网产业的新生态。

在物联网产业中，5G、北斗和大数据共同构成了物联网产业的三大基础设施。基于北斗时空信息、大数据与 5G 通信的技术融合将全面构建一个能够实时提供精准时空信息的大数据服务体系。一个由北斗系统提供时空数据、5G 通信系统实现智慧感知与传输、大数据实现海量时空数据的分析与挖掘、由云计算系统实现泛在的智能化处理的智慧城市建设技术和数据支撑体系正逐渐完备。

2. 技术发展趋势

在时空大数据的实际应用过程中，时空数据来源于多种机理的时空基础设施或 PNT 传感器，因此，多源时空信息深度融合技术是时空大数据应用的核心关键。卡尔曼滤波器是一个最优化自回归数据处理算法，处理非线性模型，被广泛应用在各个领域，甚至包括军事方面的雷达系统以及导弹追踪等。但是不同的 PNT 传感器噪声特性均有所不同，呈现非线性、非平稳、非高斯、非白色等特性，对传统的 Kalman 滤波架构构成了极大挑战。

为了解决多传感器系统观测模型的非线性问题以及传统多系统协同交互滞后的问题，需要分析不同时空基础设施的工作机制，结合应用场景剖析其局限性，构建基于改进型 Kalman 滤波的非线性近似滤波算法（扩展 Kalman 滤波算法），通过对系统状态方程和观测方程进行线性化处理来估计后验，所观测非线性动态系统的状态预测方程为：

$$x_k = g(x_{k-1}) + \xi_{k-1}$$

而非线性动态系统的观测方程可表示为：

$$z_k = h(x_k) + \delta_k$$

该算法用雅克比矩阵将期望和方差线性化，从而将卡尔曼滤波扩展到非线性系统，其基本思想在于将观测方程和运动方程在特定点附近进行泰勒展开，并只保留一阶项，从而近似为线性系统。

$$x_k \approx g(\hat{x}_{k-1}, u_k) + \frac{\partial g}{\partial x_{k-1}}\Big|_{\hat{x}_{k-1}} (x_{k-1} - \hat{x}_{k-1}) + \xi_k$$

$$z_k \approx h(\bar{x}_k +) \frac{\partial h}{\partial x_k}\Big|_{\bar{x}_k} (x_k - \bar{x}_k) + \delta_k$$

扩展 Kalman 滤波算法能够有效解决非线性系统的最优估计，但是其最大的局限性体现在实际的时空大数据应用中，用户的运动状态及环境噪声往往不符合高斯分布。

针对目标系统非线性非高斯的状态，随着人工神经网络学科的发展，可考虑将扩展 Kalman 滤波器和生成式对抗网络（GAN）相互结合，采用卷积神经网络（CNN）作为鉴别器，采用循环神经网络（RNN）作为生成器，鉴别器和生成器通过深度学习算法建立测量模型和系统模型，通过生成器和鉴别器的对抗演进实现 Kalman 滤波器的预测修正过程。并借鉴生物基于位置细胞、头朝向细胞、网格细胞等多种时空细胞网络的生物大脑环境感知、空间认知、时间认知、面向目标导航功能，探索生物大脑导航细胞网络信息处理机理；建立基于吸引子神经网络、深度脉冲神经网络等神经形态网络的智能多源时空信息弹性融合模型。

四　重点应用

（一）智慧交通北斗时空大数据应用

1. 应用场景

在交通领域，静态单一的测绘方式已经难以满足"精细化"和"实时化"的要求，基于地理信息的物联网设备将成为智慧交通的基础设施。而人与车的地理信息，在物联网的体系中将演化运动轨迹，成为兼具时、空属性的大数据。除了来自物联网的数据，政务端和互联网的数据也正在丰富地理信息的属性。从机动车号牌、交通视频，到外卖、快递，通过线上线下的数据交汇，人们的生活轨迹正被清晰地描画出来。智慧交通对地理信息的需求，正在向动态轨迹、时空数据的方向推进。

智慧交通的数据支撑来源于时空大数据，时空大数据来源于海量的、实时动态的、具有时空标签的交通数据。对交通状况的评价可主要从空间、时间、强度三个维度进行分析，因此，交通领域的地理信息已逐渐演变为"时空数据"。以时空数据衔接交通出行需求与服务资源，并以此为基础，将时空信息叠加到交通领域直接产生的静态和动态数据、交通状况数据、出行行为数据和大型社会活动关联数据，进而实现基于时空大数据的智慧出行、智能停车、自由流收费、智慧监管与运营、智能驾驶等交通应用。

智慧出行：整合交通出行服务信息，扩大各类交通出行信息服务覆盖面，使公众出行更便捷。例如利用车辆轨迹、交通监控数据、基础设施等时空数据提供精准的时空大数据服务，能够为公交车提供实时位置、到站时间以及与地铁的准确接驳时间；能够帮助网约车司机准确地找到上车点和目的点，提升效率，节省时间；能够为共享出行提供准确的取车和换车导航路线。最终实现基于个体出行的多种交通方式无缝连接。

智能停车：通过北斗高精度时空数据、航空高分影像数据等绘制城市路面车位分布实景图，并对停车场的位置、收费标准等静态基本信息进行统一信息采集，形成一幅虚实结合的三维城市路面停车场实景图像，为用户选择智能停车服务时提供直观、准确的泊车体验。同时，由于城市路面停车位的入口和出口通常是道路交叉口，根据交叉口的视频图像可分析路口车流量，进而为用户的出行提供参照。

自由流收费：自由流收费是一种新型的、可替代 ETC 的高速公路收费模式。该模式主要基于安装在车辆上的高精度北斗车载终端来获取精准的时空信息，由"网－云－端"的架构根据车辆实际行驶路段精确收费，解决

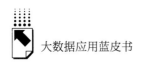

目前公路收费封闭、复杂、臃肿的问题，满足高速公路自由流收费全国联网收费的需求。

智慧监管与运营：以时空信息化的思维方式加快传统监管与服务模式的转型，进而为公交、网约车、出租汽车、轨道交通、路网建设、汽车服务等领域用户提供的一体化的智能管理。例如，根据用户历史数据分析司机的营运行为和驾驶行为，辅助决策最优的出租车招车、候车服务模型（时间、地点）。

智能驾驶：利用车联网技术和用户车辆惯性传感器数据，汇集司机急刹、急转等驾驶行为数据，预测司机的移动行为，为司机提供主动安全预警服务。

2. 应用案例

（1）渭南市"智慧交通"一体化服务平台

2018 年，渭南市建立了基于北斗时空大数据的"智慧交通"一体化服务平台，全面接收渭南市货运、两客一危、公交、出租、驾考驾培等交通运行数据，每天可接收车辆动态位置信息约 3000 万条，交通流量数据约 6 万条。

平台利用时空大数据技术，实现货运、客运、危险品运输等车辆的动态监控及分布统计。利用大数据快速索引技术，实现位置数据秒级检索、查询和分析；实现对从业人员、运营企业、营运车辆、站场等行业监管领域的统计分析；对司乘人员违规操作、运营企业违规经营等行为，进行实时监测预警，实现精准监控闭关管理。实现交通运行监测、指挥、执法、公众信息服务综合应用，并由交通运行数据分析当地及周边地区的经济运行状态。

（2）合肥市道路运输动态监管与服务系统

2017 年，基于北斗时空大数据，合肥市建设了道路运输动态监管与服务系统。整合合肥运管的运政综合业务数据、运政执法数据、投诉数据、检测站数据、企业信用考核数据、旅游包车系统数据、网约车营运数据、重点客运场站监控视频、公安卡口视频等，提供指定时间段、经过指定区域的车辆信息查询、支持多区域多时间段的联合查询。对管辖范围内的营运车辆进行动态监管，包括线路比对、超区域营运、非法聚集等；并核对其运营企业提交的电子行程单，自动识别未按运单路线行驶的违规行为。

（3）高速公路智慧加油站平台

2019 年，安徽高速建设了高速公路智慧加油站平台，平台能够统计单个加油站，或某个区域的多个加油站在某个时间段内的加油车辆情况，以图表的形式展现给客户，同时分析数据之间的内在联系并对营运趋势进行预测。根据一段时间内该客户加油的次数、车型、车牌号等内容统计客户的信息，并给客户加入星级标识，提供差异化的服务。同时，全省各高速加油站均能实现数据资源共享，为加油站点规划、科学排班、策略制定、加油站全流程诊断与优化提供有效依据，同时为城际交通 OD 分析提供数据基础。

（二）海洋渔业北斗时空大数据应用

1. 应用场景

近年来，我国渔业经济保持持续增长的态势，水产品产量自 2012 年到 2016 年年均增长率为 16.82%；同时，我国的远洋渔业产业发展迅速，拥有 2571 艘远洋渔船，水产品总产量已高达 200 万吨。渔业产业的扩张带动了渔业经济的高速发展，而不断扩大的产业规模也带来了一些亟待解决的矛盾和问题。主要体现于以下几个方面：救援体系的不完善导致船只遇险无法得到及时救助。由于海洋环境、天气的复杂性和难以预测性，渔业被列入高危险产业行列，2016 年，我国沉船数目达 1987 艘，死亡、失踪和重伤人数高达 165 人，直接经济损失约 0.46 亿元。渔业整体较低的智能化水平造成了渔业的生产效率低下。海洋渔业产业庞大的产业规模与产业效率不成正比，海洋渔业的信息直接关系到渔业生产的效率、成本和能耗，是决定渔业生产率的关键。人类对海洋的过度开发导致海洋渔业产量日益下降，由于疏于对渔船生产的监管和对渔业资源的监测，进而使得渔业资源遭到破坏，渔业发展空间不断萎缩。

因此，在海洋渔业信息化建设方面，应当采用北斗卫星导航、AIS、5G通信等信息领域的最新技术，充分发挥时空大数据的优势，体系化解决海洋渔业监管目前面临的监测、安全、服务、管控四个方面的一系列问题，最终构建一套集渔船监管与服务、能耗管理、智能捕鱼为一体的智慧型渔业监管服务体系。目前，公务船舶推广应用北斗系统数量达到371艘（占比40.68%），已建成沿海75座北斗连续运行参考站，沿海22座无线电指向标差分全球卫星导航定位系统（RBN-DGNSS）台站全面兼容北斗系统，沿海北斗遥测遥控航标达到3805座。

渔船监管与服务：基于海洋渔业时空大数据的应用，能够为监管部门提供对渔船的非法捕鱼监管服务，为渔业生产作业者提供船舶导航、气象预测、遇险求救等安全生产服务，以此降低船舶碰撞事故的发生率，并有助于船舶遭遇险情时实时及时、有效的救援方案。

能耗管理：通过对渔船处于捕捞的时间段进行分析，并结合渔船功率和路径可计算拖网捕捞努力量，通过拖网里程及航迹可得到扫海面积，最终统计出每艘渔船捕捞的时间、区域、捕捞量等指标，评估渔船的作业状态，进而为船舶的燃油补贴发放提供数据依据。并通过在渔船排气装置上加装尾气检测传感器分析不同时间和位置的船舶排气气体含量，对超标排放渔船进行动态识别，对高排放的渔船进行精确管理，保证渔船的达标使用，加速老旧渔船的更新淘汰，减少排放污染，改善海洋环境质量。

智能捕鱼：融合捕鱼区环境、传感器信息、船舶信息、港口和口岸等航运要素数据，实现船舶作业信息、报警信息、船况等时空信息的汇聚，通过时空大数据的统计分析，发布渔汛、危险海域、气象的信息，为作业渔船提供"不靠岸"服务。同时，利用信息化手段增强海洋渔业对渔情信息的有效监测与分析，通过渔船上的水下渔情探测设备实现渔情信息的实时探测；将所有作业渔船采集的渔情信息进行集中汇聚形成渔情信息大数据；利用平台的大数据分析技术，分析鱼群、渔汛及安全有效的航行路线并对外发布，为渔民提供更加准确可靠的渔情信息。

2. 应用案例

在渔船监管方面，目前浙江、河北、海南等沿海省份重点渔港海岸线已设置了北斗渔船动态监管系统。对于渔船安装的北斗船载终端，通过北斗对渔船实施全天候24小时无盲区管控，实现对沿海管辖渔船的全天候、全海域的监控与跟踪，满足对伏休渔船、防台风渔船信息和出海人员信息等管理工作的需要。

在应急搜救方面，自2018年开始，长江航务管理局和中国交通通信信息中心已开展北斗内河示范工程建设，将在长江干线船舶上持续推广应用超过10000套北斗应急示位标设备，利用北斗时空大数据技术进一步为长江干线船舶、人员、货物提供自主可控的安全技术保障（如图9所示）。

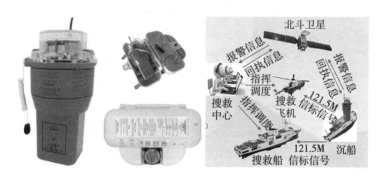

图9　北斗应急无线电示位标

B.5

疫情防控大数据云平台：
重大突发公共卫生事件解决方案

徐童　于润龙*

摘　要： 新型冠状病毒肺炎疫情给人民的生命健康和社会运转带来了重大影响。由于公共卫生事件突发，防疫人员的活动受到限制，利用大数据技术，在云端完成数据处理、建模分析以及可视化工作，辅助相关职能部门制定防疫举措，并在线上部署与监督尤为重要。本文展示的疫情防控大数据云平台，旨在为以新型冠状病毒肺炎疫情为例的重大突发公共卫生事件提供云端智能化的检疫隔离、物资调配及复工复产方案。立足国家全面防疫的大局，以受疫情影响的城市为中心，对外联合周边城市形成防疫统一战线，对内关注社区疫情的发展态势，形成线上线下、城内城外相结合的立体式一体化大数据防疫体系，展示了疫情防控大数据云平台的重点功能及可视化成果。

关键词： 疫情大数据　公共卫生事件　云计算

---

* 徐童，中国科学技术大学副教授，中国中文信息学会青年工作委员会委员、中国中文信息学会社会媒体处理专委会委员，主要研究方向为医疗大数据、社交网络分析与应用。
于润龙，中国科学技术大学博士生，获"2020北京数据开放创新应用大赛——科技战疫·大数据公益挑战赛"一等奖，主要研究方向为疫情大数据、城市应急管理系统。

一　大数据在疫情防控工作中的应用背景

严重急性呼吸系统综合征冠状病毒 2（SARS – CoV – 2）[①] 可能感染导致新型冠状病毒肺炎（COVID – 19），简称"新冠肺炎"。SARS – CoV – 2 曾使用的临时名称是 2019 新型冠状病毒（2019 – nCoV）[②]，也被称为人类冠状病毒 2019（HCoV – 19 或 hCoV – 19）[③]。新冠肺炎疫情发生以来，国内累积报告确诊病例超过 9 万例，累积死亡病例超过 4700 例，中国人民的生命健康和中国社会受到了重大影响。世界卫生组织于 2020 年 1 月 30 日宣布新冠肺炎疫情为国际关注的突发公共卫生事件，并于 2020 年 3 月 11 日宣布新冠肺炎疫情可被称为全球大流行（pandemic）[④]，标志着新冠肺炎疫情已经在世界范围内蔓延，防治疫情是对全人类共同的挑战。

（一）疫情防控的核心问题

在防疫过程中，合理地进行检疫隔离、物资调配、复工复产等工作，是

[①] Gorbalenya AE, Baker SC, Baric RS, de Groot RJ, Drosten C, Gulyaeva AA, et al., 2020 年 3 月，"The Species Severe Acute Respiratory Syndrome – Related Coronavirus: Classifying 2019 – nCoV and Naming It SARS – CoV – 2", *Nature Microbiology* 5（4）：536 – 544, https://www.ncbi.nlm.nih.gov/pmc/articles/PMC7095448。

[②] Surveillance Case Definitions for Human Infection with Novel Coronavirus（nCoV）：Interim Guidance v1, World Health Organization, 2020 年 1 月, https://hdl.handle.net/10665%2F330376。

[③] Wong, G.; Bi, Y. H.; Wang, Q. H.; Chen, X. W.; Zhang, Z. G.; Yao, Y. G, 2020 年 5 月，"Zoonotic Origins of Human Coronavirus 2019（HCoV – 19 / SARS – CoV – 2）：Why Is This Work Important?", *Zoological Research*, 41（3）：213 – 219, https://www.ncbi.nlm.nih.gov/pmc/articles/PMC7231470。

[④] Statement on the Second Meeting of the International Health Regulations（2005）"Emergency Committee Regarding the Outbreak of Novel Coronavirus（2019 – nCoV）", World Health Organization（WHO）, 2020 年 1 月。

　　https://www.who.int/news – room/detail/30 – 01 – 2020 – statement – on – the – second – meeting – of – the – international – health – regulations –（2005）– emergency – committee – regarding – the – outbreak – of – novel – coronavirus –（2019 – ncov）.

积极应对以新冠肺炎疫情为例的大型公共卫生突发事件的重要举措。首先，在救治新冠肺炎患者时，除了必备的医药用品，还应准确评估医务人员接触病毒的可能性，合理选择和使用防护设备，如 N95 呼吸器、护目镜、防护服等；其次，在检疫隔离过程中，应当为被隔离者提供舒适的食宿条件，包括食物、水和卫生用品等生活物资。因此，在全国范围内合理地调配医疗物资和生活物资能为疫情防控提供更好的支撑作用。此外，采取隔离措施会使得全国大面积停工停产，经济指标下行，随着新冠肺炎疫情逐步得到控制，科学合理地复工复产将有助于恢复经济活力，减轻疫情对于市场和社会发展的负面影响。

由于疫情的突发性和极易传染性，传统的防疫措施面临着严峻挑战。首先，疫情的突发性导致了防疫物资调配困难、生活物资分配不均，严重影响了疫情防治工作的效率。其次，应对大型公共卫生突发事件，需要整个社会步调一致，统一行动，而传统的防疫举措面临信息传递慢，信息汇总难等挑战，影响了防疫措施的统一调配与整体布局。同时，疫情防控需要相关工作人员积极行动、密切配合，这与限制人员流动的隔离措施产生冲突。

（二）基于大数据技术的解决思路

为了部署和落实疫情防治举措，提高疫情物资调配的精度与效率，同时减少工作人员的流动与接触，有必要充分借助大数据、人工智能、云计算等技术，全面整合各地政府部门、机构、企业的碎片化数据信息，做好线上线下的结合工作，尽可能在云端完成基本的数据分析、处理以及展示，辅助相关职能部门第一时间把控全局，了解细节，制定具体的针对性措施，并在线上进行对应的安排、部署与监督。具体包括以下六项。

第一，利用云端强大的数据传输、处理、分析能力，快速收集人员、物资以及疫情的实时数据；

第二，利用线上丰富的数据和可视化技术，辅助相应权责机构快速感知相应事件的实时紧急态势，并为政策、方案以及法规快速制定提供数据支撑；

第三，对线下防疫区域时空数据进行智能分析与感知，辅助政策落地，切实确保区域隔离、人员管控到位；

第四，汇总统计地域防灾物资，实时分析物资需求供给关系，辅助权责机构管控、分配应急物资，并制定物资调配智能运转方案，高效有序完成应急物资快速汇拢、分配与运输；

第五，全区域、全场景云端监控，有效进行远程管控，快速发现问题、调整方案，切实保证各方案、法规的落实；

第六，疫情后期评估区域疫情风险指数，为有序开展复工复产提供数据与分析支撑。

二 疫情防控大数据云平台

疫情防控大数据云平台可针对疫情发展的不同阶段，辅助相关职能部门快速、高效地感知实时态势，并能够进一步提供具体调控规划智能方案。平台体系架构如图1所示，需要满足一定的硬件、软件、算法以及运行环境上的要求。

网络：内部专线加密网络、虚拟专用网络，保证数据传输安全、高效，采用弹性负载均衡提供高并发支持；

存储：对象存储服务，保障多源异构数据共通、共享，保障云服务存储稳定、高效、安全与易用；

服务器：全国产芯片云服务集群，包含有国产中央处理单元以及图像处理单元，保障安全可靠的计算环境；

虚拟化：端到端虚拟化管理环境，支持智能监控设备以及各岗位人员移动手持设备多设备、多端协同运行；

操作系统：国产云端操作系统，具备多操作系统感知与信息迁移功能，保证系统安全、高效、可靠；

中间件：微服务架构，打通与当前各政务云之间的公文流转与数据通道，破除数据壁垒，保障多平台协同运行；

运行环境：全国产软硬件环境，多粒度安全保障机制，多地容灾环境；

应用程序：疫情影响程度评估系统，检疫隔离和可视化系统，物资调配管理系统，复产复工分析系统。

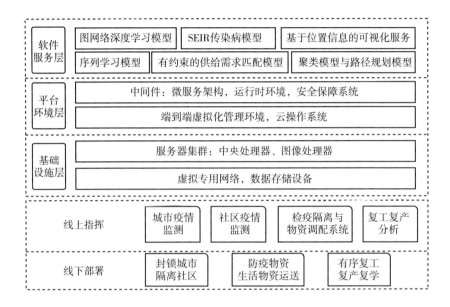

图1 公共卫生应急云的体系架构

（一）全天候城市和社区受疫情影响程度评估系统

全天候城市和社区受疫情影响程度评估系统旨在根据城市的基本信息、疫情信息、医务资源、交通信息等，自动对城市和社区受疫情影响程度进行智能实时性评估。总体来说，评估分为初期、中期和后期三个阶段。

1. 在疫情发展初期，获取已知城市的基本信息和当前城市的疫情相关信息，并根据已知城市的基本信息、医务资源、疫情信息，构建城市受疫情影响状况的特征序列。

由于交通带来的人员流动，城市受疫情影响程度还会受到周边城市的影响，因此对全国城市的交通拓扑图建模，构建由城市受疫情影响状况的特征序列为点属性、城市间连通关系为边的城市图网络。对每个城市，以历史新冠肺炎病毒的有效传染数为标签，该城市和周边城市在城市图网络的子图为特征，采用卷积图网络算法和序列学习算法，对城市未来的新冠肺炎病毒的有效传染数进行预测。具体而言，对于第 i 天的全国城市交通网，图中每一节点对应一个城市，如果城市之间有直达火车或者其他交通线路则对应节点之间存在一条边，如果城市进行交通管制，则图中对应节点与其他城市之间的边则全部删除，由此得到全国城市拓扑总图 K_i。从 K_i 中构建一种被称为 ego-net 的子图 G_i，ego-net 的中心节点为城市 c 对应节点 v_i，并且 G_i 中还包含 K_i 中 v_i 的全部一阶邻居和二阶邻居及这些节点间的边。对图 G_i 使用图卷积神经网络学习中心节点城市的特征，由图 G_i 得到其邻接矩阵 A_i，进而通过以下公式得到图中节点表征，其中 α 为激活函数，W_0，W_1，b_0，b_1 为待学习参数：

$$S = \alpha(\widehat{A}\alpha(\widehat{A}X W_0 + b_0)W_1 + b_1)$$

其中，$\widehat{A}$ 由如下公式得到：$\tilde{A} = A + I_N$，$\tilde{D}_{ii} = \sum_j \tilde{A}_{ij}$，$\widehat{A} = \tilde{D}^{-\frac{1}{2}} \tilde{A} \tilde{D}^{-\frac{1}{2}}$。对图 G_i 经过上述处理得到矩阵 S_i，S_i 中对应中心节点的一行即为城市 c 在第 i 天时最终的表征向量 w_i。对于城市 c 从第 t_i 天到第 $t_i + k$ 天进行建模，得到全部训练用表征向量 $w_{t_i} \cdots w_{t_i+k}$，同时获取第 t_i 天到第 $t_i + k$ 天的 R0 值 $y_{t_i} \cdots y_{t_i+k}$，使用一种长短时记忆网络模型训练特征，经长短时记忆网络处理后，对于每一个时间步，就能对中心城市下一步的有效传染数进行预测。所述长短时记忆网络的构成具体如下所示：

$$i_t = sigmoid(w_{xi} x_t + w_{hi} h_{t-1} + b_i)$$
$$f_t = sigmoid(w_{hi} x_t + w_{hi} h_{t-1} + b_f)$$
$$\widehat{c_t} = f_t \cdot c_{t-1} + i_t \cdot tanh(w_{x\widehat{c_t}} x_t + w_{h\widehat{c_t}} h_{t-1} + \widehat{b_c})$$
$$o_t = sigmoid(w_{xo} x_t + w_{ho} h_{t-1} + b_o)$$
$$h_t = o_t \cdot tanh(\widehat{c_t})$$

其中，i_t 表示输入门，f_t 表示遗忘门，o_t 表示输出门，h_t 表示隐式层输出，$sigmoid(\cdot)$ 和 $tanh(\cdot)$ 表示两种不同的非线性激活函数，$\{w_{xi}, w_{hi}, w_{hi}, w_{hi}, w_{x\widehat{c_t}}, w_{h\widehat{c_t}}, w_{xo}, w_{ho}\}$ 与 $\{b_i, b_f, \widehat{b_c}, b_o\}$ 是网络训练过程中待优化的权重矩阵和偏

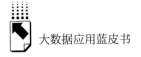

执向量。

对于受疫情影响较严重的城市，按照城市内居民的生活活动范围做社区层面的管理。划分社区的标准是：一个社区内部的人员流动是相对紧密的，社区与社区之间的人员流动是相对稀疏的。对社区内部的确诊和疑似病例做流行病学史调查，如果社区内持续出现感染来源不明的病例，则说明该社区出现了社区传播现象，标记为受疫情影响严重的社区。根据社区间的近邻关系，构建社区图网络，设置出现社区传播现象的社区为正例样本，其他社区为无标签样本，基于城市内部社区的历史确诊数据，采用正例—无标签学习算法和卷积图网络算法，对没有出现社区传播现象的社区预测未来出现社区传播现象的概率。所述正例—无标签学习算法的似然函数为：

$$P = \prod_s \prod_{i \in c^+} \prod_{j \in c^-} \mathrm{sigmoid}(\widehat{r_{si}} - \widehat{r_{sj}})$$

其中，s 表示相邻近的一簇社区，c^+ 表示已经出现社区传播现象的社区，c^- 表示尚未出现社区传播的社区，$\widehat{r_{sj}}$ 表示社区 j 预测未来出现社区传播现象的概率。

2. 在疫情发展中期，根据初期预测的有效传染数和当前城市的确诊病例数、疑似病例数、治愈病例数，构建 SEIR 传染模型。模型主要包括易感人群（Susceptible）、无症状感染人群（Exposed）、感染人群（Infectious）、康复人群（Recovered）四类群体，预估城市未来可能的确诊病例数。根据城市确诊病例的发展状况和疫情防治医院的物资消耗水平，构建医疗承载能力特征序列，采用序列学习模型，预测未来城市医疗承载能力的限度。对于受疫情影响较严重的城市，特别是已经出现社区传播的社区，在隔离期间调查并获取社区的隔离人数，分为青壮年人数和老年幼年人数，每天生活物资的消耗量，包括食物、水和卫生用品，构建生活物资需求量特征序列，采用基于随机过程的数学建模方法预估社区居民生活物资的承载能力和需求缺口。所述 SEIR 传染模型的具体构成如下所示：

$$S_n = S_{n-1} - \frac{r\beta I_{n-1} S_{n-1}}{N} - \frac{r_2 \beta_2 E_{n-1} S_{n-1}}{N}$$

$$E_n = E_{n-1} + \frac{r\beta I_{n-1} S_{n-1}}{N} - \alpha E_{n-1} + \frac{r_2 \beta_2 E_{n-1} S_{n-1}}{N}$$

$$I_n = I_{n-1} + \alpha E_{n-1} - \gamma I_{n-1}$$

$$R_n = R_{n-1} + \gamma I_{n-1}$$

其中，r 为接触人群数，β 为感染率，α 为潜伏者发展成为感染者的转化率，r_2，β_2 为潜伏者接触人群数和潜伏者的感染率。根据城市确诊病例的发展状况和疫情防治医院的物资消耗水平，构建医疗承载能力特征序列，具体采用长短时记忆网络算法，预测未来城市医疗承载能力的限度。

3. 在疫情发展后期，绝大多数感染人群已经被隔离治疗，城市每日新增确诊病例基本清零，城市和社区管理者关注有序恢复城市生产与生活功能。此时标记城市流动人口和有流行病学史的人口为隔离和医学观察人数，建立隔离和医学观察人数的时间序列，根据当前城市的特征序列和周边城市的特征序列预测未来城市和社区可能产生疫情复发现象的风险。

（二）基于城市和社区的检疫隔离和可视化系统

为了方便政府机关单位、防疫工作人员、普通居民等用户对于城市和社区检疫情况进行实时查看、管理、防护和监督，需构建基于城市和社区的检疫隔离和可视化系统，根据疫情的内部扩散风险和外部传播风险做检疫隔离等防疫举措。

1. 在疫情发展初期，若内部传染风险过高，需要采取关闭公共活动场所，比如：饭店、网吧、洗浴中心等。同时需要采取学校休假，工厂停工等措施防止疫情扩散。根据城市的疫情形势与交通环境认为城市的疫情状况对周围城市有较大的扩散风险，对城市采取封城举措。详细地，对于当前城市，由城市和社区受疫情影响程度评估系统反馈过去若干天的疫情信息，由于新冠病毒具有平均 5 天左右的潜伏期，并且无症状感染者也具有传染能力，需要使用基本传染数对城市潜在感染人群总数进行估计。对于城市内部扩散风险，当潜在患者数量占城市总人口比例达到一定百分比值，城市内部需采取停止大型活动、限制或封闭聚集性场所等措施；对于城市的输出风

险，向外输出患者的潜在数量相对于城市人口数达到一定百分比值，城市采取封城策略。

2. 对于受疫情影响较严重的城市，按照城市内居民的生活活动范围做社区层面的管理。一个社区内是否出现了社区传播是判断社区采取何种措施的最重要指导信息，其中社区传播指一个地区持续出现感染源不明的病例，或出现了感染来源不明的局部暴发。当社区内部开始检测到疫情时，若病例主要来自病原地，或与病原地有接触史，以及与已知病例有密切接触，则不形成社区传播。此时社区需做好隔离防护措施，寻找与以上病例有密切接触史的人群，相关信息由基于位置信息的服务（Location Based Service）收集处理到可视化平台，方便当地居民了解疫情发展信息和做好防范。对于相关社区，通知其立即限制居民外出，确保其居家隔离，并根据患者行动轨迹，对患者曾经较长时间停留的公共场所进行消毒，从而抑制疫情进入社区传播阶段，使其停留在输入期。限制出现社区传播的社区居民在城市内的流动，同时关闭除超市等必要地点以外的所有公共活动场所。当社区传播人数超过预期时，于当地社区修建方舱医院，集中隔离疑似病例人群。

（三）全国范围和城市范围的物资调配管理系统

在疫情发展中期，城市内感染人数达到较高水平，医院的医务资源出现紧张，接收患者压力增大，部分城市出现物资紧缺的情况。如何在全国范围内指导城市之间的物资调度，使得运输成本降低、物资供应合理，成为抗击疫情、发挥全局能动性的关键。

1. 要准确预估城市对物资使用的缺口，避免在物资调配过程中导致物资供应的不足或者过剩。特别是防疫物资，包括手套、长袖罩衫、面部护具、外科/手术面罩和眼睛护具、面部保护罩或带有保护罩的外科/手术面罩。根据医院提供的物资缺口量，特别是由当前疫情严重程度得出的物资需求量，对未来防疫物资的缺口有一定启发。与此同时，疫情既有可能发展的超出预期使得物资出现短缺，也有可能受到控制而使得物资供应过剩，因此需要使用城市和社区受疫情影响程度评估系统对防疫物资缺口量预测值进行修正。

2. 依据全国各个城市预估物资缺口量，使用运筹学方法对问题进行建模求解，分别统计各种防疫物资的生产地、生成量以及防疫物资产地到物资需求城市的运输代价和其他代价。特别是对于疫情较严重的地区优先调配，在供需平衡的条件下，采用进化策略算法优化代价最小的物资调配策略。

3. 在补给物资到达物资需求城市之后，准确迅速地把物资下放到各个医院和社区尤为重要，共分为两个阶段。第一个阶段是建立存储物资的仓库，目的在于卸载、清点、装载防疫物资或生活物资。仓库的选址可以大量节约物资运送的成本，根据城市相关功能性建筑物的分布和聚类学习算法做好仓库的选址和建设工作；第二个阶段，仓库填充了补给物资，工作人员利用运输工具把防疫物资派送到医院和卫生所，把生活物资派送到各个社区，充分降低运输成本和配送效率，确保各类物资及时补给到需要的地方。具体实现算法如下：

设城市内部有 m 个社区 $X_i(i = 1, 2, \cdots, m)$ 与其对应二维坐标 $x_i(i = 1, 2, \cdots, m)$，要在其中选择 k 个位置作为仓库修建的地点。首先将社区分为 k 个簇 $C = C_1, C_2, \cdots, C_k$，然后最小化损失函数：$E = \sum_{i=1}^{k} \sum_{x \in C_i} \| x - \mu_i \|^2$，其中 μ_i 为簇 C_i 的中心点：$\mu_i = \dfrac{1}{|C_i|} \sum_{x \in C_i} x$。为求得近似解，使用 K – means 算法得到 k 个中心点，选择与这 k 个中心点距离最近的样本点作为最终的中心点，并在其对应社区进行仓库建设。

对于每个簇内的所有社区，其物资由簇内中心点社区仓库进行供应。每个社区先向所在簇的中心点上报所需物资总量，每个中心点再将簇内所有社区所需物资总量集中上报至城市中心。若城市中心物资总量满足需求，则对每个中心点仓库按需调运物资，若物资不足则依据上报数量按比例分配物资。每个中心点获得了物资后需要将物资下发到簇内所有的社区。在实际应用中，可供调度的车辆数目往往不足，一辆运输车需要对多个社区进行供应，如何降低运输车辆的运输成本，提高全部供应完毕的时间，是一个重要

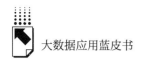
的问题。将该问题形式化为多旅行商问题（Multiple Traveling Salesman Problem），并使用遗传算法进行求解。首先需要对遗传个体进行如下编码设计：对 N 个城市进行编号，假设中心点城市编号为 1，将 N 个城市保持编号 1 在第一位，按次序排列表示一个结果，同时插入 $M-1$ 个虚点用于表示路线的起点，并形成新的编码，从而表示多旅行商问题在遗传算法中的染色体。

同时，假设节点 1 到虚节点之间的距离为无穷大，其余节点间的距离为实际社区间的距离，得到距离矩阵 $D = (d_{ij})_{N+M-1 * N+M-1}$。$M$ 条路线距离的总和最短，即 $S = \sum_{i=1}^{M} l_i$，其中 l_i 表示第 i 条路线的长度；M 条路线的负载较为均衡，为简化计算，定义均衡度为 $J = \max(l_i), i = 1, 2, \cdots M$，即让所有路线中最长的那条尽可能短；总目标函数为 $Z = S + J$。通过遗传算法的编码可以得到矩阵组 $\{X^m = (x_{ij}^m)_{N+M-1 * N+M-1}, m = 1, 2, \cdots, M\}$，其中 $x_{ij}^m = 1$ 表示第 m 辆车会从 i 出发到达 j，第 i 条路线的长度 $l_i = \sum_{i,j=1}^{N+M-1} x_{ij}^i d_{ij}$，采用轮盘选择、部分交叉与变异的方法产生下一代个体，从而得到较优解。

（四）全国范围和城市范围内的复产复工分析系统

在疫情发展后期，绝大多数感染者已经被隔离治疗，城市每日基本保持无新增病例，少数城市伴有无症状病毒携带者。城市由于防控疫情的需要，已经长期停止生产活动以及公共聚集性商业经营活动，需要根据疫情发展的实际情况，一方面做好企业复产、员工复工、学生复学的社会恢复活动，另一方面做好防止疫情再次大规模复发的新常态防范工作。为了避免大规模人员流动造成疫情大范围传播，在全国范围内调整复产复工的次序尤为重要。具体地，我国部分特大型城市和大型城市是较为典型的劳动力输入型城市，而一些经济欠发达城市是劳动力输出型城市，特别是在脱贫计划中需要重点扶持的村镇，帮助当地劳动力复工和恢复经济来源尤其紧迫。综合以上因素，需要关注以下问题。

1. 关注劳工输入和输出城市的疫情发展情况，可以由城市和社区受疫情影响程度评估系统给出，对于疫情防控较好的城市优先安排复产复工；

2. 关注劳工输入城市的劳动人口缺口，对于劳动人口缺口比较大的城市，优先安排复产复工以缓和城市停工带来的经济影响；

3. 关注劳工输出地区的经济困难程度，对于经济尤其困难的地区，理应尽早安排当地劳动力复工以恢复当地经济来源。

根据以上考虑，采用匹配算法，对劳工输入和输出城市进行合理的匹配，给出合理的复工次序。在此基础上，根据城市和社区受疫情影响的经济恢复指数预测未来的情况，主要输入为城市新增确诊病例数、主要活动中心人流量数据（市文旅委提供）、交通出行数据（滴滴公司提供）、主要道路节点拥堵程度数据（市交通委提供）。人流量数据、出行数据、拥堵程度数据反映了经济活动程度，如果经济活动程度高而新增确诊病例数少，说明经济恢复整体向好，如果经济活动程度低而新增确诊病例数多，说明经济恢复风险性高。在全国范围内指导有序复工方面，假设全国具有 N 个城市，建立一个 $N*N$ 的务工人员指导矩阵 M，M_{ij} 表示是否允许城市 i 向城市 j 输入务工人员，$M_{ij} = 0$ 表示不允许，$M_{ij} = 1$ 表示允许。使用如下准则对 M_{ij} 的值进行判断：假设考虑城市 i 向城市 j 输入务工人员，首先预测两城市的经济恢复指数，取未来时段预测值的平均值 y_i，y_j，其次获取城市 j 的务工人员缺口数量 W。若两城市满足以下条件：一是 $y_i < \alpha, y_j < \beta$；二是 $\dfrac{y_i * y_j}{W} < \gamma$，则可以允许城市 i 向城市 j 输送劳动力，M_{ij} 设为 1，其中 α，β，γ 均为设定的风险参数，一般认为 $\alpha < \beta$，即对人员输出城市的要求更加严格，从而防止疫情的大规模流动性传播。对于未来疫情防控情况看好的城市，以社区为单位组织部分公共聚集性商业经营活动有序恢复，如饭店、服装店面以及其他商铺，一些大规模聚集性娱乐场所要严格管控开业时间，如电影院、游乐场，等等。所有到岗员工需佩戴口罩，一旦发现新的病例出现，隔离该员工与其密切接触的同事、人群，根据具体情况重新隔离整个社区以防止疫情出现社区传播。

三 疫情防控大数据云平台的数据使用

建设疫情防控大数据云平台需要多源数据，特别是实时更新的疫情相关数据。主要来源包括丁香园新型冠状病毒（COVID－19）疫情时间序列数据集①（公开数据集），主要使用了地区数据 DXYArea. csv，包含中国地区精确至地级市的确诊数据，不包含流行病学史数据；新冠疫情确诊患者轨迹结构化数据②（公开数据集），主要使用了确诊病例行经城市的旅行轨迹信息和部分流行病学史数据；各省直辖市卫生健康委员会官网所公示信息（爬虫程序抓取），主要使用了各省辖属各地级市和各直辖市详细的确诊病例数据和确诊病例基于位置的信息；各政府官方微信公众号所公示信息（爬虫程序抓取），主要使用了各省辖属各地级市和各直辖市详细的流行病学史数据和确诊病例基于位置的信息。除以上数据外，在北京市经济和信息化局、中国计算机学会大数据专家委员会联合主办的"2020 北京数据开放创新应用大赛——科技战疫·大数据公益挑战赛"方案赛第二阶段，组委会提供了专门的竞赛数据、免费的云计算资源和国产飞桨人工智能框架等竞赛环境，新增开放的数据来自北京市交通委、市商务局、市文化和旅游局、市卫生健康委、市统计局、中国移动、中国联通、中国电信、市政交通一卡通、滴滴公司、中交兴路公司、中电长城网际、美团等 13 个部门和单位，共计有 57 大类 488 项，总量达330G。疫情防控大数据云平台的部分数据使用情况如图 2 所示。

（一）获取已知城市的基本信息和当前城市的疫情相关信息，并根据已知城市的基本信息、医务资源、疫情信息，构建城市受疫情影响状况的特征序列。

1. 城市的基本信息包括数值型特征和分类型特征。数值型特征包括城市人口，含户籍人口和流动人口；城市人口密度，规定为城市人口与城市陆

① https：//www. datafountain. cn/datasets/131.

② https：//github. com/BDBC－KG－NLP/COVID－19－tracker.

图2　疫情防控大数据云平台的部分数据来源

地面积的比值；每日流动人口，含流入旅客人数和流出旅客人数；城市陆地面积；城市 GDP 值；城市生活保障物资存量，含食品、水和其他生活必需品。分类型特征包括城市气候类型，例如，热带季风气候、亚热带季风气候、温带季风气候、温带大陆气候、高山高原气候等；城市当季平均气温，以 10 摄氏度为基准，每相差 5 摄氏度为一种类型。

2. 城市的医务资源主要为数值型特征。包括城市三甲医院的数量；城市三甲医院的医护人员数量；城市传染病医院的床位数量；城市卫生所数量；城市卫生所的医护人员数量；城市荧光 RT－PCR 检测新型冠状病毒核酸试剂盒存量；城市医护人员的防护设备存量，含手套、长袖罩衫、面部护具（包括外科/手术面罩和眼睛护具、面部保护罩或带有保护罩的外科/手术面罩，特别是在对新型冠状病毒的被检测者进行会产生气溶胶的医疗程序时需要的 N95 呼吸器和护目镜）。

3. 城市的疫情信息包括是否出现社区传播，以及其他数值型特征。城市现存确诊病例数，确诊标准为疑似病例且具备病原学证据之一，如，实时荧光 RT－PCR 检测新型冠状病毒核酸阳性，病毒基因测序与已知的新型冠状病毒高度同源等。城市现存疑似病例数，疑似病例标准为有流行病学史中的任何一条且符合临床表现中的任何 2 条，或无明确流行病学史且符和临床表现中的 3 条。具体临床表现为：发热或呼吸道症状、具有症状的肺炎影响

特征、发病早期白细胞总数正常或降低，或淋巴细胞计数减少；城市因新冠肺炎感染导致死亡人数；城市确诊病例数增率，为当日现存确诊病例数与前一天确诊病例数的比值；城市疑似病例数增率，为当日现存疑似病例数与前一天疑似病例数的比值；城市死亡病例数增率，为当日因新冠肺炎感染导致死亡人数与前一天死亡人数的比值；医护人员确诊病例人数；医护人员确诊病例数占总确诊病例数的比值。

（二）获取已知社区的基本信息和当前社区的疫情相关信息，并根据已知社区的基本信息、医务资源、疫情信息，构建社区受疫情影响状况的特征序列，可视化分析疫情病原地和接触史信息。

1. 社区的基本信息包括数值型特征和分类型特征。其中，数值型特征包括社区居民人口；社区人口密度；社区面积；社区生活保障物资存量，含食品、水和其他生活必需品。分类型特征包括社区人口结构，含老年社区、青壮年社区、外籍人口社区等。

2. 社区的医务资源主要为数值型特征。包括社区卫生所数量；社区卫生所的医护人员数量；社区距离最近三甲级医院的距离；社区距离最近传染病医院的距离；社区医护人员的防护设备存量；社区荧光 RT – PCR 检测新型冠状病毒核酸试剂盒存量。

3. 社区的疫情相关信息主要为数值型特征。包括社区现存确诊病例数；社区现存疑似病例数；社区因新冠肺炎感染导致死亡人数；社区处于医学观察人数；社区累积确诊病例的流行病学史；社区累积确诊病例的接触史；社区累积确诊病例行经的公共生活区域和搭乘的公共交通工具，特别是出现多个确诊病例共同行经的公共生活区域和搭乘的公共交通工具，将其标记为疑似病原地，用作可视化分析。

四　防控新冠肺炎疫情的应用成果

（一）应用成果一：全天候疫情可视化

平台基于实时更新的国内疫情数据，特别是患者的行程信息，构建国内疫情演变的热力图。具体可分为全国范围的疫情可视化系统和城市社区范围的疫情可视化系统，其目的是评估城市内部疫情、外部疫情的演变情况与进一步扩散的风险，辅助城市管理者更好地了解相关社区和地方的疫情发展状况和防治疫情的进程。

疫情热力图精确显示了某一时段确诊病例在地图上的流行病学史信息，具体表现为确诊病例经过或停留越多的场所，在可视化界面显示热力图的热量越高。全国疫情热力图较好地反映了疫情发展的整体事态，在操作过程中可以通过滑动鼠标滚轮放大或者缩小观看具体的城市情况，也可以在城市搜索框搜索具体城市，查询后点击即可跳转到对应城市的社区范围疫情可视化界面。

在社区的地图旁边，显示了确诊病例主要经过或留居的社区和医院、与之相关的确诊病例数柱状图，图 3 以蚌埠市和六安市为例，社区和医院按确诊情况的严重程度排序，鼠标停留在社区和医院的柱状图上面即显示确诊病例数，默认显示确诊病例数的区间范围。

（二）应用成果二：疫情发展程度预测

平台基于城市或者国家的国情信息、疫情数据、医疗数据构建序列预测模型，预测疫情未来的发展状况。其目的是指导科学防疫有效落实，警惕疫

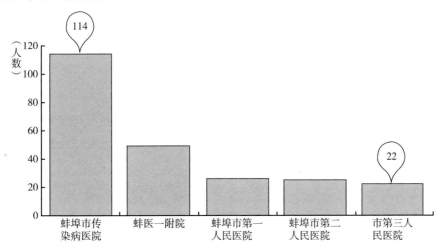

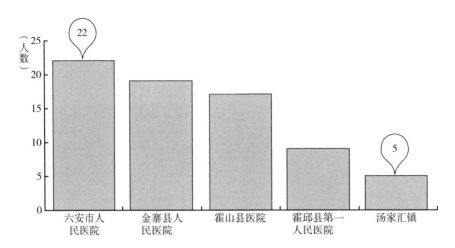

图3 城市社区和主要医院的确诊情况

情进一步扩散，防止疫情复发，同时增强抗疫工作者的防疫信心。我们展示了北京、纽约这两个城市和巴西这个国家的预测结果，并与真实结果做比较，如图4、图5、图6所示。根据预测结果，可以发现北京市整体上疫情防治状态良好，未来新增确诊病例数呈现波动下降趋势，然而在某些时段仍有小规模复发风险，需要市民保持警惕，做好个人防护。纽约市的预测结果

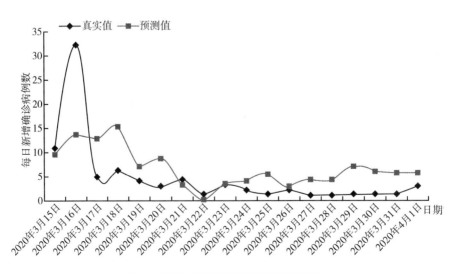

图4 北京市疫情新增确诊病例数预测

显示，该市整体确诊病例数较多，未来的新增确诊病例数波动性强，在处于下降趋势的同时，有极大疫情复发的风险。巴西全国的疫情发展程度预测结果显示，未来巴西的疫情仍有持续暴发的趋势，新增确诊病例数波动性强，受防疫力度和公共事件的影响大，正处于遏制疫情进一步扩散的关键期。

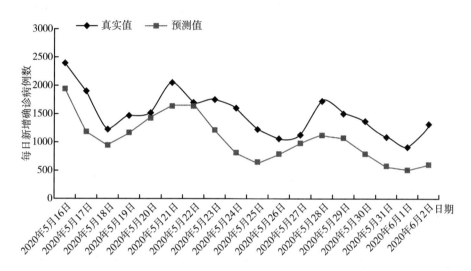

图5 纽约市疫情新增确诊病例数预测

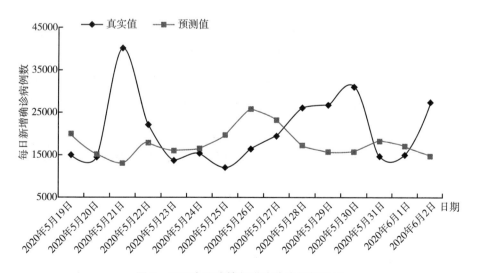

图6 巴西全国疫情新增确诊病例数预测

（三）应用成果三：医疗与生活物资调配

平台基于城市的疫情数据、医疗数据、生活数据、交通数据，建立了医疗与生活物资调配系统，具体包括修建物资存储仓库、规划运输路径等。其目的是在救治和隔离期间，科学指导医疗物资和生活物资合理快速地发放到第一线，为防疫工作提供"物尽其用"的坚实保障。

（四）应用成果四：经济恢复预测与有序复工指导

平台基于城市的基本数据、疫情数据、人流量数据、交通数据预测经济恢复指数。结合全国主要城市的经济恢复指数，为有序复工、复产、复学做科学指导。其目的是在疫情得到有效控制后，城市由于防控疫情的需要，已经长期停止生产活动和公共聚集性商业经营活动，需要根据疫情发展的实际情况，一方面做好企业复产、员工复工、学生复学的社会恢复活动，另一方面做好防治疫情再次大规模复发的新常态防范工作。人流量数据、出行数据、拥堵程度数据反映了经济活动程度，如果经济活动程度高而新增确诊病例数少，说明经济恢复整体向好，如果经济活动程度低而新增确诊病例数多，说明经济恢复风险性高。务工人员到达工作所在地以后，需自行隔离14日方可返工。以北京市为例，预测的经济恢复指数如图7所示。根据预测结果，我们可以看到自疫情得到有效控制以来，北京市经济恢复指数整体向好，部分节假日经济恢复指数低，说明有疫情扩散风险，自5月中下旬经济恢复指数有走低趋势，需要格外警惕由于经济活动带来疫情复发的风险。

五 疫情防控大数据云平台的优势

（一）平台可快速集成、灵活运用

疫情防控大数据云平台作为面向重大突发公共卫生事件的大数据应用工程，其功能已经在国内公开的疫情数据和北京市政府、企业所提供数据的支持下，完整实现并投入使用。平台在实现过程中，坚持软件即服务的系统框

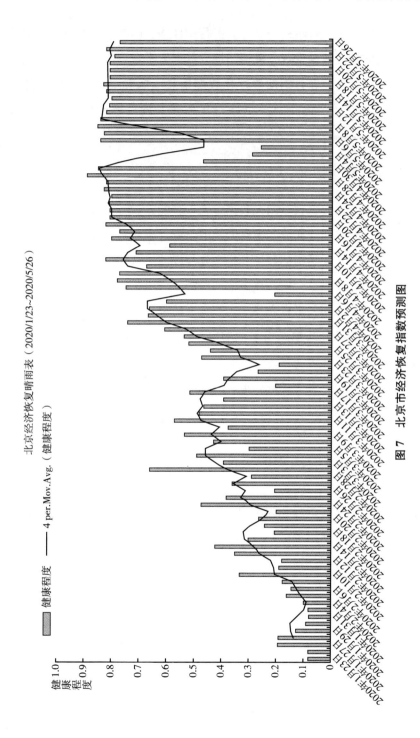

图 7 北京市经济恢复指数预测图

架（Software - as - a - Service，SaaS），可移植性强，能够快速集成、灵活部署。经过丰富的功能体验发现，疫情防控大数据云平台可操作性强，可以充分整合政府部门、企业、机构的碎片化数据信息，做好线上线下的结合工作，辅助相关职能部门制定具体措施，并在线上进行措施的安排部署与监督。

（二）平台稳定性强、适用性广

疫情防控大数据云平台运用大数据、人工智能、云计算等数字技术，全天候服务疫情防控工作，充分考虑到公共卫生突发事件对防疫人员活动的影响与限制，在云端完成基本的数据分析、处理以及可视化工作，尽可能减少工作人员的线下部署以及交流，在多变的疫情发展过程中，保持高效稳定的运作。疫情防控大数据云平台立足于国家全面防疫的大局，以受疫情影响的城市为中心，对外联合其他城市组成防疫统一战线，在隔离救治上协同一致。同时，在城市内部关注社区疫情的发展态势，助力检疫隔离到社区、物资配送到社区、有序复工在社区，形成线上线下、城内城外相结合的立体式一体化的大数据防疫体系。

六 大数据在疫情防控工作应用中的发展趋势和建议

防控以新型冠状病毒肺炎为例的重大突发公共卫生事件，是对全国人民乃至全世界人民的共同挑战。习近平指出：要鼓励运用大数据、人工智能、云计算等数字技术，在疫情监测分析、病毒溯源、防控救治、资源调配等方面更好发挥支撑作用。大数据在疫情防控工作的应用上响应了国家数据科学的战略部署，是未来响应重大突发公共卫生事件的关键一环，是技术与民生需求相结合的应用典范。更加开放的应用环境和大数据平台相融合，支持在线升级、功能补充、定制化服务，已经成为必然的趋势。

大数据在解决重大突发公共卫生事件的应急管理系统中具有广阔的应用前景，在发展过程中，应始终服务于构建统一指挥、专常兼备、反应灵敏、上下联动、平战结合的中国特色应急管理体制，遵循因应疫情形势变化精准施策的战略方针，体现以发展的眼光看待疫情防控工作，在不同的阶段，根据不同的情况，制定个性化的防控策略，统筹兼顾，循序而进，全面服务于抗击疫情遭遇战、阵地战、持久战。

B.6
新时代数据安全治理探索与实践

杜跃进[*]

摘　要： 当今世界已迈入数字经济时代，数据已成为重要的生产要素，大数据的各类应用场景给数据安全带来了前所未有的机遇和挑战，过去的安全解决方案已不能解决当今的数据安全问题。本文从政策法规、标准和技术等方面全面梳理了当前国内外数据安全治理的现状，指出当前存在的主要问题和面临的挑战，在此基础上提出了数据安全治理的基本原则和措施方法，并展望了数据安全治理的发展趋势。

关键词： 数字经济　数据安全治理　能力成熟度　密文计算　隐私保护

一　引言

随着5G、大数据、云计算、物联网、人工智能和工业互联网的迅猛发展，特别是2020年初新基建的提出，数字经济时代已然到来。数据驱动正逐渐成为一切业务应用的基础，数据已变成重要的生产要素和基础战略资源，其价值日益凸显。与此同时，由于应用场景的多样性和复杂性，特别是

---

[*] 杜跃进，博士/研究员，360首席安全官、大数据协同安全技术国家工程实验室常务副主任、国家大数据安全专家委员会委员，主要研究方向为"互联网+"时代的业务安全、数据安全和威胁情报。

其中的数据流通与共享，使得数据面临着愈发严重的威胁与安全挑战。不仅面临着数据窃取、篡改与伪造等传统手段的威胁，还面临着数据滥用、数据误用和隐私泄露等新问题。新时期如何保障数据安全，《数据安全法（草案）》已给我们指明了道路，需要利用数据安全治理（Data Security Governance，简称 DSG）的思路，多方协同共治，以安全促进数据的自由流通，以安全促进大数据发展。

二　数据安全治理现状

可以从相关政策法规、标准和技术三个方面分析数据安全治理的现状。

（一）国内外政策法规现状

1. 国内政策法规现状

我国在数据安全治理方面颁布了多部重大法律，主要有《中华人民共和国国家安全法》《中华人民共和国网络安全法》《中华人民共和国电子商务法》《中华人民共和国密码法》《中华人民共和国民法典》等多部法律。

结合大数据时代的发展，国务院在 2017 年提出了《关于运用大数据加强对市场主体服务和监管的若干意见》，在数据开放的市场下，利用大数据以及现代信息技术提升政府对大数据的运用能力，完善政府服务和监管体系，提高政府数据治理水平。2020 年又印发了《关于构建更加完善的要素市场化配置体制机制的意见》，提出"加快培育数据市场要素"，优化经济治理基础数据库，提高数据资源整合利用。

国家互联网信息办公室于 2019 年先后发布了《数据安全管理办法（征求意见稿）》和《个人信息出境安全评估办法（征求意见稿）》，目前两项公开征求意见工作均已完成。随后审议通过了《儿童个人信息网络保护规定》。

2020 年 1 月，中央政法工作会议强调，要把大数据安全作为贯彻总体国家安全观的基础性工程，对于涉及公民隐私、损坏数据安全、窃取书籍秘密的违法犯罪活动给予严厉打击。此外，《电信法》《个人信息保护法》《数

据安全法》已列入 2020 年立法工作计划，《数据安全法（草案）》已于 2020 年 6 月 28 日提请十三届全国人大常委会第二十次会议审议。

总体来说，我国对数据安全治理高度重视，诸多立法、政策齐头并进，为数据及其安全治理落地实践提供了全面的措施保障。

2. 国外政策法规现状

数据安全已经引起了全球各个国家的高度重视，近几年纷纷密集颁布数据安全治理相关的法规和标准。如《通用数据保护条例》（General Data Protection Regulation，简称 GDPR）《非个人数据自由流动条例》《欧洲数据战略》《2018 年加州消费者隐私法》等。

欧盟在 2015 年出台、2018 年 5 月正式生效了 GDPR。GDPR 深刻影响了全球数据治理生态，尤其是明确规定了欧盟境外的主体在特定条件下也必须遵循 GDPR 相关规范。如 GDPR 定义的处罚标准可能让企业面临"上限 2000 万欧元或全年营业额的 4%（取高者）"的罚款。在数字经济全球化的当下，迫使包括中国在内的治理主体在数据治理战略部署及跨境数据运营主体业务合规过程中，必须考虑评估 GDPR 的约束和实际影响力。

欧盟委员会于 2017 年 9 月提出"促进非个人数据在欧盟境内自由流动"的立法建议。2018 年 10 月，欧洲议会投票通过《非个人数据自由流动条例》。其后，欧盟委员会于 2020 年发布《欧洲数据战略》，提出将就影响数据敏捷性经济体系中各主体关系议题探讨立法行动的必要性。2020 年 6 月，欧盟委员会向欧洲议会和欧盟理事会提交《数据保护是增强公民赋权和欧盟实现数字化转型的基础—GDPR 实施两周年》报告。2020 年 6 月，欧洲数据保护监管机构（EDPS）发布《EDPS 战略计划（2020～2024）—塑造更安全的数字未来》。

此外，美国、日本、韩国、加拿大、澳大利亚等发达国家和巴西、印度等发展中国家也在数据治理进程中表现出极大热情，在指导各自境内企业或组织保障个人信息和数据安全的同时，均在全球化数字经济中尽可能最大化自身利益。总体来说，全球政策法律环境由前期的以信息自由、数据共享为价值导向，逐步发展到以个人信息及隐私保护为重点，而后向全面的数据治理扩张，为数据安全治理及其法治化提供了法规和政策保障。

（二）标准化进展

国内在数据安全治理标准化进展方面处于主导地位。2014 年，中国电子工业标准化技术协会信息技术服务分会（ITSS 分会）启动了数据安全标准预研工作，并向 SC40/WG1 提交了《数据治理白皮书》（英文版）和数据治理研究技术报告，获得国际专家的一致认可。2015 年 5 月，在巴西 SC40 全会上，中国代表团正式提出"数据治理国际标准"新工作项目建议并获通过。会议决定将数据治理国际标准分为两个部分，其中，ISO/IEC38505 - 1《ISO/IEC 38500 在数据治理中的应用》由中国国家成员体申请立项和研制，并于 2017 年 3 月获国际标准化组织批准，成为国际上第一个数据治理国际标准。第二个部分 ISO/IEC TR 38505 - 2《数据治理对数据管理的影响》是由我国专家主导研制的第二个数据治理领域的重要国际标准，于 2018 年 5 月获批发布。同时，ITSS 分会同步开展了数据治理国家标准的研制工作，并于 2018 年 6 月正式发布 GB/T 34960.5 - 2018《信息技术服务治理第 5 部分：数据治理规范》。2019 年 8 月，国标 GB/T 37988 - 2019《信息安全技术　数据安全能力成熟度模型》正式发布。2020 年 3 月，工信部发布《网络数据安全标准体系建设指南（意见征求稿)》。

根据国家标准委和全国信息安全标准化技术委员会的标准化工作要点，近几年将优先开展大数据安全参考框架的研制、完善个人信息安全相关标准研制、推进数据交换共享相关安全标准研制、加快数据出境安全相关标准研制以及启动重点领域大数据安全标准研制等工作。

（三）技术发展现状

1. 数据资产梳理技术

数据资产梳理[①]是数据安全治理的基础，包括静态梳理技术和动态梳理技术。它通过对数据资产的梳理，可以确定敏感数据在系统内部的分布，识别关

---

① 闫树：《大数据：发展现状与未来趋势》，《中国经济报告》2020 年第 1 期，第 38 ~ 52 页。

键业务数据及其面临的风险，从而完善组织数据保护政策。静态梳理技术基于对结构化及非结构化数据的静态扫描，完成对敏感数据的存储分布状况的摸底，从而帮助安全管理人员掌握系统的数据资产分布情况。目前静态梳理技术相对成熟，在数据存储层利用主动扫描可以快速发现和梳理静态数据，追踪敏感数据的使用情况。动态梳理技术基于对网络流量的扫描，实现对系统中的敏感数据的存储分布及访问状况的梳理。动态梳理对业务实时性的要求极高，并且需要提供大规模、高并发访问下的梳理，这成为目前该技术的主要攻坚点。

2. 大数据平台安全技术

大数据平台安全分为 Hadoop 开源社区、商业化数据大平台以及商业化通用安全组件。就平台整体而言，系统资源的安全配置、管理、监控以及安全机制部署被集中了起来，基本可以满足目前平台的安全需求。但是大数据平台的漏洞扫描和攻击监测、应急响应技术相对薄弱，且较难实现全系统范围的安全审计。

3. 通用数据安全防护技术

结构化的数据安全主要采取数据库审计、数据库防火墙以及数据库脱敏等数据安全防护技术；针对非结构化数据的安全策略，则是先识别出数据驻留在网络中的位置，结合分级分类策略，采取数据泄露防护技术。目前，上述数据安全防护技术的发展已相对成熟，机器学习、深度学习等新技术的应用渗透使数据泄漏防护向智能高效化演进。

4. 隐私保护技术

隐私保护技术实现了数据在计算、使用过程中的"可用不可见"。目前研究最广泛的密文计算技术是数据脱敏、同态加密[①]、多方安全计算[②]、联邦学习[③]等。数据脱敏技术是一种可以通过数据变形方式对敏感数据进行处

[①] 李增鹏、马春光、周红生：《全同态加密研究》，《密码学报》2017 年第 6 期。

[②] 窦家维、刘旭红、周素芳等：《高效的集合安全多方计算协议及应用》，《计算机学报》2018 年第 8 期。

[③] 周俊、方国英、吴楠：《联邦学习安全与隐私保护研究综述》，《西华大学学报》（自然科学版）2020 年第 4 期。

理，从而降低数据敏感程度的一种数据处理技术。数据脱敏技术的应用在近几年呈现不断上升的趋势，在实现数据安全及合规的同时，能够最大程度上不对数据可用性及可挖掘价值产生破坏。

同态加密技术通过加密算法设计，确保对加密数据计算后的加密结果与明文计算结果一致，并向合作双方输出加密结果。目前，同态加密算法已在区块链等存在数据隐私计算需求的场景实现了落地应用。但由于全同态加密仍处于方案探索阶段，现有算法存在运行效率低、密钥过大和密文爆炸等性能问题，在性能方面距离可行工程应用还存在一定的距离。因此，实际应用中的同态加密算法多选取半同态加密，用于在特定应用场景中实现有限的同态计算功能。

多方安全计算是针对无可信第三方的情况，安全地进行多方协同计算。通过计算协议和约定函数设计，确保双方分别输入原始数据得到共同的正确计算结果。目前多方安全计算通用性相对较低、性能处于中等水平，但近年来性能提升迅速，应用价值极高。

联邦学习在本地进行 AI 模型训练，仅将模型更新的部分加密上传到数据交换区域，并与其他各方数据进行整合。保证参与各方保持独立性的情况下，进行信息与模型参数的加密交换。同时，参与各方的地位对等，实现了数据隔离又避免来到数据孤岛。目前已有很多的传统算法在联邦学习的基础上得以重新定义应用，但联邦学习技术并未完全成熟，未大范围落地，大量技术难点还待突破，国内外的各大生产商都有各自的研究发力方向。

三 存在的问题与挑战

（一）对数据安全的认知误解

在数字经济时代大数据的应用场景下，数据安全的内涵和外延发生了巨大的变化。但是，企业或组织甚至个人的认识还没有跟上，由于对数据安全的恐慌而产生了诸多误解，如："限制数据采集就能保护数据安全""精准

服务等于隐私侵犯""大数据时代也是先有应用后有数据"等。过去，数据安全保护以信息系统为中心，现在，数据在不同信息系统间快速流动、高频变化，流动产生了更大的价值。对数据安全的认知不能只停留在这些层面，需要重新认识、重新设计。

（二）政策、法规和标准配套

《数据安全法（草案）》《数据安全管理办法（征求意见稿）》等法律法规的出台给新时代数据安全治理指明了方向，提出了基本的安全原则和治理制度。进一步需要根据《数据安全法（草案）》，对于数据安全治理的一些具体内容进行细化，制定一系列配套的政策、法规和技术标准，来规定数据安全以及数据安全全生命周期过程中面临的具体问题。

（三）大数据平台安全

应用广泛的 Hadoop 大数据平台虽然增加了不少安全组件，也有安全厂商提供的安全增强产品，但该平台确实存在原生安全隐患，在开源模式和安全机制方面也存在一定的局限性。一方面，这些开源安全组件缺乏严格的测试管理和安全认证，在大规模部署应用时的有效性尚需验证，且对组件漏洞和恶意后门的防范能力也不足；另一方面，由于大数据场景涉及的角色众多，难以实现细粒度的访问控制，并需要解决异常进程或者异常用户的数据访问行为，对高危用户或访问行为进行预警。

（四）数据流动及其处理安全

大数据本身量大、复杂的特点为数据的真实性和完整性校验带来困难，从数据采集端采集的数据若被黑客恶意利用注入脏数据则会破坏数据的真实性。

数据资产和敏感数据分级操作困难。数据归集和资产化管理是数据生命周期管理的前提，涉及安全部门、不同业务部门和不同的管理角色。围绕企业战略，对数据资产分类分级从而进行高效的界定，一是需要使用合适的资产管理工具；二是需要解决职责分工问题。但是，安全与业务的边界难以界定，这对安全部门和业务部门的职责划分、协同工作提出了更高的要求。

除了加密脱敏水印等技术工具的应用，还需要对数据流向、访问行为进行端到端的统一管理、分析和审计。但是，目前数据安全产品碎片化，缺乏协同联动，静态的安全设备无法有效地支持跨网络的数据迁移，数据安全产品间、云/网络/数据安全产品间无法形成有效联动和整合机制。

四　数据安全治理原则与措施

（一）数据安全治理原则

对于如何开展数据安全治理，360集团首席安全官杜跃进博士提出了数据安全治理的三原则[①]，即以数据为中心、以组织为单位、以数据安全能力成熟度模型（Data Security capability Maturity Model，简称 DSMM）为抓手，如图1所示。希望通过安全治理能够让数据得到流动和使用，产生更大的价值；同时让数据的使用更安全，能够保障数据在全生命周期中的安全。

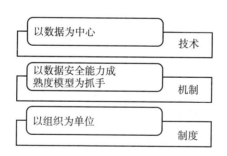

图1　数据安全治理三原则

必须以数据为中心，而不能用"以系统为中心"的安全思路解决问题。即便是在"知情同意""最小够用"等原则下取得了用户的授权，用户数据

---

① 杜跃进：《数据安全治理的几个基本问题》，《大数据》2018年第6期。

仍会在今天的社会化大协作的模式下共享使用。数据还可能以文件、记录、字段等方式在不同的环节中被快速打散、重组、流动，在这个过程中还会源源不断地产生新的数据。单个系统的安全并不等价于数据的安全，系统被入侵也不等于数据一定会被偷走，每个系统都固若金汤也不等于数据就不会被滥用或误用。解决数据自身的安全问题，需要切换到"以数据为中心"的安全思路上来。

以组织为单位来衡量数据安全。这里的"组织"指的是拥有数据、提供服务的企业或机构。数据在一个组织内的不同产品业务中形成流转闭环，组织是数据流动的最小边界。不同组织间通过可控的制度程序或者接口实现数据的跨组织流动、共享和交易，这时候也可以以单个组织的数据安全能力为基础，进行责任的划分或者数据流动风险的控制。单个产品或者技术平台的安全都不代表数据本身是安全的。只有以组织为单位，才可以跳出频繁变化的产品、业务、人员等带来的困惑，寻找到支撑今天数据安全需求的方法。以组织为单位的目标，一是让数据安全成为组织的竞争力而不是成本，实现"能者多得"，即数据安全做得好就会有资格得到更多的商业机会；二是让提升数据安全水平成为自发需求，而不是被动合规。

以数据安全能力成熟度模型为抓手，而不是以安全风险衡量一个组织的数据安全能力，能够更好地适应风险的变化情况。如果能力不够，即便今天做到了合规或解决了已知风险，若明天出现新规或者产品，或威胁手段发生变化，还是会导致不合规或风险失控。因此，能力成熟度是更加内在的指标。通过科学的方法衡量一个组织的数据安全能力成熟度等级，用这个等级决定一个组织能够做什么、不能够做什么。当用户选择一个服务的时候，可以根据服务方数据安全能力的等级，判断将自己的数据给到对方的风险大小，在可以获得同样功能的情况下，用户会更愿意选择数据安全能力成熟度等级更高的服务方。在数据共享、交换、交易、流通的过程中，可以通过双方数据安全能力成熟度等级的情况分析数据风险的变化，发起方可以据此决定，是否要继续与对方进行数据流动。政府建立多部门数据共享流通促进大数据利用的机制时，可以通过组织的数据安全能力成熟度级别决定允许数据流动的方向，从而实现总体数据安全风险可控。

（二）数据安全治理措施

数据安全治理的具体措施可以从"体系、平台、服务"三个维度进行。在体系维度，以数据安全能力成熟度模型（DSMM）为抓手进行数据安全治理体系的顶层设计和方案设计，提供基于 DSMM 的测评和培训服务；在平台维度，通过提供大数据安全平台，来保障数据全生命周期的安全；在服务维度，通过大数据安全分析赋能，来有效抵御持续变化的高级安全威胁。

第一，根据国家标准 GB/T 37988 – 2019《信息安全技术 数据安全能力成熟模型》，进行数据安全治理的顶层框架设计，为数据的采集、传输、存储、处理、交换和销毁全生命周期的安全提供技术路线，可直接服务于安全解决方案的设计、咨询，包括数据安全合规咨询、数据安全体系建设咨询、数据安全危机应对咨询等，指导大数据安全平台的开发，还可推进基于 DSMM 的培训、测评、认证、审计等工作。

第二，为数据特别是大数据打造安全的大数据平台，对数据采集、数据传输、数据存储、数据处理、数据交换和数据销毁等环节提供全面的安全防护，防止数据被窃取、被滥用以及被误用。平台采用开放可扩展的体系结构，开源组件、第三方安全产品或组件均可融入平台，例如数据分类分级、同态加密、联邦学习模块，从而增加平台的安全保障能力。

第三，利用大数据安全分析，例如基于 360 公司云端安全大脑，以及 360 公司云端安全大脑赋能的区域、行业、城市、组织的本地化安全大脑，为用户提供高级安全威胁应对服务；通过数据安全的入口，利用 360 在 15 年世界级安全攻防工作中积累的防高级威胁能力，对外赋能，包括漏洞、攻防、情报、专家、培训等能力，这些能力之间互相支持，形成一整套高水平的包括安全大数据在内的防 APT 攻击的核心安全能力与服务，共同帮助客

户及时发现、阻断、防护高级别网络威胁，逐步完善和提升自身网络安全能力。

五　数据安全治理实践

（一）贵阳DSMM产业生态实践案例

数据安全的边界逐渐模糊、数据跨组织流动和交换产生安全风险等挑战和变化不断出现，目前全球都缺乏数据安全管理和治理的成功经验。为满足贵州在数据安全管理方面的需求，早在2017年7月，贵州省就与阿里巴巴签订战略合作协议，发起成立全国第一个以数据安全为目标的"大数据安全工程研究中心"。该中心以DSMM为切入点，建立了规范化的DSMM评估流程，如图2所示。2018年4月，在贵阳市政府的支持下，中心对15家当地企事业单位开始开展DSMM试点测评。2020年8月，大数据协同安全技术国家工程实验室与贵州大数据安全工程研究中心达成战略合作，共同开拓数据安全的产业生态。

该中心通过数据安全能力成熟度评估，先后在十余个领域、50多家机构开展了落地试点，涵盖了政府、银行、互联网金融、证券、电力、煤炭及税务等行业，在数据安全领域积累了丰富的实践经验，探索构建了包括人员培训、法律支撑、市场准入、软件产品、测评服务、认证资质的数据安全治理体系，健全了大数据安全发展的产业生态链。自2018年以来，共开展五期DSMM评估师培训，完成培训300余人次。在DSMM评估实践中，贵州的10余家企业已完成评估认证。通过DSMM评估和DSMM管理体系的培训，从整体上提升了地区和行业的数据安全水平，为数据生产要素价值的实现打下了坚实的基础。

（二）某市交通运输行业大数据安全运营平台建设案例

依托某市交通运输行业大数据，建设该市交通运输行业大数据安全运营

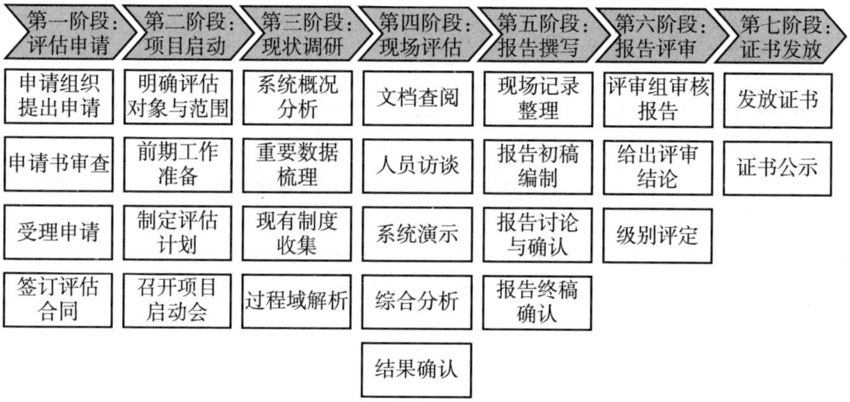

第一阶段：评估申请	第二阶段：项目启动	第三阶段：现状调研	第四阶段：现场评估	第五阶段：报告撰写	第六阶段：报告评审	第七阶段：证书发放
申请组织提出申请	明确评估对象与范围	系统概况分析	文档查阅	现场记录整理	评审组审核报告	发放证书
申请书审查	前期工作准备	重要数据梳理	人员访谈	报告初稿编制	给出评审结论	证书公示
受理申请	制定评估计划	现有制度收集	系统演示	报告讨论与确认	级别评定	
签订评估合同	召开项目启动会	过程域解析	综合分析	报告终稿确认		
			结果确认			

图 2　规范化的 DSMM 评估流程

资料来源：贵州大数据安全工程研究中心，2020。

平台，通过大数据安全运营推动数据安全保障服务、数据安全治理等手段，完善数据全生命周期管理和分级分类保护，提高行业数据安全能力成熟度以及数据安全管理成熟度，从而提升该市交通运输数据中心的整体安全水平。数据安全治理的总体框架如图 3 所示。

大数据安全运营平台的建设主要包含三个部分。一是 APT 防御监测平台。依托 360 本身在应对高级别安全威胁方面的优势能力，建立一种强大的数据神经元采集、智能升级的安全防御能力，帮助用户抵御可能遭遇的网络高级威胁、数据漏洞等安全隐患，实现一套可抵御高级别攻击的服务。二是搭建一套大数据安全运营平台。从数据基础设施安全入手、通过安全分析与响应技术对数据进行监测，实现数据在全生命周期中的保密性、完整性、可用性、可控性和不可否认的安全保障。三是建立一套大数据安全治理体系，构建安全能力框架，完善数据安全技术体系。建立健全大数据安全管理制度体系，实施的范围涵盖数据采集、传输、存储、处理、交换、销毁及通用安全。依据数据安全能力成熟度模型国家标准，对组织的数据安全现状进行评估，了解组织在数据安全控制中的短板，便于后续过程控制具体措施的实施以及过程的持续改善。

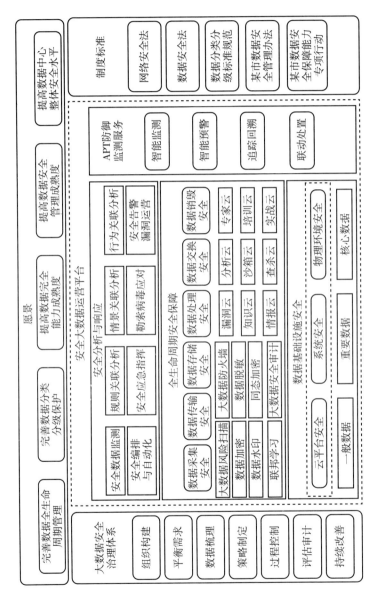

图 3　数据安全治理总体框架

资料来源：三六零安全科技股份有限公司，2020。

六　发展趋势

（一）基于数据安全能力成熟度的测评体系逐渐形成

目前，国内基于数据安全能力成熟度的测评工作稳步推进，贵州大数据工程研究中心首开先河获得了开展 DSMM 业务的资质，进行了多批次 DSMM 测评师的培训以及 DSMM 测评工作，并于 2020 年 8 月，向贵州省多家企业颁发了第一批 DSMM 证书。该业务充分体现了数据安全治理三原则及其措施方法的可行性和先进性。未来，在国家相关部门的支持下，DSMM 测评将走向全国，逐步形成一个产业生态。而且，DSMM 相关的国际标准也已经获批发布，国际上的 DSMM 测评业务也将开展，全球基于数据安全能力成熟度的测评体系将逐步建立。

（二）隐私计算技术的实现方式更加多样化，与平台进一步整合

软硬件协同将提升隐私计算的性能，对于短周期项目，可以通过以图形化拉拖拽的方式替代编码，大大节省开发效率，降低了隐私计算产品开发门槛。同时，越来越多的隐私计算企业将其产品与大数据平台设施进行整合，从而提供从存储计算到建模挖掘的全方位能力，大大提升产品的便利性。

（三）数据防泄漏技术向智能化方向演进

诸如人工智能（AI）、机器学习（ML）、自然语言处理等新技术的引入可以增强传统的数据防泄漏解决方案，从而大大降低数据被破坏或泄漏的风险。AI 提供关键分析，而 ML 使用算法从数据中学习，两者都提供了动态框架来预测和解决数据安全问题，并且基于这些学习的模式进行更多的处理和自我调整，从而使组织能够识别薄弱环节，并集中精力加强这些领域的安全性。

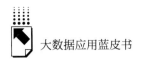

（四）非结构化数据脱敏成为重点发展方向

相对于传统通过关系型数据库存储的结构化数据，在时下被存储和应用的数据中，图片、视频、音频、文本等非结构化数据占比不断提升。众多智能化数据应用中，对于涉及个人隐私的非结构化数据的使用挖掘愈加常态化，原本主要针对结构化数据的脱敏处理技术将远远无法满足需求，针对各类非结构化数据的脱敏处理技术后续将成为重点发展方向。

B.7
数据安全进入量子时代

鲁 盾*

摘 要： 量子信息科学是现代物理学中最为活跃的领域之一，它是以量子力学的状态不可分割、测不准、叠加等原理为基础研究信息处理的一门 21 世纪前沿科学。基于量子信息科学的量子信息技术是目前国际竞争激烈的战略级新兴技术，在信息安全、计算能力、测量感知等方面为人类打开了突破经典物理和信息技术极限的大门。其中量子保密通信技术发展最为迅速，已推出了成熟的系列商用产品和解决方案，在政务、金融、电网、公共安全、数据中心等行业有广泛应用。

关键词： 量子信息 量子保密通信 数据安全

一 量子信息技术原理

（一）量子理论概述

量子理论直接起源于 20 世纪科学界对于"黑体辐射"的研究。1900 年 12 月 14 日，德国物理学家普朗克在德国物理学会上发表论文《黑体光谱中的能量分布》，其中假设："能量在发射和吸收的时候，不是连续不断，而是分

---

* 鲁盾，物理学博士，中国科学院量子信息与量子科技创新研究院研究员，博士生导师，主要研究领域为量子通信协议、实用化量子保密通信技术等。

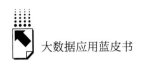
成一份一份的"，这个最小的基本单位，最初普朗克称之为"能量子"，后改为"量子"。这就是量子概念第一次出现，1900年12月14日也被称为量子诞生日。

量子（quantum）一词来自拉丁语 quantus，意为"有多少"，代表"相当数量的某物质"。现代量子物理理论中，量子有如下特点。

不可分割：量子是最小的物质和能量单元，不能再进行分割，量子的结构、属性和运行规律也体现在这个小小的整体之中，不能继续细分。

随机性：量子系统的描述是概率性的，根据波恩定则（Bohn's Law）（1926年），物质的状态对于一个给定的测量结果是随机的，无法提前被预测。测量仪器只能测量物质的经典物理量，比如位置、动量等，测量的结果会被测量的物理量所影响。

不确定性：量子力学中，对于具有互补性的物理量的测量结果，比如位置与动量，角度与角动量等等，其测量结果满足不确定性关系。我们不能同时精确测量出微观粒子位置和动量，对于粒子未来的运动状态，我们只能给出一种概率分布，该分布只能告诉我们在未来它处在这种状态的可能性。不确定性关系的提出在一定意义上否定了以前的机械决定论，体现出量子力学框架下物质的一种本征的不确定性和随机性。

不可克隆：量子力学中，物质的状态以及对其的测量与经典物理有很大的不同。一个量子系统的状态由其波函数来完全地描述：波函数反映了观察者对于量子系统能够知道的全部信息。在量子力学中，对于未知的量子态，我们无法进行完美地复制，即在不破坏原来量子态的情况下，将某物质制备到相同的量子态。

纠缠特性：量子力学中，物质存在纠缠特性，爱因斯坦称之为"遥远距离间的鬼魅互动"。对于处于量子纠缠态（quantum entanglement）的粒子之间，其状态存在关联性。纠缠现象是量子理论中最令人难以理解的现象，而被作为一种特殊的量子资源，可广泛用于量子通信和量子计算中。

（二）量子信息技术

量子信息技术是量子力学、计算机科学、信息与通信工程科学等学科相融合的一门交叉技术领域，量子信息技术直接利用量子态来表达、传输、处理和存储信息，能够突破现有电子信息技术的物理极限，在提升计算速度、确保信息安全、加快传输效率、增大信息容量和提高检测精度方面具有巨大的潜力和应用前景。

20 世纪 80 年代以来，量子力学与信息学的关系开始引起了研究者的兴趣。1984 年，查尔斯·班尼特（Charles H. Bennett）和吉勒斯·布拉萨德（Giles Brassard）提出了一个用量子力学原理进行保密通信的协议（BB84 协议），展示了量子力学用于信息处理的优越性①。1985 年，著名的美国物理学家理查德·费曼（Richard P. Feynman）提出用量子系统进行计算的架构，展示了利用量子力学原理直接进行信息处理的可能性。同年，大卫·多伊奇（David Deutsch）提出了第一个具有量子优势的算法——Deutsch 算法。20 世纪 90 年代以来，基于量子力学的量子信息理论被广泛地研究。1993 年查尔斯·班尼特（Charles H. Bennett）等人提出了量子隐形传态理论，展示了通过量子信道和纠缠态辅助传输未知量子态的可能性。1994 年，皮特·秀尔（Peter Shor）对于大数因式分解问题，提出了在量子计算机上只需要多项式时间的算法，从而使得量子计算理论的研究引起了广泛的兴趣②。1995 年，皮特·秀尔提出了第一个可以实现纠正任意量子错误的纠错码，从而开启了量子计算机的实用研究。1996 年，库马尔·格洛佛（Lov Kumar Grover）对于无结构数据库搜索的问题，展示了量子算法的优越性③。1999 年，罗开广（Hoi-kwong Lo）和周海峰（Hoi-fung Chau）对基于纠缠的量子通信协议，首次给出了严格的安全性证明；2000 年，皮特·秀尔（Peter Shor）和约翰·普雷斯基尔（John Preskill）给出了 BB84 协议的安全性证

① Bennett, Charles H, Brassard, Gilles. "An Update on Quantum Cryptography", *Lecture Notes in Computer Science*, 1984, 196: 475 – 480.

② Shor P W. Algorithms for Quantum Computation: Discrete Logarithms and Factoring, Proceedings of the 35th Annual IEEE Symposium on the Foundations of Computer Science, Piscataway, NJ: IEEE, 1994: 124 – 134.

③ Grover L K. A Fast Quantum Mechanical Algorithm for Database Search, Twenty – Eighth ACM Symposium on Theory of Computing, ACM, 1996: 212 – 219.

明，自此，量子通信进入了实用化的研究阶段。21世纪以来，量子通信已经日渐商用化，而量子计算机的理论和实验研究也在如火如荼地开展中。

（三）量子保密通信技术

量子保密通信是指利用量子态和量子信道进行量子密钥分发，同时用经典信道进行加密通信的一种新型信息传输方式。目前应用最广泛的量子密钥分发协议是BB84协议，它用单光子作为信息载体，两组共扼基，每组基中的两个极化互相正交，利用经典信道进行量子态测量方法的协商和码序列的验证。

BB84协议原理如图1[1]：

首先，把要发送的信息0\1编码在单光子的量子态上（偏振方向），比如水平方向和-45°方向表示0，垂直方向和+45°方向表示1。发送方A首先随机选择一个要发送的比特（0或者1），再随机选取一对基矢"+"或"×"，制备一个单光子，该单光子的偏振态正好表示要发送的比特。

接着，发送方A把这个单光子通过量子信道传输给接收方B，接收方B随机选择一个测量基矢（"+"或"×"）来测量这个单光子的偏振态，并记录所选的测量基和测量结果。

然后，通过公共经典信道，发送方A将制备每个单光子量子态所选择的基矢与接收方B测量对应单光子所选择的测量基矢进行对比，那些双方选择了不同的基矢的比特将被丢弃，剩下的比特将作为双方共享的原始密钥，量子密钥分发过程完成。

量子保密通信是如何保证安全的呢？

由于单光子是能量的最小单位，不可再分，所以窃听者不可能像窃听经典信息那样通过窃取一小部分信号（不存在几分之一个单光子）来获得信息。另外，由于未知量子态不可克隆原理，窃听者也不可能通过截取、测量、复制、再发送这样的流程进行窃听，这样会使发送方和接收方生成的原

---

① Makarov V. Quantum Cryptography and Quantum Cryptanalysis，2007.

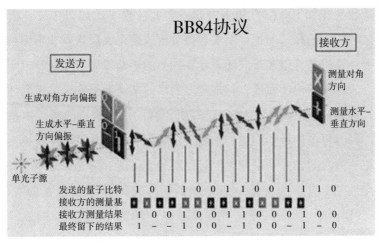

图1　BB84协议原理

始密钥增加25%的错误率，通过比对部分原始密钥的错误率，就可以发现是否存在截取复制窃听，从而保证量子密钥的安全。发送和接收双方有了共享原始密钥，再结合"一次一密"的加密方式，就可以进行无条件安全的保密通信了（见图2）。

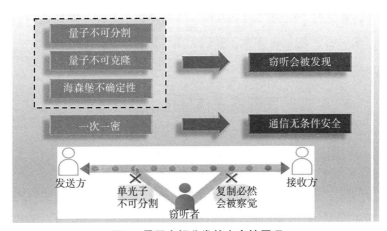

图2　量子密钥分发的安全性原理

（四）量子保密通信技术与经典加密技术的比较

经典的加密技术一般都基于一个困难的数学算法，比如大数因子分解，两个大质数（比如100位）相乘得到一个大合数（比如200位）很容易计算，但是它的逆运算，即把一个大合数分解成两个大质数就非常困难，可能需要大型计算机运算很多年。随着计算能力的不断发展，尤其是近年来超级计算机、云计算的快速发展，越来越多的以前被认为是安全的密码体系不断被破解，假如未来10年商用量子计算机出现的话，现行的密码体系更是不堪一击。因为再难的数学问题，本质上都是可逆的，只是要消耗更多的计算资源，更长的时间，并不是理论上可证明的不可能。那么，有没有理论上证明的安全性呢？有，这就是信息论的创始人美国贝尔实验室的香农（C. Shannon）提出的"一次一密"的方案：（1）如果密钥是随机的。（2）如果密钥和要加密的信息长度一样。（3）如果密钥只使用一次就丢弃，那么，通过这种方式加密的信息在理论上将是安全的[①]。经典的加密技术为什么没有用"一次一密"来加密信息呢？因为"一次一密"要求通信双方有大量共享的密钥，而传统的传输方式无论采用激光脉冲还是电磁波都可能被窃听，从而无法安全地分发密钥。量子保密通信技术采用单光子作为信息载体，由于单光子的不可分割、量子态不可克隆等物理特性，保障了量子密钥分发过程的安全性，使得通信双方可以产生源源不断的共享密钥，从而可以使用"一次一密"的加密方案，实现无条件的可证明的通信安全。

二 国际量子信息技术发展态势

（一）美国

美国的量子通信技术发展起步很早。2004年，美国国防部高级研究计划局（DARPA）就协同哈佛大学和麻省理工学院构建了10节点的量子通信网络。2013年5月，美国洛斯阿拉莫斯国家实验室（Los Alamos National

---

① C. Shannon，"Communication Theory of Secrecy Systems"，*Bell System Technical Journal* 28（4）：656－715（1949）.

Laboratory）公布了一个三用户的时分复用网络的设计①。2013 年，Battelle 和 id Quantique 公司公布了环美量子保密通信骨干网络项目，计划为谷歌、微软、亚马逊等互联网巨头数据中心之间的通信提供量子安全保障服务。2015 年，美国航空航天局（NASA）计划在其总部与喷气推进实验室（JPL）之间建立一个远距离光纤量子通信干线，并计划拓展到星地量子通信。2016 年 4 月，美国国家科学基金会（NSF）将"量子跃迁——下一代量子革命"列为六大科研前沿之一。2016 年 7 月 22 日，美国国家科学技术委员会（NSTC）发布了《推进量子信息科学：国家的挑战与机遇》报告。2020 年 2 月，美国白宫发布了一份《美国量子网络战略构想》，提出美国将建立量子互联网。

（二）英国

英国的量子通信网络建设由约克大学牵头，成立了量子通信中心（UK Quantum Communication Hub）。英国政府于 2013 年宣布，设立为期 5 年、投资 2.7 亿英镑的国家量子技术计划（UK National Quantum Technologies Programme）。2014 年 12 月，宣布投资 1.2 亿英镑，成立了以量子通信等为核心的 4 个量子技术枢纽②。2015 年 3 月，发布《量子技术国家战略》，旨在实现量子技术由实验室到工业化的成功过渡。英国将量子技术发展提升至影响未来国家创新力和国际竞争力的重要战略地位，计划利用 2～3 年建设量子保密通信城域网络，5～10 年建成实用的量子保密通信国家网络，10～20 年建成国际量子保密通信网络。

Toshiba 公司剑桥研究实验室（TREL，Toshiba Research Europe Ltd）位于英国剑桥大学，是日本 Toshiba 公司第一个海外公司及实验室，其在量子通信的研究上一直非常活跃。该研究所制备的量子密钥分发的光源和探测器一直

---

① 徐兵杰、刘文林、毛钧庆等：《量子通信技术发展现状及面临的问题研究》，《通信技术》2014 年第 5 期，第 463～468 页。

② 赖俊森、吴冰冰、汤瑞等：《量子通信应用现状及发展分析》，《电信科学》2016 年 32 卷第 3 期，第 123～129 页。

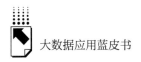

处于领先地位。2004 年，TREL 的 Andrew Shields 和 Zhiliang Yuan 等人实现了世界上第一个用标准光纤进行的超过 122 公里距离的量子密钥分发实验。2008 年，他们首次实现了用 GHz 的时钟进行的诱骗态量子密钥分发，并且在 20 公里的传输距离上达到了 1 兆赫兹的密钥分发率。2009 年，该研究实验室实现了超过 200 公里的纠缠分发。2011 年，他们设计并测试了 Tokyo 量子密钥分发网络。

（三）欧盟

法国的 Laboratoire Fabry 实验室的 F. Grosshans 实验组于 2002 年提出了基于相干态的连续变量量子密钥分发方案（即 GG02 协议），并证明了其在个体攻击（Individual Attack）下的安全性。连续变量编码的量子密钥分发方案中，信息被直接编码在相干态的相位、振幅信息上。GG02 协议是一个具有重要意义的连续变量 QKD 协议，因为其仅需要普通的相干光源，不涉及任何非经典的光场，使得方案实现上具有极大的便利。由于协议采用的是正向协商（Direct Reconciliation）方案，因此要求信道的通过率不低于 50%，即所谓的 3dB 极限。为了解决这个问题，2003 年 Grosshans 又提出了反向协商方案（Reversed Reconciliation），突破了信道损耗的极限。基于此方案，Grosshans 于 2003 年进行了实验工作，并在《自然》上发表。2007 年，法国的 P. Grangier 研究组设计并实现了光纤中传输 25 公里的连续变量 QKD 实验系统，并第一次使用了效率为 89% 的秘密协商算法完成了最终的密钥提取。2015 年，法国的 Anthony Leverrier 给出了连续变量量子密钥分发的 composable 的安全性证明，综合考虑了有限码长和后处理不完美带来的影响[1]。连续变量的量子密钥分发协议在近距离的情况下（小于 50 公里）的密钥产生率优于离散变量的量子密钥分发协议，因而引起了广泛的兴趣。

奥地利的量子光学与量子信息协会（IQOQI）致力于量子通信的研究，包括空间 Bell 实验，基于卫星的自由空间量子通信等。Zelinger 组与中国科技大学的潘建伟组合作，实现了基于单光子以及光子纠缠对的近地轨道的卫

---

① Anthony Leverrier et al. Phys. Rev. Lett. 114, 070501 (2015).

星与地面基站之间的量子密钥分发和量子隐形传态。2017 年，Zelinger 组与 MIT 的 Kaiser 组和 Guth 组合作，通过来自相反方向的类星体发射的星光产生随机数对于偏振纠缠的光子对进行"星际 Bell"实验，验证了 Bell 不等式的违背①。通过星光产生随机数，确保了输入的"随机性"和"独立性"，从而确保了实验的正确性。

德国的马普所（Maxwell-Planck Institute）在量子信息与量子光学领域研究较为活跃。除英国的 NQTP 项目外，欧洲国家中另一项引人瞩目的关于量子技术的国家战略是德国的 QUTEGA 计划。该计划由德国联邦教育和研究部〔German Federal Ministry of Education and Research（BMBF）〕发起，初级计划为期 10 年、总投资额约 3 亿欧元，旨在促进德国的量子技术研究。BMBF 选取 3 项试点项目来促进量子技术的重大发展，分别为：单离子光学时钟（OptIclock）、面向人机接口的新型量子传感器和基于微纳卫星的量子密钥分发。QUTEGA 与 NQTP 相似，同样有较为明显的面向量子测量市场的目标，最初的研究计划包括研制能在手术中监测脑部活动的微型磁传感器，以及小型可移动的高精度原子钟等。

（四）其他地区

日本 Toshiba 公司于 2015 年宣布"力争在五年内将量子保密通信系统在公共机构和医疗机构等领域进行商业化应用"。总务省量子信息和通信研究促进会提出以新一代量子信息通信技术为对象的长期研究战略，计划在 2020 年至 2030 年间建成利用量子加密技术的绝对安全和高速的量子信息通信网。

韩国于 2016 年 3 月由 SK 电信牵头，组建起了连接盆塘、水原和首尔的 QKD 网络。国家量子保密通信网络已经做出全局部署：第一阶段，到 2015 年建成连接盆塘、水原和首尔的 QKD 网络；第二阶段，到 2017 年建成连接首尔、世宗和大田的 QKD 网络；第三阶段，到 2020 年建成国家量子通信保密网络。

① Zelinger, Guth, et al. Phys. Rev. Lett. 118, 060401 (2017).

三 我国量子保密通信技术发展概况

我国量子保密通信技术与欧美几乎同时起步，采取核心基础技术突破；规模化城域组网及应用；构建广域量子通信体系三步走的发展战略，目前已超越欧美，处于世界领先地位。

（一）实验突破与工程技术发展

从 2003 年起，中国科学技术大学量子信息与量子物理研究部潘建伟团队率先开展远距离光纤量子密钥分发实验和自由空间量子通信实验研究。2004 年底，在合肥大蜀山实现了 13 公里自由空间的量子纠缠分发和量子密钥分发。2006 年，国际上首次实现无条件安全的光纤量子密钥分发超过 100 公里。2009 年，率先实现 200 公里无条件安全量子密钥分发。同年国庆六十周年阅兵典礼上，在阅兵关键节点构建"量子保密热线"，全通型量子保密通信技术成功经受了重大应用考验，这标志着我国量子保密通信核心基础技术取得突破。

2012 年，在科技部"863 计划"主题项目"光纤量子通信综合应用演示网络"的支持下，我国建成了世界上首个"面向完全承载实际应用、面向量子网络运维、面向优质的用户体验"的济南量子城域网，规模化城域组网技术突破。济南量子城域网共 56 个节点，超过 100 个用户单位，是当时规模最大的实用化的量子网络。

2013 年，在国家发改委的支持和中国有线、安徽省、山东省等机构和省市的积极配合下，我国着手开展基于可信中继技术的"京沪干线"大尺度光纤量子通信骨干网工程建设，建成贯串首都、黄渤海经济圈、华东沿江经济带的量子通信高速干线，形成高可信、大尺度、可扩展的光纤广域量子通信网络。

2016 年 8 月 16 日，我国自主研制的世界首颗量子科学实验卫星"墨子号"成功发射升空，标志着我国在构建广域量子通信网络方面向前迈出了关键一步。同年底，"京沪干线"广域量子通信骨干网络工程建成并通过验收。"京沪干线"北起北京，经济南、合肥，南至上海，全长约 2200 公里，共有 32 个可信中继站,覆盖我国东部沿海大部分经济发达地区①。量子科学实验卫星"墨子号"和"京沪干线",初步构建了我国天地一体化的广域量子通信网络基础设施,标志着我国在量子通信技术和应用方面已全面处于国际领先地位,正如英国《自然》杂志所评论的,"中国从十年前不起眼的国家发展为现在的世界劲旅,将领先于欧洲和北美……"。

2018 年,我国科学家团队与奥地利科研团队合作,利用"墨子号"量子科学实验卫星,在中国和奥地利之间首次实现距离达 7600 公里的洲际量子密钥分发,并利用共享密钥实现加密数据传输和视频通信。该成果标志着"墨子号"已具备实现洲际量子保密通信的能力,为未来构建全球化量子通信网络奠定了坚实基础。洲际量子保密通信网络如图 3 所示。

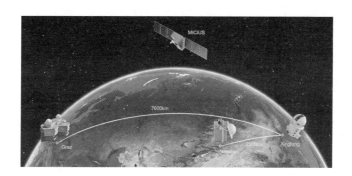

图 3 洲际量子保密通信网络示意图

资料来源:Liao,S. - K.,Zeilinger,A. & Pan,J. W,et al. "Satellite-Relayed Intercontinental Quantum Network",*Physical Review Letters* 120,030501(2018)。

(二)政策支持

我国从 2006 年开始部署量子通信技术,不断加大布局力度。2013 年 2 月,《国家重大科技基础设施建设中长期规划(2012 ~ 2030 年)》中指出,

---

① Mao,Y.,Pan,J. W,et al "Integrating Quantum Key Distribution with Classical Communications in Backbone Fiber Network",*Optics Express* 26,6010(2018)。

"计划建设量子通信网络等开放式网络实验系统"①。2013年7月17日，习近平总书记在中科院调研期间，与潘建伟院士等座谈时指出："在铁基超导、量子通信、中微子等基础前沿领域走在世界前列"，"量子通信已经开始走向实用化，这将从根本上解决通信安全问题，同时将形成新兴通信产业"。2015年11月，习近平总书记在关于"十三五"规划建议的说明中明确指出，"要在量子通信等领域部署体现国家战略意图的重大科技项目"。2016年5月，《国家创新驱动发展战略纲要》中将开发移动互联技术、量子信息技术、空天技术作为重点发展方向②。同月国家批复的"长江三角洲城市群发展规划"中，"计划积极建设'京沪干线'量子通信工程，推动该技术在上海、合肥、芜湖等城市使用，促进量子通信技术在政府、军队和金融机构使用，加快城域量子通信网络构建，争取建成长三角城市群广域量子通信网络"。2017年，科技部等四部门联合印发《"十三五"国家基础研究专项规划》，规划中提出，"十三五"期间，着眼于更长远的国家重大战略需求，构建未来我国科技发展制高点，组织若干项基础研究类重大科技项目，其中第一条就是发展量子通信与量子计算机。"十三五"规划对此的定位是，奠定我国在新一轮信息技术国际竞争中的科技基础和优势方向。《规划》称，"量子通信研究面向多用户联网的量子通信关键技术和成套设备，率先突破量子保密通信技术，建设超远距离光纤量子通信网，开展星地量子通信系统研究，构建完整的空地一体广域量子通信网络体系，与经典通信网络实现无缝链接。"③

四　量子保密通信产品

从2009年开始，我国量子保密通信技术产业化经过10年的发展，已经形成了包括量子保密通信核心网络设备、量子安全应用产品、管控软件等完整产品系列。

---

① 《国家重大科技基础设施建设中长期规划（2012～2030年）》。
② 《国家创新驱动发展战略纲要》，第四章第六条。
③ 《"十三五"国家基础研究专项规划》，第三章第二节第一条。

（一）量子保密通信核心网络设备

1. 偏振编码（或者相位编码）量子密钥分发设备

本系列产品基于诱骗态 BB84 量子密钥分发协议，采用偏振或者相位编码进行量子密钥分发，为量子保密通信网络提供不可窃听、不可破译的量子密钥。该产品系列定位于城域范围的量子密钥分发，适用于数据通信机房环境。包括单发型（A 型）和单收型（B 型）两种型号。A 型设备和 B 型设备配对使用，组建安全的量子密钥分发链路。

2. 城域 QKD 集控站

集控站是整合了量子密钥分发、量子光纤链路交换和量子密钥集中交换等功能的大型集成设备。集控站主要部署于网络的大型交换节点，对接城域网的多条 QKD 链路和骨干网的高性能 QKD 链路，以灵活、经济的方式实现了 QKD 网络的交换并支持容量扩展，有力推进了量子通信的规模化组网。集控站同时也搭载量子密钥管理服务系统，负责其辖区内各节点的量子密钥生成控制和量子密钥交换调度。

3. 量子卫星地面站产品

卫星量子通信不受地域限制，能更便捷地获取安全密钥，针对光纤难以覆盖的应用场景（如驻外机构、近远海岛屿、远洋船舰、海上油汽田、野外作业等）更具优势。多个量子卫星地面站可以与星载量子通信终端一起组成星地量子密钥分发系统，通过卫星中转，可以在任意两个地面站间建立密钥。图 4 为小型量子卫星地面站系统。

4. 量子密钥管理机

量子密钥管理机提供量子密钥分发控制、量子密钥管理、量子密钥中继、量子密钥输出、光量子交换控制等功能，一般用于量子通信骨干网，也可用于城域网应用场景。

5. 光量子交换机

光量子交换设备用于实现量子信道时分复用，是量子密钥分发网络组网的重要产品。光量子交换机一般包括两种不同类型的光量子交换设备：矩阵

图4 小型量子卫星地面站系统

资料来源：《科技日报》。

型光量子交换机和全通型光量子交换机。矩阵型光量子交换机采用交叉式光纤链路交换，该类型的光量子交换机多用于量子密钥中继内部，实现密钥分发终端的扩容与备份；全通型光量子交换机支持最多达16通道光纤链路连接，每个通道与其他通道间均可实现互连，适用于多用户量子保密通信局域网络或城域网络。

（二）量子安全应用产品

1. 量子安全加密路由器

量子安全加密路由器是结合量子保密通信技术与经典通信技术的高保密量子安全产品。该产品采用量子保密通信技术，结合先进的设计理念和模块化可扩展的平台，凭借"安全可靠、性能强劲、一机多能、弹性扩展、轻松易维、绿色节能"六大特性，满足用户当前和未来各种业务部署的需求，为实现信息高安全传送提供智能而有弹性的设备平台。典型应用包括接入网关/出口网关、总部分支接入、行业纵向网汇聚/接入、运营商DCN配套场景、金融网点接入、政企及行业分支接入等。

2. 量子密钥分发网络密码机

量子密钥分发网络密码机集成了光纤量子密钥分发模块和网络数据高速

加密单板，具备量子密钥分发能力，并使用量子密钥加密网络通信数据，保护数据机密性和完整性。量子密钥分发采用诱骗态 BB84 协议，加密算法支持 SM1 或 AES128/192/256 等国家认可的商用密码算法。

3. 量子安全 U 盾（QUKey）

量子安全 U 盾（QUKey，如图 7 所示）是采用自主知识产权的高性能专用安全处理芯片，结合量子安全服务移动引擎（QSS－ME），实现了量子密钥资源到移动终端的"最后一公里"配送以及移动量子安全应用。

图 5　量子安全 U 盾

资料来源：http：//www. quantum－sd. com/index. php？c＝index&catid...＝。

（三）管控软件

量子密钥管理服务系统：量子密钥管理服务系统是基于 C/S 架构开发的量子密钥业务流程控制软件。该系统能够实现量子设备管理、量子密钥生成控制和量子密钥路由控制等功能。量子密钥管理服务系统在量子保密通信网络中属于管控层服务系统，负责量子保密通信网络的业务运行控制。该系统与量子层设备、管控层终端设备、应用层设备共同搭建量子保密通信网络，为用户数据提供量子安全服务。关键功能包括设备认证、量子密钥生成控制、量子密钥路由计算、应用会话管理、本地管理等，可用于城域网和骨干网的量子通信系统的业务运行控制。

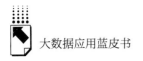
五 一个基于点对点的具体解决方案

以连接同城的两个数据中心的解决方案为例,向大家展示一个基本的量子保密通信网络的系统架构、量子加密传输方式、组网方案等。

(一)组网拓扑和系统架构

1. 组网拓扑

在同城两个数据中心之间部署点对点量子通信系统,实现两个数据中心间的量子密钥分发,保障数据中心间数据传输安全(见图6)。

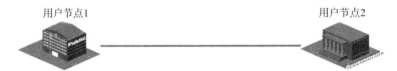

图6 点对点组网拓扑示意图

2. 组网系统架构

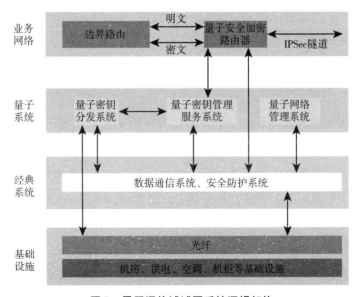

图7 量子通信城域网系统逻辑架构

如图 7 所示，量子通信城域网系统逻辑架构由业务网络、量子系统、经典系统、基础设施 4 部分组成，其中：

（1）业务系统由业务网络边界路由器和量子安全加密路由器构成。

（2）量子系统由量子密钥分发系统、量子密钥管理服务系统和量子网络管理系统组成。

1）量子密钥分发系统采用点对点系统的单收型量子密钥生成终端，通过光量子交换机经过裸光纤和用户站的单发型量子密钥生成与管理终端互联，量子密钥生成终端通过裸光纤互联，协商生成量子密钥，实现量子密钥的分发功能。

2）量子密钥管理系统采用 C/S 的结构，即客户端和服务器端结构，服务端软件部署在量子安全云的量子密钥管理服务器中，客户端部署在量子密钥管理机和量子密钥生成与管理终端上，实现密钥存储和密钥输出。

量子密钥管理系统实现量子密钥生成控制、终端量子密钥存储和量子密钥输出功能。

3）量子网络管理系统，量子网元管理系统整体架构按照自底向上从逻辑上可分为两个层次：Agent 层和 EMS 层，其中，量子网元管理 Agent 软件部署在量子密钥生成终端、量子密钥生成与管理终端、量子密钥管理机、量子安全路由器和量子密钥管理服务系统服务器等设备中；EMS 层量子网元管理软件部署在量子网元管理服务系统服务上。

Agent 层主要实现以下功能：负责所有量子通信设备的运行监控、数据采集与上传，包括性能数据、告警数据、配置数据；并负责 EMS 下发命令的执行以及 Agent 版本更新。

EMS 层主要实现以下功能：负责与量子通信城域网设备部署的量子网络管理 Agent 软件直接通信并通过 Agent 软件对各网元信息进行管理；负责数据的采集与适配，包括性能数据、配置数据与告警数据；负责策略管理与告警分析处理，支持量子网元命令下发，支持通过文字、图表、报表等多种方式将在某一时间点上对象的告警分析结果进行呈现。

（3）经典系统主要由数据通信系统和安全防护系统组成，其中数据通

信系统主要是经典交换机和用户网络中的安全防护设备。

（4）基础设施包括光纤信道（量子协商信道、量子信道）和机房、供电、空调等，城域网的核心环网基础设施由电信运营商提供，用户节点基础设施由量子保密通信城域网用户方提供。

（二）业务系统量子安全加密传输方式

1. 量子安全加密路由器接入方式

按照量子加密终端在网络中部署位置的不同，接入业务网可采用旁路、串联等部署方式。旁路部署方式如图 8 所示。

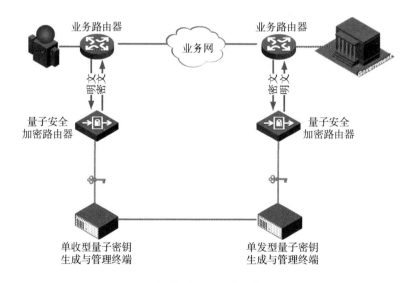

图 8 旁路部署方式

串联部署方式如图 9 所示。

旁路部署方案采取量子安全加密路由器与已有业务网络用户出口路由器并联部署的方式，对已有网络影响较小，但同时需要原有路由器支持旁路镜像功能。串联部署可以不依赖现有网络设备，在网络中增加了一个单点故障点，对现有系统的稳定性和可靠性有一定影响。考虑到网络运维管理界面清晰、网络可靠性等因素，优先考虑旁路部署的方式。

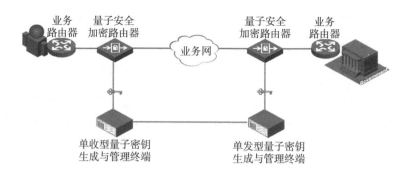

图9　串联部署方式

2. 业务数据传输加密方式

量子加密安全路由器从量子密钥分发网络获取量子密钥，采取旁路的方式接入业务网络，不改变现有网络结构和原有业务的应用场景。

业务网络需要将加密的明文先传到量子加密安全路由器，量子加密安全路由器使用量子密钥对明文加密变成密文，再传回业务网络，使用业务网络链路传输密文。密文到达接收端后，先传给量子加密安全路由器，量子加密安全路由器使用对称量子密钥对密文解密变成明文，再传回应用终端（见图10）。

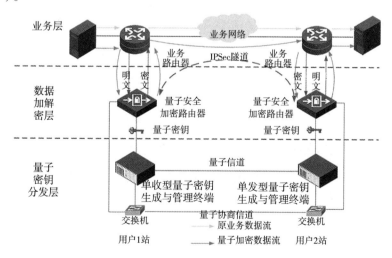

图10　业务数据流示意图

3. 组网方案

在用户 1 站点部署量子网元管理系统和量子密钥管理服务系统服务器，完成对点对点系统的网络管理和量子密钥管理；部署单收型量子密钥生成与管理终端，通过光纤与用户 2 站单发型量子密钥生成与管理终端协商生成量子密钥；在两个节点分别部署量子安全加密路由器，从量子密钥生成与管理终端获取量子密钥，建立 IPsec 隧道，分别与用户节点的业务系统边界路由器对接，实现数据量子安全加密传输。

六　量子保密通信典型案例

（一）政务

2011 年，我国建成了国际上首个规模化的量子通信网络——合肥城域量子通信试验示范网，如图 11 所示，合肥网有 3 个集控站，46 个用户节点，验证了量子密钥分配技术大规模组网的可行性，同时提供政务应用。

（二）金融

2015 年，基于量子保密通信"京沪干线"，世界上首个远距离的量子安全金融数据中心异地备份系统——工行数据中心网上银行数据异地备份系统建成并交付使用。

（三）电网

2018 年，国家电网信通公司建设从白广路到亦庄和西单的量子通信测试系统示范应用线路，实现国网电子商务平台信息管理业务数据同城灾备。其网络拓扑如图 12 所示。

同年，建立了以北京电力公司为调度信息汇聚主站的延庆 – 北京电力量子线路，实现了主网自动化生产数据信息安全保障。业务节点如图 13 所示。

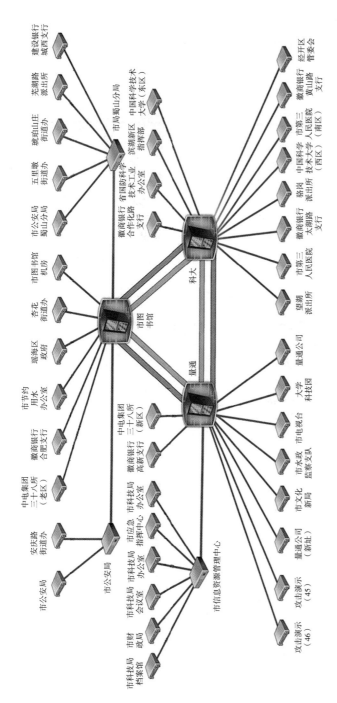

图 11　合肥城域量子通信试验示范网

资料来源：http://www.quantum–info.com/case/136.html。

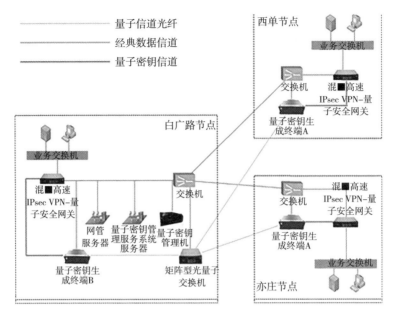

图12　国家电网电子商务平台数据同城灾备

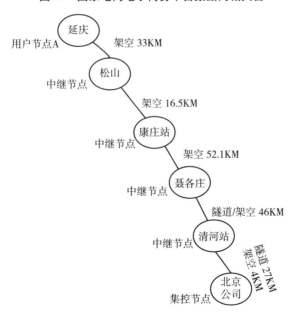

图13　基于量子安全的电力调度自动化业务

（四）公安

XX 省公安厅建立了从分局到市局并连接省厅的公安量子保密通信网，提供量子安全下的语音电话、高清视频会议、天网视频监控融合以及第三方视频会议系统接入等功能，开启了量子安全技术在公安系统技术创新的先河。网络拓扑如图 14 所示。

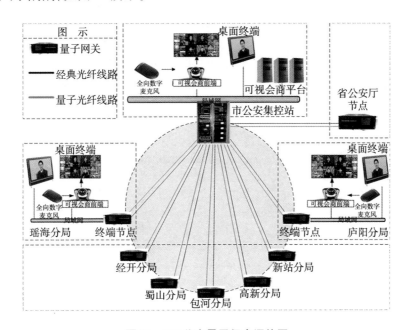

图 14　XX 公安量子保密通信网

七　总结

从 1900 年量子概念提出，量子物理已经过 100 多年的发展和实验检验，是目前人类认识世界的最深刻理论。基于量子力学的状态不可分割、测不准、叠加等原理，结合现代信息处理的量子信息科学也有近 40 年的发展历史。基于量子信息科学的量子信息技术在信息安全、计算能力、测量感知等方面为人类打开了突破经典物理和信息技术极限的大门，是目前国际竞争激

烈的战略级新兴技术。其中量子保密通信技术率先进入产业化、实用化阶段，经过核心基础技术突破、规模化城域组网及应用、构建广域量子通信体系三步走的发展战略，我国的量子保密通信技术目前已超越欧美，处于世界领先地位，并推出了成熟的系列商用产品和解决方案，在政务、金融、电网、公共安全、数据中心等行业有广泛应用。在以大数据为核心的智慧经济时代，量子保密通信技术可为大数据应用提供量子安全保障。

案 例 篇

Cases

B.8

武汉住房公积金信息化发展
与大数据应用实践

梁铁中　梁亮*

摘　要：　武汉住房公积金经历的三个发展阶段离不开信息化推动。特别是近5年来的建设与发展，全面实现了信息系统与公积金管理、使用、服务的全方位融合。抓住老机房改造和后湖数据中心新建的契机，加强公积金开放平台、公积金数据监控及分析平台等信息化项目的顶层设计与建设力度，有效地推动了武汉公积金信息化管理服务水平迈向新台阶，更是大数据应用的有效实践。

---

* 梁铁中，博士，中国管理科学大数据专委会专家委员，武汉市政府决策咨询委员，曾长期担任武汉市经济和信息化委员会，武汉住房公积金管理中心等政府部门负责人，主要研究方向是产业资本投资，经济与信息化，数字经济产业发展规划与管理。
梁亮，武汉市工业信息化中心工程师，主要研究方向为数据中心规划与运维。

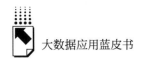

关键词： 公积金　信息化　大数据　数据中心

一　信息化推动公积金业务快速发展

武汉住房公积金（以下简称武汉公积金）信息化历程经历了三个发展阶段：第一个阶段是探索起步阶段，2005 年前，没有自己的业务系统，大量的业务通过银行的计算机系统完成；第二个阶段是突破发展阶段，2006年至 2017 年，以"武汉公积金核心业务系统"上线为标志，实现了信息系统对公积金管理、使用、服务的全方位融合；第三个阶段是迭代发展阶段，2018 年开始，以核心业务系统数据库切换为达梦数据库为主要标志，先后完成了老机房改造、新建后湖数据中心、公积金开放平台、公积金数据监控及分析平台等信息化项目建设，推动了武汉公积金管理服务水平迈向新台阶。

截至 2019 年底，实际缴存单位 27224 家，公积金实际缴存职工 231.36万人，累计归集住房公积金 2886.59 亿元，累计为 61.21 万户家庭发放贷款1928.75 亿元，累计实现增值收益 131.69 亿元。

住房公积金业务快速发展，必须依靠完备的信息化体系建设做支撑。而武汉公积金从信息化基础设施平台建设到应用，从无到有摸索出一套适应公积金行业发展的信息化建设之路。

二　高可用双数据中心支撑公积金业务不间断运行

原武汉公积金数据中心为单机房运行模式，供配电系统、空调系统、IT设备、业务专线均未考虑冗余配置，存在多处单点故障，业务连续性得不到根本保障，严重影响客户体验。同时还存在数据损坏或丢失的风险，相关的业务系统也会受到影响，给国家带来损失，给广大用户带来不便，严重时会带来重大的社会影响和政治影响。

为解决上述存在的问题，中心本着技术先进性、高可靠性、经济性、灵活性和可扩展性、兼容性和稳定性、开放性、易管理的设计原则和总体设计思想，集合优秀技术设计理念和成熟的产品，借鉴金融系统众多成功案例和实际经验，设计建设同城双活数据中心。

1. 金融级的后湖数据中心

后湖数据中心机房按照国家 A 级数据中心建设标准设计和建设，是确保公积金业务不间断服务的重要保障。武汉公积金后湖数据中心位于武汉档案大楼四楼，数据中心包含主机房、电信接入机房、弱电机房、双路 UPS 间、测试拆装间、备品备件间、监控室等。

（1）双路市电系统

两路 10kV 市电电源同时工作，互为备用，母联开关分断运行。当一路电源失电，延时 1.5S 后，自动断开失电侧进线开关，母联开关自动投入，每路电源可提供 100% 的供电能力。

（2）UPS 不间断电源系统

为 IT 设备、电信接入间设备提供不间断电源的 UPS 按 2N（N＝2）容错方式配置，机房内每台机柜分别由两组 UPS 同时供电。

为机房空调、UPS 配电室空调、安防设备、控制设备、备用照明等设备提供不间断电源的 UPS 按 N 配置，UPS 无冗余。

（3）空调系统

主机房及接入机房房间采用直膨式房间级精密空调，N＋1 冗余，微模块内采用列间空调，冷通道封闭（见表 1）。

表 1　空调系统

房间名称	温度	湿度
数据机房		
冷通道温度（建议）	$18 \pm 2℃$	35%～60%
热通道温度（建议）	$29 \pm 2℃$	35%～60%
冷通道温度（可选）	$21 \pm 2℃$	35%～60%
热通道温度（可选）	$32 \pm 2℃$	35%～60%
UPS 室、电池	$\leqslant 25℃$	

新建成的后湖数据中心全面升级了武汉住房公积金业务系统的基础环境和支撑平台，在健全的数据中心基础设施的基础上，实现了数据处理、灾难备份、网络服务、开发测试、用户支持等功能，建设成性能卓绝、绿色节能、安全可靠、弹性智能的公积金数据中心。

2. 原机房的整体改造升级

对原机房进行升级改造，实现后湖数据中心与原数据中心双数据中心双运行模式。通过双数据中心建设，有效解决现有机房设备老化，安全性、稳定性和容量不够的问题，满足了当前业务发展的需要。具体体现在以下几个方面。

第一，机房整体规划布局。采用机房模块化冷通道系统，机房空间利用更加合理，更加美观整洁、更加安全、可扩展性更强、管理功能区分更加科学化。

第二，机房能耗显著降低。封闭冷通道技术，冷热通道隔离，冷热空气流有序流动。与之前混乱的气流运动项目相比，目前空调制冷效率显著提升。

第三，机房安全性提升。在原来机房门禁管理基础上，每个冷通道采取封闭管理，单独分别设置门禁权限。另外设备运行环控更加安全，冷通道设置温湿度探测器、火灾探测器等环境传感器，在紧急情况下会弹开天窗、环控系统报警以及使用红色泛光警示灯提醒等功能。

第四，机房环境监控系统管理能力提升。目前环控对机房能源基础设备均实现状态监控，如：机房空调、UPS、配电系统及机房环境（温湿度）等均实时监控其运行状态，另外扩展接入了电池监控平台数据，出现故障情况下会短信报警告知机房管理员。

第五，机房布局更科学化，可扩展性更强。满足后续设备扩容，高密度需求，功能上划分更科学，设置服务区、网络交换区及运营商区域等功能区。

3. 公积金业务双活架构

同城双数据中心之间通过两条裸光纤做波分直连，两条直连线路分别接入两地数据中心的核心交换机。采用 VxLAN 技术实现两个数据中心之间大二层互联，将 VxLAN 三层网关部署在核心层设备上，实现 VxLAN 与外部网络的互通（见图 1）。

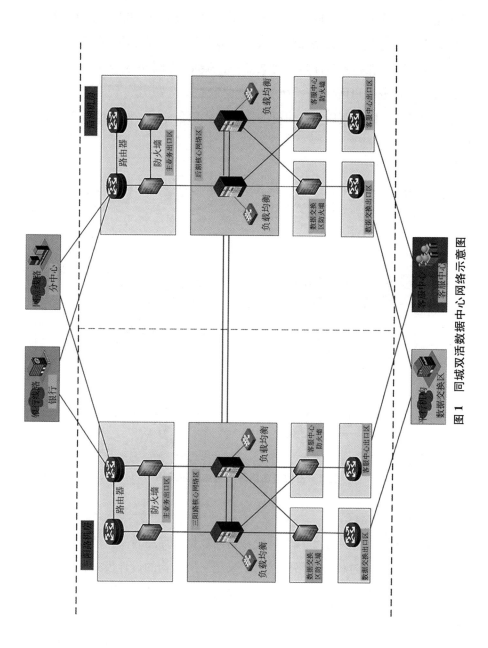

图 1 同城双活数据中心网络示意图

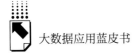

全面升级武汉住房公积金业务系统的基础网络环境和支撑平台，实现数据处理、灾难备份、网络服务、开发测试、用户支持等功能。在边界安全、结构安全、安全审计、链路冗余、入侵防御和安全管理方面加强安全防护，做好全面风险管理和安全保障，建立统一、完善的网络安全体系。

（1）主业务出口区

主业务出口区主要用于各银行的接入和公积金分中心网点的接入，如图2所示。

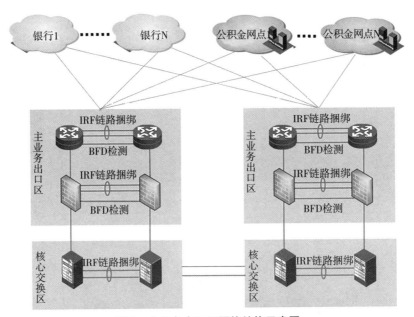

图2　主业务出口区网络结构示意图

（2）核心网络区

核心交换区主要用于承载全网业务访问数据的高速转发，业务服务器和楼层办公信息点通过核心网络区接入。采用三层结构的设计模式，划分为核心层、汇聚层、接入层。核心层和汇聚层分别通过 IRF2 网络虚拟化技术实现统一转发表项，跨设备链路聚合。旁挂两台负载均衡设备，提供4~7层的负载均衡服务，接入层通过千兆光纤上联汇聚。万兆接入服务器直接接入汇聚交换机（见图3）。

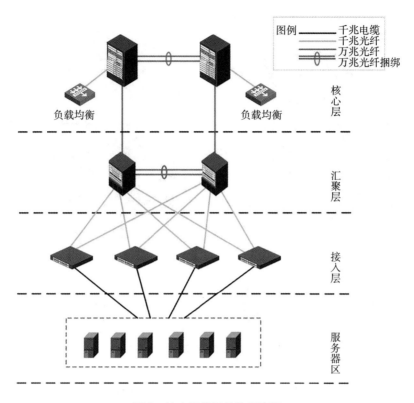

图3 核心网络区结构示意图

（3）数据交换、客服中心出口区

数据交换区包括民政局、民政厅和房管局等与中心存在数据交换的第三方平行机构，各平行机构通过点对点数据链路的方式接入到数据交换出口区路由器。客服中心通过 MSTP 数据链路方式接入到客服中心出口区路由器。数据交换出口区和客服中心出口区均部署有一台防火墙和路由器，数据交换区与客服中心接入路由器端口后，通过防火墙的安全过滤，再接入数据中心核心交换区（见图4）。

（4）网络安全系统

部署安全态势感知系统，旁挂潜伏威胁探针，采集全网的关键数据。通过流量做镜像并进行分析，有效监测全网的安全态势与安全设备联动，形成完整的安全体系。通过大数据关联分析，实现全网业务可视和威胁感知，提

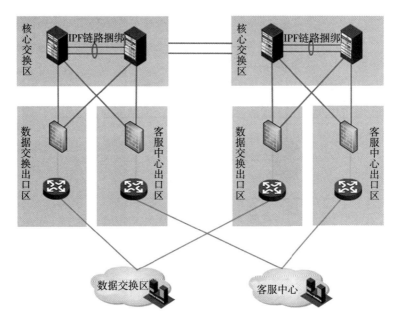

图 4　数据交换区结构示意图

高事件响应的速度和高级威胁发现能力。通过入侵防御系统，深入分析网络及应用层协议，对隐藏在流量中深层次攻击行为进行识别、控制、阻断，从而实现 L2 – L7 层的完整安全防护。通过日志审计系统实时采集网络中安全设备、网络设备、服务器资源和应用系统的日志，实时感知全网安全势态（见图5）。

三　基于国产达梦数据库的核心业务系统

武汉公积金原有核心业务系统是基于 IBM 公司的 DB2 数据库和小型机搭建，在系统配置、开放性和本地化服务方面已经难以满足快速发展的业务需求。新系统运行在华为云超融合平台上，核心系统数据库替换为达梦数据库，整体安全可靠性应用在国内金融领域是第一个"吃螃蟹"的，如图6、图7所示。系统总体上采用"一主二备一异步"的集群架构，在稳定性上、运行效率上都高于原系统架构，超预期满足各项业务需求。

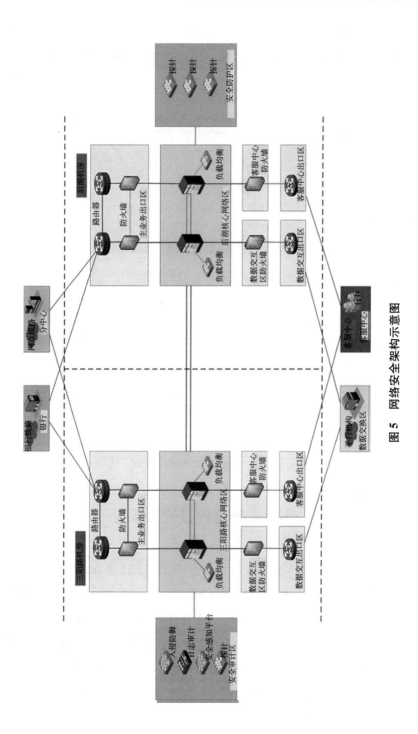

图 5　网络安全架构示意图

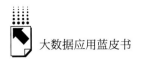

具体体现在，缴存职工柜面等待时间缩短50%以上，单位网上业务批量划扣时间缩短60%以上，日结、月结及年度结息等工作时间缩短70%以上，柜员业务办理时间缩短80%以上。

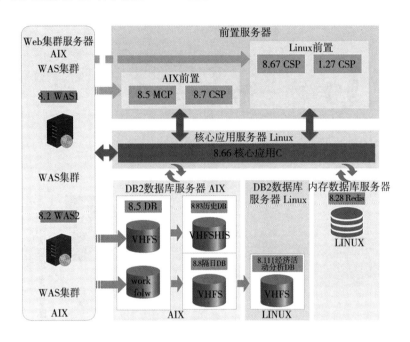

图6　国产化替换前核心系统架构

四　公积金数据监控及开放平台

公积金数据监控及分析平台是一套涵盖应用监控、系统监控、网络监控、动环监控、告警管理、监控对象管理等功能于一体的统一运维监控管理平台。实时监控分析业务系统交易情况，通过多种展现形式将公积金业务数据直观地呈现出来，同时为公积金业务发展提供决策依据。通过标准化的流程管理，解决公积金业务需要开发对接难的问题。有效缓解数据中心运维中出现的响应慢、故障定位不准、配置管理溯源难等问题。

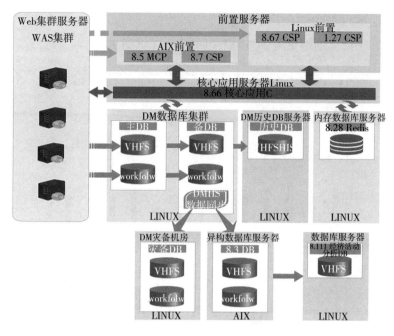

图7 国产化替换后核心系统架构

1. 数据监控系统

数据监控系统通过网络设备镜像数据流的方式解析应用数据；通过部署代理到各应用抽取交易日志、交易表获取应用数据；当应用系统发生故障时，能第一时间在应用监控系统中进行应用系统故障报警。通过交易路径直观地展现各采集点的采集数据，包括交易量、响应时间、成功率、告警等交易信息，并通过曲线图直观地展现所选时间段交易变化情况；甚至通过输入查询条件或者通过交易趋势图查看单笔交易的详细数据。监控策略管理承担监控工具信息收集和规划监控策略，辅助说明信息管理，与监控资产信息集成，根据监控资产信息，产生相应级别报警，实现监控对象和监控策略间双向查询管理。最后是监控数据管理，包括监控对象信息、监控策略信息、监控统计信息等，此类数据保存在统一管理平台，并做定期备份与清除；结合所有监控报警消息，保存在监控管理平台，报警消息采取定期备份并清理机制。

2. 业务数据分析系统展示

（1）渠道移动端交易量与网上用户分布（见图8）

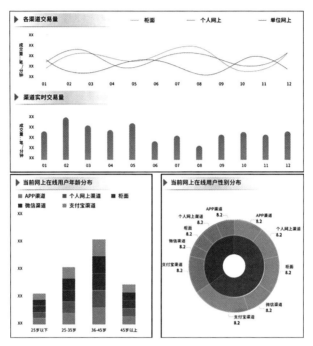

图8　渠道移动端交易量与网上用户分布

（2）交易总金额及笔数、当月公积金还款笔数和金额（见图9）

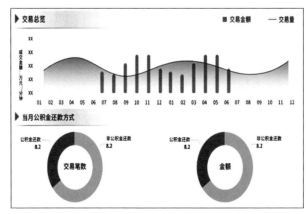

图9　交易总金额及笔数、当月公积金还款笔数和金额

（3）银行当年贷款发放笔数、金额占比（见图10）

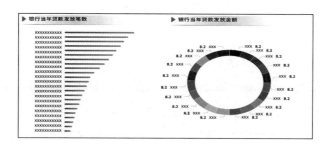

图10 银行当年贷款发放笔数、金额占比

3. 公积金开放平台

为突破传统公积金业务运行模式，实现行业内及行业外数据共享，建立公积金行业应用生态，武汉公积金中心充分借鉴开放银行理念，结合自身实际打造武汉公积金开放平台。公积金开放平台基于分布式服务 DevOps 体系建立，为五层结构。包括 IaaS 层，由华为云和 Vmware 虚拟化平台组成；PaaS 层，由FastDFS、kafka、redis、NGINX、Zookeeper 等系统组成；基础组件层，包含加解密、数字证书、即时通信、短信推送、文件交换等；业务组件层，包含用户信息、消息管理等；创新产品及应用层，包含开放公积金门户等（见图11）。

图11 公积金开放平台技术架构

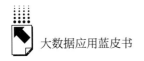

五 结束语

构建两地三中心的数据中心运行体系，确保武汉公积金信息化建设走在公积金行业前列。公积金开放平台的建设是公积金行业的创新，同时也站在了当今信息化发展浪潮的潮头。通过信息化建设，武汉公积金业务水平显著提高，行业影响力逐年增大，促进了管理水平整体提升。同时，培养了大量信息化人才，使得科技引领业务发展有了最核心的驱动力。

物联网支撑交通综合治超发展

邵 涛　蒋 铖　周耀明　袁 乐*

摘　要： 交通运输在国家经济发展中的作用越来越重要，货运车辆超限超载等交通治理问题也越来越迫切。大数据以及物联网成为治理超载超限监测和执法的重要手段和工具。本文通过对交通运输综合治超的发展背景和业务场景进行分析，提出了非现场综合治超的设计要求和解决办法，构建了系统解决方案，并对综合治超重要环节进行了阐述，展望了智慧交通综合治超的发展前景。

关键词： 动态称重　治理超载超限　智慧交通

一　交通运输综合治超发展背景

在国家经济发展过程中，公路交通运输起到重要的作用。随着公路货物运输大幅增长，货运车辆的超限超载等运输问题也越来越突出。这是由于各种复杂的历史、社会等因素，导致检测难度大，治理效果效率低，方法简单造成的。

＊ 邵涛，中国联合网络通信有限公司安徽省分公司系统集成中心副主任、安徽联通学院副院长。
蒋铖，中国联合网络通信有限公司安徽省分公司客户运营部中心主任。
周耀明，博士，高级工程师，中国联合网络通信有限公司安徽省分公司首席架构师，安徽省通信学会大数据与人工智能专业委员会主任。
袁乐，中国联合网络通信有限公司安徽省分公司系统集成公司技术总监。

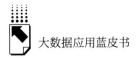

在整治超载超限的初期，主要依赖于人工手段。执法人员采用对运输货运车辆拦阻、称重的方法进行超载超限的治理①。随着车辆规模的不断增加，拦阻称重的方法由于检测效率低、人员投入多、成本花费大等缺点无法满足日益增长的交通运输要求。

近年来，国家不断加大交通运输车辆超限超载的治理力度，政府有关部门密切协同、积极配合，坚持依法整治，对超载超限等违规现象进行重点突破。利用高科技手段，在针对传统拦阻称重模式的基础上，积极推进非现场治超执法模式。对货运车辆动态称重，自动采集运输车辆的重量，通过大数据、人工智能等高新技术，结合车牌、车主等信息，进行智能判别货运车辆是否超载超限，并利用信息平台进行实时执法处理。与传统的拦阻称重方法相比，非现场执法治超模式具有准确性高、公正性好以及快捷高效等特点，受到广泛的青睐。

在非现场治超执法模式中，高速预检结合低速复检治超的方法是目前非现场执法的最新、最佳手段之一。该方法在公路各行车道上安装动态称重设施，对行驶的货运车辆进行重量检测，并对货运车辆拍照。通过大数据及人工智能技术对货运车辆的车牌号进行识别。对于可能超载或违规的车辆进行系统预警，提醒执法人员对疑似违规车辆进行准确拦阻，在超载超限监测站进行低速过磅复检，以确定货运车辆是否确定超载或违规，然后进行相关处理或处罚。

实现非现场治超执法的技术基础是非现场治超监测系统②。车辆超载超限非现场执法系统可实现对各种车辆动态称重、车辆长宽高检测、车牌识别、实时视频监控以及执法处理等功能，是一种适合多种情形下的动态治超非现场执法系统，是满足车流量大、车道多、车速快的交通运输中治理超限超载有效的解决方案，在国内和国际上也都被广泛应用。

通过建设非现场治超检测系统及非现场执法管理中心平台，搭建集治超

---

① 徐飞：《周口市超限超载运输治理问题和对策研究》，硕士毕业论文，郑州大学，2012。

② 李舒：《超限不停车检测技术在交通执法中的应用浅析》，《江西建材》2017 年第 10 期。

检测、视频传输、数据信息处理、业务办公为一体的治超执法网络信息平台，用大数据、人工智能等信息化手段，为各相关治超成员单位和部门提供信息交换，加强治超管理的信息化能力，提高执法的监督、管理水平和服务水平。通过建设规范、完善和统一站级治超系统，实现数据、图像、视频实时传输和共享，完成超限检测监督工作远程化、常态化，为将来与其他部级、省级系统联网预留数据交换接口，为中心—站点两级治超系统互联互通打下了基础。

非现场治超检测系统的关键技术是不停车检测设备。不停车检测设备主要使用压电薄膜称重传感器和石英称重传感器[①]。压电薄膜称重传感器相对来说寿命长，路面破坏程度小，水泥、沥青路面都可以使用，而石英称重传感器相对来说较为稳定，但只有水泥路面可以使用。

非现场治超检测系统配备高清摄录设备，对公路车辆通行状况进行实时监测，实时摄取货运车辆的高清图像，通过物联网、人工智能技术，可以识别并记录货运车辆的车牌号，并同时抓拍车辆前部、尾部、侧面等高清画面，结合拍摄的日期、时间、地点、轴数、重量、车速等信息进行分析，并将违规车辆各种信息上传管理中心平台，通过管理平台将违法车辆、违法信息实时存入路政综合数据平台，也可以和车辆年审数据关联，进行统一的处理和处罚。

显而易见，非现场治超检测系统在运营过程中，必然收集大量的物联网数据和视频数据，存在海量异构数据的有效管理问题，因而大数据成为非现场治超系统数据支撑的关键技术，并发挥巨大作用。

二　交通运输综合治超目标要求

（一）综合治超目标要求

在新一代信息技术发展时代，交通运输的综合治理应借助大数据、物联

---

① 赵培杰：《基于压电石英传感器的高速动态称重系统设计》，硕士学位论文，中北大学，2018。

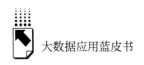

网等先进技术，向智慧交通迈进。随着新技术的进步，交通运输的综合治超系统应满足以下要求。

1. 高位统筹，全局谋划，点位规划形成治超合力

采取"节点控制、区域封锁、合力治超"的布局原则，充分体现站点网络的整体性、系统性和协调性，使之覆盖面广、结构优良、控制严密、执法规范、运转协调、点优效高，使违法超限运输现象得到有效管理和遏制。

2. 立足执法，注重实效，全面支撑治超执法联动

促进跨区域、跨部门治超业务协同和联合执法，推动形成属地化管理情况下的全市治超监管"一张网"；规范公路治超监督与执法业务，提升对超限运输违法行为预见和打击能力，促进科技治超条件下公路治超多维度联合联动业务模式的形成。

3. 融合大数据，形成交通运输的智慧治理

利用大数据、物联网等高科技信息技术，结合交通运输管理的工作实际，构建以大数据驱动的现代化综合治超的管理网络，形成智慧交通综合治理的发展基础。

（二）实现目标要求的条件

为了实现综合治超的目标要求，需构建智慧交通综合治超平台并遵循先进性、可靠性、规范性、可维护性、可扩展和安全等原则，并满足如下条件。

1. 非现场检测

利用非现场检测设备获取车货总重、车辆轴数、速度、轴重数据[①]；利用高清智能车辆号牌识别系统抓拍并获取车辆特征信息、识别车牌号；并将车牌号和超限信息同步传输、显示到 LED 屏上，及时告知车辆驾驶人员。系统通过高精度传感器和多维图像数据校验，能够在不停车、不减速、不以

---

① 朱碧云：《公路车辆超限超载行为电子取证技术研究》，《电脑知识与技术》2018 年 14 卷 12 期，第 213~215 页。

特定速度及特定车道行驶的前提下及时准确测得车辆轴数、轴重、车货总重、牌照、速度等信息，通过算法优化检测逃避动态称重系统的若干异常驾驶行为（如超低速过衡、高速冲岗等行为作弊），达到非现场处罚标准。

2. 一体化集成

系统融合动态称重技术、视频监控和高清抓拍技术、车牌识别技术、称重算法技术、计算机网技术等，实现多维数据的采集和 LED 信息发布屏动态通告车辆超载超限信息，实现"感知"层面的功能。结合智能交通综合治超的实际业务设计，实现数据流与业务流的融合，实现应"用"层面的设计（见图1）。

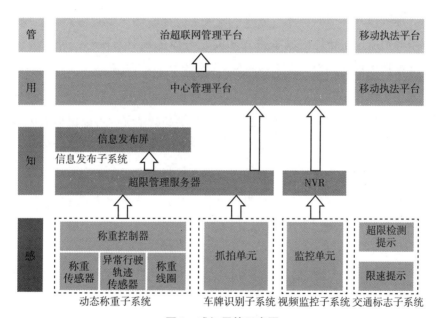

图1　感知用管示意图

3. 大数据深度应用

本系统应该充分利用大数据技术，完成采集、运算、控制、显示、报警、存储等功能要求，最终为交通运输管理部门提供大数据整合、分析、展示等全功能的平台应用，建立完善的治超业务处理流程，为交通运输管理者进行指挥决策提供多维大数据支持。

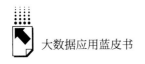

三 非现场治超系统方案

（一）系统概述

为了能够满足综合治超治限的要求，非现场治超检测系统要能够提供现场实时的车辆高清视图，能够清晰抓拍车辆号牌等特征，并记录相应的日期、时间、地点、轴数、重量、车速等信息。车牌识别率白天和夜间均达到95%以上。动态称重数据与车号牌识别要保持精准匹配，正确率达99.5%以上。系统具有现场数据保存功能，备份了一定时期内的包括视频、称重、车牌号等数据；系统还应具备重发功能，当传送数据失败时，可以进行重发，并保持数据的一致。

非现场治超系统建立了与综合管理中心平台的连接，综合中心能够以关联、汇总、查询等方式获得各执法卡点的车辆超载情况；可以根据执法部门提供的基础信息，形成违法车辆名单，为治理处罚提供科学准确的依据；同时具有对执法卡点管理和监督的能力。具有可与公安交警、交通运管部门进行数据交换的接口，可与车辆年审相关数据绑定，实施必要的处理或处罚。交通运输公路治超解决方案网络建设如图2所示。

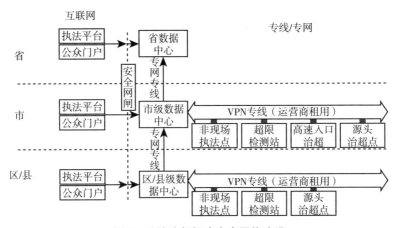

图2 公路治超解决方案网络建设

（二）工作流程

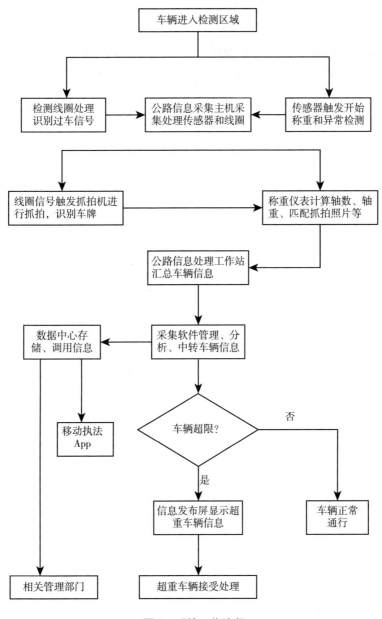

图3　系统工作流程

交通运输综合治超系统工作流程如图 3 所示。车辆进入检测区域；系统开始检测，公路信息采集主机采集称重传感器、异常行驶检测传感器的信号，处理后发送给称重仪表；采集检测线圈信号，处理后发送给抓拍机触发抓拍，正面抓拍机抓拍图片，提取车牌；反向与侧面抓拍机抓拍侧面和反面图片；称重仪表处理来自称重传感器、异常行驶检测传感器的车辆信息和称重数据，匹配车辆图片信息和称重信息，形成一个完整的车辆信息和称重信息①；称重仪表通过数据接口将过车的车辆信息和称重信息发送至公路信息处理工作站；公路信息处理工作站通过采集软件对车辆信息和称重信息进行存储、分析、管理和中转，并对超限车辆进行信息发布；完成对一辆车的检测过程，等待下一辆车的检测；前端采集信息通过网络上传至（数据）管理中心，管理平台与移动执法 APP 协同，完成相关治超业务，同时管理平台预留其他管理部门接口；上述流程中，检测过程不间断运行，数据的传输等操作不影响检测系统的正常工作；如遇网络故障，系统具备自动缓存功能，能够保存足够的视频和数据。当数据传输失败时，系统具备数据重发能力，并保持数据的唯一性和完整性。

（三）系统指标和要求

称重路面的平直程度对称重结果有直接影响，因此非现场执法为保证非现场执法监测点的选择应尽可能符合下列要求：检测点前后各需有 200 米以上的平直路段，无路口、弯道、桥梁、隧道、陡坡等；称重设备安装区域的坡度要求为前后坡度≤2%，左右坡度≤2%；称重设备安装区域前后各 16 米范围内，路面平整，不能有凹坑、高凸或较深的车辙；监测点安装区域应尽量选择无行人通行的区域，避免安全隐患。系统应满足以下技术指标。

---

① 辛晋：《轴重秤故障诊断预警系统的研究与应用》，《中国交通信息化》2012 年第 11 期，第 84～86 页。

1. 输出车辆称重信息

包括信息采集地点、日期和时间、速度、车轴数量、车轴间距、车型、车轴重量、轮重、轴重、轴组重、车辆总重、车道号和行驶方向、车辆加速度、车辆轮廓、超限信息、超限百分比、车辆称重波形、抓拍设备编号、车辆图片、车牌号等。

2. 输出车辆图片信息

包括车牌号图、车辆正面抓拍图、车辆全景抓拍图（侧面）、车辆尾部抓拍图等。

3. 整车重量检测误差≤±2.5%，国家标准5级。

4. 单轴额定载荷≥30t，最大过载能力≥150%。

5. 车辆分离检测准确度≥99%。

6. 车辆轴数检测准确度≥99%。

7. 全天候车牌正确识别率≥95%。

8. 高速称重数据与车牌识别数据的数据匹配正确率≥99%。

9. 数据置信度≥95%。

10 系统检测速度范围0~100km/h，速度误差±5km/h。

11. 工作温度-40℃到80℃，湿度0~95%。

12. 能够在无人值守状态下满足不间断全天候连续工作，具有稳定、断电恢复后自动启动等特点。

13. 单个车道超限超载系统的整体MTBF（平均故障间隔时间）≥20000h。

14. 系统能在无人值守状态下满足大于30×24小时全天候连续工作的需要，内置计算机具备看门狗功能，在自检异常、通信失败、程序跑飞时自动复位，复位时间≤30秒。

15. 称重区域防护等级≥IP67、无须排水、免维护。

16. 外场设备抗风能力≥40米/秒，具备防尘、防水、防雷、防腐蚀等防护能力。

17. 传感器使用寿命≥2000万轴次，系统整体使用寿命≥10年。

（四）系统建设

非现场治超系统由治超管理平台和 9 个子系统组成：动态称重子系统、激光外廓测量子系统、车牌识别子系统、视频监控子系统、信息发布子系统、交通标志子系统、数据匹配子系统、数据传输子系统以及治超管理中心平台。系统框架如图 4 所示。

1. 治超管理平台业务层次

治超管理平台分为前端设备、数据接入、业务服务、业务展示四个业务层次。

（1）前端设备：主要包括以车牌识别卡口设备、道路监控球机为主的视频设备，以及以称重终端、诱导发布屏、称重设备为主等称重系统。由这些设备组成了不停车检测系统、固定治超站系统、源头超限检测点、移动执法等系统。

（2）数据接入：指前端设备通过各种方式接入到中心平台，为平台进行统一的治超数据存储与管理提供了安全、高速、可靠的接入方式。

（3）业务服务：平台根据相关部门治超的业务需求，实现了实时预警、信息查询、统计分析、证据审核、超限处罚等科技治超业务系统。对治超数据进行统一的存储与管理。

（4）业务展示：软件支持指挥中心大屏上墙、PC 端业务应用和手机 App，便于执法单位以及执法人员进行方便快捷的业务处理。

2. 治超平台业务功能模块

（1）信息采集与分析模块：将前端感知系统采集的车辆称重信息、图片信息、视频信息通过网络传输到站级（数据）管理中心，（数据）管理中心部署治超管理平台，平台具备数据分析、统计、管理等功能。

（2）超限信息发布与显示模块：在完成 LED 信息发布屏安装的基础上，根据管理部门的需求，治超管理平台通过远程对前方的信息发布内容进行查看、管理等。

（3）数据报表自动生成模块：根据指定的模板和标签，针对不同的查询和索引信息自动生成报表并生成打印模板。能够生成综合的日报统计、周

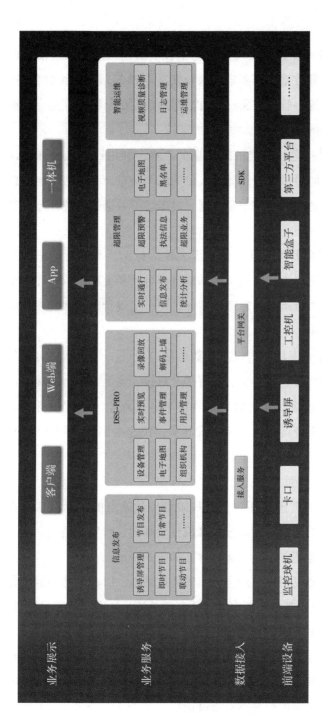

图 4 平台系统架构

报统计、月报统计信息。

（4）业务监督和管理模块：实现为了防止各个治超站随意修改治超监控数据，按照交通运输部数据存储要求，系统实现对治超信息、统计信息、系统日志等综合信息化统一管理，实现所有治超站数据信息统一存储，杜绝工作人员人为修改数据信息等情况。

（5）统计分析模块：通过各类前端数据的汇聚，利用计算机的强大计算和分析功能，可以从海量数据中过滤掉大量的无用信息，将违法车辆信息提取出来。对站点的治超车辆检测信息数据、过车量等数据进行统计分析和超限超载趋势分析。

（6）超限车辆黑名单管理模块：建立黑名单信息库，实现货运车辆载货信息档案库。并通过接口方式实现货运基础数据可从相关部门取得和人工录入收集。实现建立全市货运车辆超载档案库，便于实现货运超载统一自动调度，杜绝超载情况发生。

（7）数据共享与对接模块：提供丰富数据接口设计，对接模块实现与前端入口治超采集软件对接、与公安、交警平台对接、与上级平台对接。

（8）设备运维和管理模块：可以通过管理平台远程监测前端设备的运行情况，方便把控整个系统运行，一旦出现异常，快速准确找到问题原因，减少排查故障时间。

3. 治超管理平台软件界面

（1）实时监测：实时管理该用户下有权限管理的站点的车辆信息及视频云台控制，通过实时的全景视频画面和球机视频画面观看实时情况，便于处理紧急状况，及时查处超限车辆。运行界面如图5所示。

（2）实时统计：主要以图表显示当天车辆通过站点，以不同类型的统计直观显示图表供用户浏览，其中包括今日违法车辆总流量、实时过车总流量、报警信息、违法过车分布、实时过车分布、结案情况6个图表（见图6）。

（3）视频监控：可以实时监控路面状况，并可以实现单画面、四画面、九画面、十六画面分割显示，根据摄像机通道数判定显示可观看的画面数目，系统会自动选择合适观看的分割显示画面数（见图7）。

图 5 实时监测示例

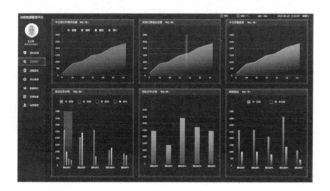

图 6 实时统计示例

图 7 视频监控示例

（4）综合查询：可根据不同时间段的车牌号码或所在站点方向以及超重超高超宽、黑名单查询等进行查询。查询出来的数据可根据不同用户拥有的权限进行导出报表、打印报表、打印单据、修改、删除和执法文书生成（见图8）。

图8　综合查询示例

（5）数据统计：统计包括按时间统计、按站点统计、按轴数统计以及流量趋势预测功能。可选择所需要的统计方式进行不同时间段车牌号码或所在站点以及超重等统计。统计出来的结果会以适合的图表类型显示出来，并且根据不同用户拥有的权限还可以打印、导出数据。

（6）执法文书：可根据指定的模板和标签，针对超限车辆驾驶人进行执法：打印文书、保存档案及开出罚款单（见图9）。

图9　执法案件处理示意图

（7）运维管理：可管理治超站所有前端设备的接入、在线离线情况，并可对受控设备进行电源切断和重启控制（见图10）。

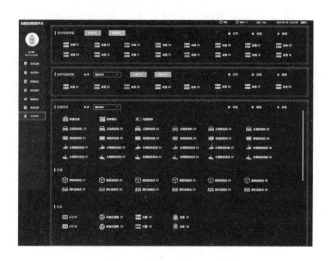

图 10　运维管理示意图

为方便人员在外执法，平台提供了终端软件《车辆超限检测移动执法管理软件》，该软件实现移动执法录入、实时数据监测、查询统计等功能，App能够实现与治超管理平台对接，能够方便现场执法人员实时的跟踪违章车辆并及时合规执法。

4. 主要子系统

非现场治超系统现场部分由 9 个子系统构成。其中动态称重子系统、车牌识别及抓拍子系统、激光外廓测量子系统为关键部分，动态称重子系统采用钢混式动态高速秤，使用一体式安装结构和压电式称重传感器进行测量，利用车辆经过过程中垂直受力的过程，将重量信号转变成持续的电压信号，完成称量过程。

车牌识别及抓拍子系统由高清抓拍一体机、摄像机防护罩、智能补光灯等组成。为减少光污染，非现场执法检测系统采用生态摄像机和补光灯，有效解决了夜间白光爆闪光污染问题。按照国省道的通常建设规格，一般可将国省干线分为双向 2 车道、单向 3 车道、双向 4 车道、双向 6 车道 4 类。其中，车牌抓拍摄像机宜采用900万像素设备，达到司乘人脸抓拍的要求；侧抓拍摄像机宜采用高像素短焦摄像机，达到记录整车侧面信息要求；采用后抓拍摄像机，记录货物满载情况。双向2车道布局方式如图11所示。

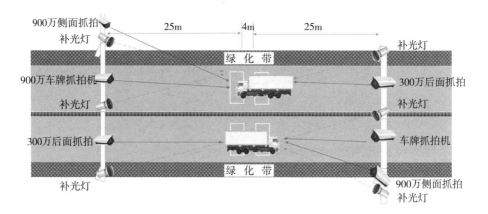

图11　双向2车道布局

激光外廓测量子系统采用激光扫描器来对车辆的外形尺寸进行超限检测。系统结构如图12所示。其中，车辆轮廓检测子系统由激光检测器和激光建模单元组成，通过发出激光脉冲波，并回收计算，完成车辆外形轮廓计算和坐标定位等功能。

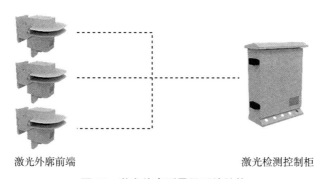

激光外廓前端　　　　　　　　　　　激光检测控制柜

图12　激光外廓测量子系统结构

激光外廓测量部署如图13所示，A、B两个激光检测器安装于门架上边两侧，对门架范围内二维平面空间实时从门架上方对待检车辆进行不间断扫描。通过对图示阴影部分进行扫描，根据障碍物的反射时差，可精确测算出车辆外形尺寸[①]。经过相应的计算分析，可以分析测算车辆的宽高尺寸。通常为确保精度，往往在门架上安装测长激光检测器 C，提高 A、B 双激光扫描仪的测算精度。以上构成了车辆外廓的长宽高检测系统。

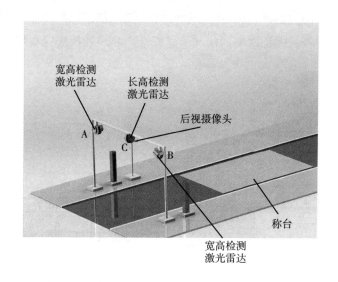

图 13 长宽高检测激光设备布局

数据传输子系统：非现场执法检测站点的建设通常由省级交通运输管理部门统筹规划，市、县级分级部署、建设。通过治超专网（或其他 VPN 专线）联网整合分级接入到市级和省级平台。为了实现在互联网环境的移动执法平台和公众门户的接入，需要在两网设立安全边界，以保证网络传输安全。对于非现场执法超限检测前端系统接入站级管理平台，当检测点位距离站级管理中心超过 3 公里时，采用租用运营商专线接入治超管理中心；当检测点位距离站级管理中心小于 3 公里时，建议自建（布设）光纤传输网络连接检测点和站级管理中心。治超管理平台通过两种方式接入上级平台，一是利用服务器的另一网口，推送上级平台的数据。二是由上级平台统一规划

---

① 陈舜贤：《高速公路入口货车超限劝返系统浅谈》，《中国交通信息化》2019 年。

和分配网络 IP 资源，重新定义站级和前端各个子系统的网络 IP 规划。对于前端点位不具备与站级中心同一运营商网络资源，或者现场网络布设难度较大，可考虑在站级中心与前端系统同时租用其他运营商网络，对接入资源进行跨网段管理或者以私网穿透方式接入中心服务器。对于需要 App 接入的情况，建议租用运营商固定 IP 的互联网专线，并在站级中心部署防火墙、路由网关等设备，保证网络通信和信息安全。非现场执法检测网络传输规划如图 14 所示。

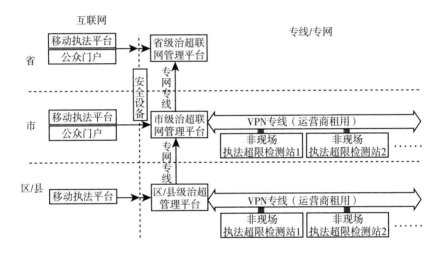

图 14　非现场执法检测网络传输规划

四　交通运输综合治超发展展望

目前，全国各省份均无统一的治超平台，部分省市为指导治超工作，会出台建设规范要求，对平台功能、架构做出要求。县级管理部门根据实际需要，可能已经存在统一的平台，供实际工作中使用。各厂家的平台建设，主要与治超点位相匹配，均未做具体的省级平台规划。

综合治超系统的进一步推广，将提高非现场综合治超的信息化监管水平和工作效率，在视频、图片、重量、轮廓、运输企业等多维数据统计的基础上，可为信息化监管提供基础数据保障；数据可视化的呈现方式可为信息化监管提供结果保障，全面提高信息化监管水平和工作效率，降低人力成本及工作强度。

随着我国包括5G、数据中心、人工智能等新基建工作的展开。非现场治超系统将得到更大发展。通过融合、关联市/省的数据，实现区域协调化，进一步与交警、路政等系统对接，打通部门之间的沟通障碍，实现工作业务相互协调化，增强系统化协调监管水平。通过综合治超平台的建设，推进治超由前端科学化到平台科学化，制定平台流程、文书等标准实现治超规范化，利用数据挖掘，为决策提供依据，实现治超长效化。

B.10

"普惠金融大脑"

—— 机器学习和大数据技术在小微企业营销管理中的
研究与实践

许 江　张 星　蒋剑平　邢雪涛　刘存栋*

摘　要： 大数据正逐步应用于商业银行小微企业融资服务全流程，将推动传统小微信贷模式的质变。本文通过"普惠金融大脑"大数据应用案例，介绍商业银行如何基于小微企业客户分类营销"目录制"管理模式，应用机器学习和大数据技术打造小微金融数据资产，创新无须见面审批的"大数据+金融"贷款模式，为破解小微企业融资难提供智能化的解决方案。

关键词： 普惠金融　小微企业　机器学习　大数据

一　导论

（一）研究背景

小微企业是国民经济发展的生力军，在我国经济运行和社会发展中占据

---

* 许江，中国农业银行首席专家。
张星，中国农业银行普惠金融事业部副总经理。
蒋剑平，中国农业银行普惠金融事业部处长。
邢雪涛，中国农业银行普惠金融事业部资深专员。
刘存栋，中国农业银行普惠金融事业部专员。

重要地位，推动小微企业发展对于促进市场竞争、增加经济活力、推动技术进步、提供就业机会等意义重大。但长期以来，融资难问题是小微企业发展的瓶颈，特别是新冠肺炎疫情"黑天鹅"事件给实体经济造成了沉重打击，小微企业的正常生产经营活动受到了巨大冲击。

1. 小微企业发展面临融资难融资贵问题

伴随我国经济发展进入新常态，小微企业也不断转型升级，此过程面临着生产成本高、融资难融资贵、创新发展能力不足等问题，特别是在疫情冲击下，小微企业受影响最大。根据农业银行新冠肺炎疫情期间组织的一次调查问卷①结果显示：80%的受访小微企业生产经营明显受到新冠肺炎疫情影响，67%的受访小微企业预计主营业务收入降幅较大，28%的受访小微企业客户预计主营业务收入下降40%以上，58%的受访客户预计需要半年左右才能基本恢复产能。小微企业发展受冲击，对我国顺利实现发展方式转变、经济结构优化、增长动力转换、稳市场保就业等都产生了不利影响。小微企业融资难融资贵，一方面是由于小微企业具有资产规模小、经营周期短、抗风险能力弱、难以提供合格的抵质押和担保物等特性，导致小微企业议价能力较弱，在新冠肺炎疫情影响下，表现更加突出；另一方面是由于小微企业财务信息不透明、我国征信体系不健全、传统银行转型不及时等原因，导致银行与小微企业之间存在信息不对称等矛盾。

2. 党中央、国务院高度重视发展普惠金融

党的十八大以来，党中央和国务院对发展普惠金融高度重视，出台了一系列政策措施破解小微企业融资难、融资贵问题。早在2015年，国务院就印发了我国首个发展普惠金融的国家级战略规划——《推进普惠金融发展规划（2016~2020年)》②，提出了普惠金融发展的指导思想、基本原则、发展目标等。党的十九大报告、全国金融工作会议都强调要建设普惠金融体系，加强对小微企业、"三农"和偏远地区的金融服务。2017年11月，李

---

① 农业银行面向全国小微企业客户和基层行组织开展的调查问卷，共发放问卷1.3万余份。
② 国务院：《推进普惠金融发展规划（2016~2020年)》，2015年12月31日。

克强总理对全国小微企业金融服务电视电话会议做出重要批示，强调创新机制模式，重抓政策落实，打通金融活水流向小微企业的"最后一公里"，并指出"小微活，就业旺，经济兴"。2018 年 7 月，党中央、国务院首次提出"六稳"，2020 年 4 月又进一步提出"六保"。无论是"六稳"还是"六保"，都与小微企业密切相关，特别是稳就业、保市场主体、保产业链供应链，都是当前对银行小微企业金融工作的核心要求。在 2020 年 7 月召开的企业家座谈会上，习近平总书记指出："要逐步形成以国内大循环为主体、国内国际双循环相互促进的新发展格局"。按照习近平总书记"畅通产业循环、市场循环、经济社会循环"的指示要求，增强消费对经济发展的基础性作用、维护全球产业链供应链稳定、解决民生"难点"，是关键环节和重点任务，普惠金融在其中发挥重要作用，是确保我国经济循环畅通高效发展的重要保障。国务院及各相关部门也陆续出台一系列优化小微企业融资环境的政策文件，建立了促进小微企业融资的政策体系。

3. 发展普惠金融是银行的重大使命

党中央、国务院对商业银行发展普惠金融、小微企业金融业务提出了更高要求。2018 年以来，习近平总书记主持召开民营企业座谈会，中央下发了《金融服务民营企业的若干意见》《关于促进中小企业健康发展的指导意见》，国务院常务会议还多次专题研究解决小微企业融资难、融资贵问题。银保监会监管从"三个不低于"转变为"两增两控"① 考核，要求商业银行聚焦支持单户授信 1000 万元以下小微企业。做好普惠金融，特别是小微企业金融，既是落实中央部署的政治任务，也是服务国家战略、服务社会民生的责任担当。银行业是我国金融业的支柱，必须坚决贯彻落实党中央、国务院的战略部署，以实际行动将发展普惠金融这项国家战略真正落到实处。

4. 金融科技赋能普惠金融

近年来，中国银行业信息化取得了显著的进步，但信贷领域信息化程度

---

① "两增"即单户授信总额 1000 万元以下（含）小微企业贷款同比增速不低于各项贷款同比增速，贷款户数不低于上年同期水平，"两控"即合理控制小微企业贷款资产质量水平和贷款综合成本。

相对较弱，在低信息数据运用下的信贷方式会偏爱长期贷款。商业银行开展小微企业金融业务，面临信息不对称、管理成本高、难以形成规模效应、无法实现以"量、价"补损等难题。解决信息不对称，是解决小微企业融资难问题的必过门槛。近年来，大数据挖掘和机器学习算法的快速发展，为从海量小微企业客户数据中挖掘出有效信息提供了可行的技术手段，可有效解决小微企业客户信息不对称、数据价值密度低等问题，解决传统的信贷管理中存在的"失准""失察"等弊端。在大数据分析和机器学习等金融科技手段助推下，银行业正在经历数据化、信息化、智能化革命转型，小微企业客户营销和服务模式逐步迈向智慧化，新的小微企业金融生态正在形成，将从根本上解决由于信息不对称导致的小微企业融资难问题。

（二）研究内容

小微企业信贷是个两难问题，对银行来说，银行困于难以识别和拓展优质小微企业客户群；对小微企业来说，融资难融资贵是一个普遍难题。大数据和机器学习等金融科技手段，为破解上述矛盾开辟了新路径。借力金融科技，银行小微金融服务向智能化精细化转型。本文以商业银行小微企业客户营销管理周期为主线，在小微企业客户营销"目录制"管理模式研究基础上，创新开展"普惠金融大脑"架构研究，探索利用机器学习和大数据技术对客户进行分层、分类、分级的差异化营销管理。"普惠金融大脑"涵盖了小微企业客户营销、风险预警、信贷产品匹配、公私联动等，形成完整的、成体系的小微企业客户全生命周期的营销管理框架，有助于商业银行提升获客能力，同时也是银行小微金融业务在电子化、信息化、智能化和大数据化建设过程中的重要一步。

（三）研究意义

研究人工智能、大数据等信息技术在小微企业客户营销管理周期中的应用具有以下意义。

1. 推动银行营销获客模式变革

在传统模式下，银行获客主要依靠客户经理线下营销，但由于小微企业客户普遍存在抗风险能力弱、财务不透明、缺乏有效抵质押物或担保不足等问题，导致银行开展小微金融业务普遍面临人力成本高、风险大、拓户难等难题。借助大数据和机器学习技术，银行可以创新获客路径，通过分析小微企业在税务部门、社保部门、公积金中心、银行结算流水、金融资产等方面的数据，对客户进行精准画像，实现银行和企业的智能推荐与撮合，并根据模型测算出相应的信用贷款额度，帮助银行主动授信、自动审批，将传统的线下获客审批迁移到基于数据分析和工具应用的线上批量化获客和批量化营销，实现对客户的"智慧营销"，极大降低银行的获客成本。

2. 推动银行客户管理模式变革

小微企业客户管理不断向差异化、精细化、特色化发展。基于大数据和机器学习技术的小微企业客户数据挖掘实践，可以帮助银行实现对客户各个维度数据的挖掘分析，让银行"更加了解自己的客户"，帮助银行提高客户风险识别的主动性、准确性，实现小微企业客户"分阶段、分层级、分类别"的"目录制"管理。同时，帮助银行紧盯企业最忧、最急、最需的问题，用精心细致的服务让符合条件的客户获得更多的金融支持。银行可以让现代金融科技与传统信贷方法兼容并进、相得益彰，实现线上与线下融合，为小微企业提供差异化、特色化的融资和理财服务，确保金融服务小微企业可持续发展，为小微企业提供全方位、一站式服务，努力为客户创造价值，与客户一起成长，做好"共赢"服务，实现从"智慧营销"到"智慧管理"的跃进。

3. 推动打造大数据核心竞争力

商业银行在小微企业客户营销与管理中积累了海量的客户数据，随着计算机计算能力和存储能力的提升，经过搜集和分析的客户数据成为一种重要资产。农业银行高度重视积累小微金融数据资产，加快引入工商、税务、司法、海关等外部数据，积极推进与第三方平台合作，通过构建小微金融专属数据库，打造大数据核心竞争力，利用信息爆炸所带来的算力和数据优势，挖掘海量客户数据之间的关联关系，用于支持小微金融内部管理、对外营销、风险管控等各个环节。

二 机器学习理论及常用模型介绍

"普惠金融大脑"采用了集成学习①（ensemble learning）方式对海量的小微金融数据进行分析，从而能够准确地挖掘出最终潜在营销客户清单。

（一）机器学习概述

机器学习诞生于 20 世纪 50 年代，伴随着人工智能的不断发展，逐渐成为一门从数据中研究算法的多领域交叉学科，用于研究计算机如何模拟或实现人类的学习行为。它根据已有的数据或以往的经验进行算法选择、构建模型、预测新数据，并重新组织已有的知识结构使之不断改进自身的性能。常见的机器学习算法包括回归算法、基于实例的算法、决策树类算法、贝叶斯类算法、聚类算法、关联规则算法、人工神经网络类算法、模型融合算法等。

机器学习包含三个要素：训练数据、训练算法和模型。机器学习的输入是数据，学到的结果叫模型，从数据中学得模型这个过程称作训练算法。整个机器学习的工作流程包括以下几个过程。

1. 数据预处理：将源数据的特征进行提取、结合特征的重要程度对特征进行选择，针对训练样本正负比例不均衡的问题，对训练样本进行过采样或欠采样操作，运用"维规约"技术来避免"维数灾难"，将数据划分为训练集和测试集；

2. 算法训练：根据具体的学习问题选择合适的学习算法，采用交叉验证的方式降低经验误差，利用表现矩阵来对模型的性能进行度量，根据模型性能指标对模型参数调优；

---

① 周志华：《机器学习》，清华大学出版社，2016。

3. 模型评估：将测试集中的数据输入到模型当中，根据模型的泛化能力来重新调整模型使得模型泛化误差达到最小；

4. 新数据预测：把待预测的新数据送入训练好的模型中，得到预测结果。

（二）三类常用机器学习模型对比

监督学习的目标是从数据中学习得出一个稳定且在各方面表现较好的模型，但实际上很多时候只能得到多个在某些方面表现较好的有偏好模型（弱监督模型）。为了得到一个更好更全面的强监督模型，集成学习将多个弱监督模型进行组合，即便某一个弱分类器得到了错误的预测，其他弱分类器页可以将错误纠正回来，好比"三个臭皮匠，顶个诸葛亮"。

根据弱分类模型的生成方法，集成学习可以分成两大类：弱分类模型间存在强依赖关系、必须串行生成的序列方法，典型算法有 AdaBoost、GBDT、XGBoost 等 Boosting 算法；弱分类模型之间不存在强依赖关系、可同时生成的并行化方法，典型算法有随机森林（Random Forest）等 Bagging 算法。

1. XGBoost

XGBoost 算法[①]通过优化结构化损失函数来实现弱学习器的生成，由于损失函数中加入了正则项，有效降低了过拟合的风险。XGBoost 算法直接利用了损失函数的一阶导数和二阶导数值，通过预排序、加权分位数等技术极大提高了算法的性能。算法思想就是不断地添加树，不断地进行特征分裂来生长一棵树，添加树就是学习一个新函数去拟合上次预测的残差。训练完成得到 k 棵树后，要预测一个样本的分数，就需要根据这个样本的特征，在每棵树中落到对应的一个叶子节点（对应一个分数），最后只需要将每棵树对应的分数加起来就可以得到该样本的预测值。

XGBoost 模型框架如图 1 所示。

---

① 何龙：《深入理解 XGBoost 高效机器学习算法与进阶》，机械工业出版社，2020。

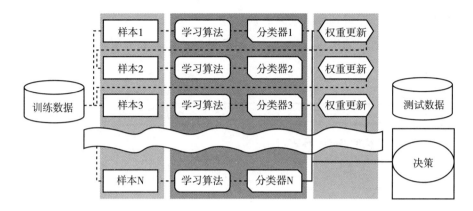

图1　XGBoost 机器学习模型

2. 随机森林

随机森林（Random Forest）[①] 是一个树形分类器的集合。它是一种高效的 Bagging 方法，从字面上理解，就是用随机的方式建立一个由很多的决策树组成的森林，并且每一棵决策树之间是没有关联的。其建立方法是：首先通过 bootstrap 方法[②]从原始训练集有放回地随机抽取固定个数的样本，重复若干次形成若干个独立子样本集，从而建立若干个决策树。假设在训练样本中有 m 个特征，每棵树每次都选择最好的特征进行持续分裂，最终将生成的树组成随机森林。

3. GBDT

GBDT 算法[③]全称为梯度提升决策树（Gradient Boosting Decision Tree），它使用训练集和样本真值训练一棵树，然后使用这棵树预测训练集，得到每个样本的预测值，由于预测值与真值存在偏差，所以二者相减可以得到"残差"。接下来训练第二棵树，此时不再使用真值，而是使用残差作为新的真值。两棵树训练完成后，可以再次得到每个样本的残差，然后进一步训练第三棵树，以此类推。在预测新样本时，每棵树都会有一个输出值，将这

---

① 周志华：《机器学习》，清华大学出版社，2016。

② 一种采用估计统计量方差进而进行区间估计的统计方法。

③ 李航：《统计学习方法》（第 2 版），清华大学出版社，2019。

些输出值相加，即得到样本最终的预测值。

三类建模方法的优点、缺点、适用场景对比如表1所示。

表1　模型优劣及适用场景对比

模型	优点	缺点	适用场景
XGBoost	1. 预测精度比随机森林更高； 2. 能够输出特征重要性排序； 3. 对缺失值和异常值不敏感，可扩展性强； 4. 加入了正则项约束，不容易出现过拟合。	解释性不强，难以给出清晰的决策边界。	一般用于精准营销等业务解释性要求不高的领域。
随机森林	1. 一般预测精度较高； 2. 能够输出特征重要性排序； 3. 并行化处理，训练效率比较高； 4. 对缺失值和异常值不敏感，可扩展性强。	1. 解释性不强，难以给出清晰的决策边界； 2. 无法控制模型内部的运行，构造决策树有一定随机性。	数据维度低而准确性要求较高的领域。
GBDT	1. 可以灵活处理各种类型的数据，包括连续值和离散值； 2. 在相对少的调参时间情况下，预测的准确率也可以比较高（相对SVM）； 3. 使用一些健壮的损失函数，对异常值的鲁棒性非常强，比如 Huber 损失函数和 Quantile 损失函数。	1. 由于弱学习器之间存在依赖关系，难以并行训练数据； 2. 超参数多，调参工作量大，容易过拟合。	一般用于精准营销等业务解释性要求不高的领域。

（三）模型评价指标

分类问题的评价指标主要有召回率、精确率、KS 值等[①]。

1. 召回率和精确率

准确率（Acc）表示分类器正确分类的样本数占总样本数的比例，计算

---

① 朱塞佩·博纳科尔索：《机器学习算法》（第2版），罗娜、汪文发译，机械工业出版社，2020。

公式为：

$$\frac{TP + NP}{TP + FN + FP + TN}$$

召回率（R）表示所有真实正例中判别结果为正例的比例，即真正例被识别出来的百分比，计算公式为：

$$\frac{TP}{TP + FN}$$

精确率（P）代表分类器判别为正例的结果中真正例的比例，计算公式为：

$$\frac{TP}{TP + FP}$$

通过混淆矩阵可以直观地体现，如图2所示。

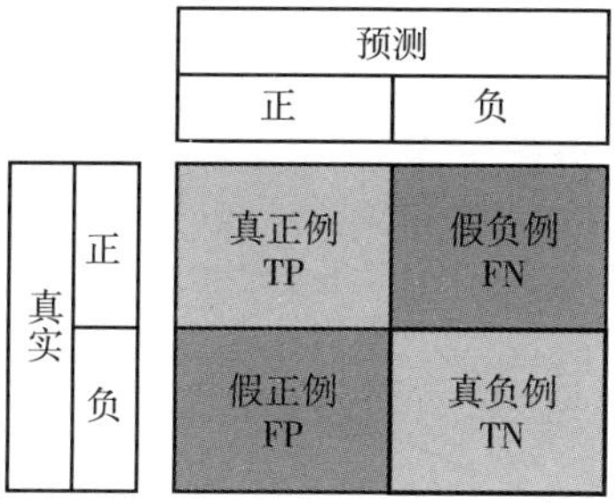

图2　混淆矩阵

通常召回率越大，精确率就越小，两者负相关。在本次研究中，偏向于召回率，即偏好发掘更多有潜力的小微企业客户。但精确率太低，营销命中率会大幅下降，增加了营销成本。综合衡量，使用F_β来作为模型优劣的评定指标，F_β是精确率与召回率的加权调和平均：

$$F_\beta = \frac{(1 + \beta^2)\, precision \cdot recall}{\beta^2 \cdot precision + recall}$$

当β等于1时，召回率和精确率越接近，F_β越大；当β大于1时，F_β偏

向于召回率；当 β 小于 1 时，F_β 偏向于精确率。本模型选择 $F_{4.0}$ 作为模型评价的综合指标。

2. KS 值

KS（Kolmogorov – Smirnov）值是风险控制领域常用的评价指标，它反映模型对正负样本的辨识能力，KS 越高表明模型对正负样本的区分能力越强。假设 f（s | P）为正样本预测值的累计分布函数，f（s | N）为负样本预测值的累计分布函数，则 KS 的计算方法为：

$$KS = \max\{|f(s \mid P) - f(s \mid N)|\}$$

式中 s 为分类阈值，在分类模型中，样本预测概率值将根据阈值划分为不同类别。图 3 为常用客户分类模型的 K – S 曲线示例图。图中蓝线和红线分别为好客户和坏客户在不同阈值下的累计比例，K – S 曲线（绿色曲线）为两者之差的绝对值，KS 值为 K – S 曲线的最大值。

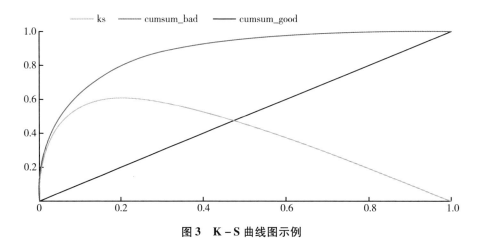

图 3　K – S 曲线图示例

三 "目录制"管理与"普惠金融大脑"架构设计

为适应时代发展，借助互联网科技力量促进业务发展转型，农业银行自2016 年起以小微企业客户营销管理周期为主线，探索研究建立分阶段、分层级、分类别的"目录制"管理模式。在"目录制"管理模式的基础上，进一步创新提出"普惠金融大脑"架构设计，在传统规则模型的基础上，研究开发更适用于大数据量复杂场景下的机器学习模型，推动建立小微企业客户"智慧"营销与管理新模式。

（一）客户营销"目录制"管理模式

1. "目录制"管理模式介绍

"目录制"管理模式是指按照小微企业客户营销管理周期特征，将小微企业客户管理周期划分为"客户识别、客户拓展、客户发展、客户维护、客户提升和客户退出"等六个阶段，在每个阶段按照客户发展趋势、价值贡献和营销力度将客户分为"重点、一般和缓滞"三个营销级别，分别建立"重点客户"、"一般客户"和"缓滞客户"三个客户目录，从而形成不同管理方式的客户集合。并通过收集、汇总、分析各阶段小微企业和小微客户生产经营、业务发展、公司治理等标准化信息数据，分别制定客户目录分类标准，按照分类标准将客户进行分类，划分至不同阶段的不同目录中，针对不同目录中的客户制定和使用差异化的营销策略，实施差异化的客户服务和营销管理。"目录制"管理模式如图4所示。

"目录制"管理遵循"分类管理、差异管理、分级管理、动态管理"的原则，在最大化收集和利用客户信息数据的基础上，实现"好中选优、优中选强"，并针对不同阶段、不同目录内的客户，采取"因地制宜、差异对待"的营销策略。由总行统一制定规范化目录分类标准和营销策略，一、二级分行及支行可结合自身实际情况，在上一级目录标准和营销策略项下增加子类项，逐步建立"总行定制＋分行特色"的分级营销管理体制。通过适时调整和修订目录分类标准和营销策略，调出和调入目录内客户，从源头上有效控制信贷风险，提高资产质量，实现经营效益根本好转，最终建立科学、健全的客户管理机制。

该模式下，客户自开立银行账户起就纳入我行营销管理中，从结算理财到信贷融资服务，形成一个闭合的营销管理周期。通过分类指标和模型计算

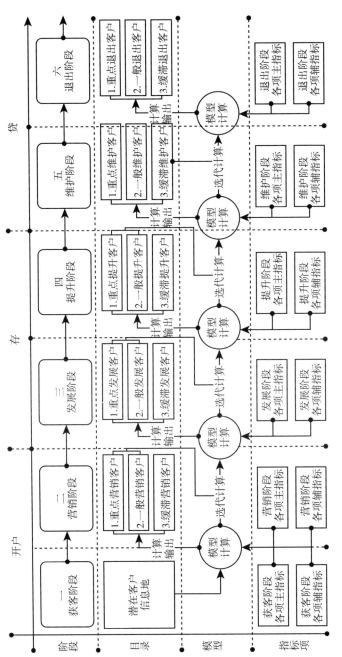

图4 小微企业客户"目录制"管理模式

将每个阶段客户按重要程度进行分类，辅助客户经理开展"差异化、精细化、批量化"的客户营销与管理，提高基层客户营销与管理水平。

小微企业客户全流程的"目录制"管理体系，是调整及优化客户结构、提高基层营销管理水平、实现小微企业客户"分阶段、分层级、分类别"管理的重要举措，也是小微金融业务在电子化、信息化和大数据化建设过程中的重要环节，可以有效提升商业银行的小微企业营销管理能力。

2. "目录制"目录分类指标

"目录制"管理中，为将客户划分到不同目录中，需要提前制定目录分类标准（指标）。目录分类标准建立在对客户属性分析的基础上，按照不同阶段的划分分别制定和调整。客户属性包括企业属性和银行属性，其中企业属性包括自然属性、财务属性、生产属性、信用属性等；银行属性包括基础属性、交易属性、产品属性、管理属性等。按照客户属性及在分类判断中所起作用，将每个阶段目录分类标准划分为"主指标、次指标、辅指标"三类，其中：主指标是对客户经营发展、财务状况、银行交易等内部信息的描述，是判断客户归属目录的主要因素；次指标是对客户经营环境、税收缴费、企业往来等外部信息的描述，是判断客户归属目录的次要因素；辅指标是对客户商业模式、治理结构、核心人员等客观信息的描述，是判断客户归属目录的辅助因素。

每类指标按照适用范围和获取渠道，又可进一步划分为"通用型、附加型、特色型"等三种不同的类型。其中：通用型是由总行统一制定，在全行范围内使用，数据可由农行内部获得；附加型由总行统一制定，在全行范围内使用，数据由外部系统获得；特色型由分行制定，在所辖范围内使用，数据由分行内外部系统获取。每项目录分类指标都应具有获得性、广泛性和适用性的特点。

通过系统梳理各阶段客户多维度的数据属性，并根据各阶段客户的特点，结合业务专家实践经验，即可研究制定该阶段客户的目录分类指标。依据客户目录分类指标，设计各种统计模型或者机器学习模型，实现客户的分阶段分类别管理。针对不同阶段的客户，结合本阶段客户的特点，使用不同

的指标项，制定差异化的模型，使客户管理更加灵活，同时提升管理的准确度。小微企业客户管理周期的目录管理内容分别如下所示。

（1）识别阶段

识别阶段是指通过不同渠道收集潜在小微企业客户的相关信息，并形成目标客户营销目录。该阶段的主要任务是获取目标客户，目标客户主要针对未在商业银行办理开户和没有业务往来的小微企业客户。该阶段掌握的客户信息有限，主要是客户行业分类等基本信息。因此该阶段客户分类指标主要是客户属地、注册资本、所属行业、注册地址、联系方式、信息来源等。

（2）拓展阶段

拓展阶段主要针对已识别客户实施营销管理，为潜在客户（特别是"重点识别客户"）拓展存款、支付结算、投资理财等对公产品服务。该阶段的主要任务是拓展企业开立银行账户，成为农行客户。该阶段目录分类指标包含上一阶段（识别阶段）的绝大部分指标，并附加客户经理在拓展客户过程中深入调查的部分企业信息。

（3）发展阶段

发展阶段是指对已拓展并在商业银行开立结算账户的无贷类客户开展交叉销售，促使客户使用更多的非信贷类产品。该阶段的主要任务是为客户提供由简到多的产品和服务，增强客户黏性，使客户发展成为银行高价值非信贷类客户，提高客户的综合贡献度。由于上一阶段（拓展阶段）客户已经拓展为银行结算客户，银行掌握了客户存款理财、支付结算等重要信息，故该阶段目录分类指标相比上一阶段要更加丰富。

（4）提升阶段

提升阶段是指通过挖掘客户贷款需求，依据客户整体综合价值贡献情况，将客户营销成为有贷类客户。该阶段的主要任务是将客户从优质无贷类客户提升为银行有贷类客户的阶段，特别是将高价值客户（"重点发展客户"）培养成为银行优质信贷类客户。经过上一阶段（发展阶段）的综合营销，银行掌握了客户更多的数据，指标体系更加完善。

（5）维护阶段

维护阶段是指对有贷类客户进行分类维护的管理阶段，对优质客户是由微型到小型、由小型到中型；对一般客户是稳定维护阶段；对劣变客户提前做好压缩、退出。该阶段的主要任务是针对银行信贷类客户按照不同的维护优先程度，提供差异化的金融服务。该阶段针对的主要是银行信贷类客户，相比上一阶段（发展阶段）的结算类客户，增加了授用信情况等数据指标。

（6）退出阶段

退出阶段是按照客户贷款的风险程度对维护阶段客户进行分类管理，对不符合商业银行信贷发展要求的潜在风险客户采取主动性退出措施。该阶段的主要任务是针对可能形成风险的客户，采用不同策略减少风险，为化解风险提供决策支持。该阶段增加了客户不良贷款相关信息。

（二）"普惠金融大脑"架构设计

"普惠金融大脑"以小微企业客户生命周期"目录制"管理为中心，借助行内、行外数据，利用机器学习和大数据技术，实现小微企业客户的批量营销、精细维护、及时退出等，为开展资产、负债、中间业务综合营销的"贷款 +"综合金融服务模式奠定基础。在顶层设计方面，"普惠金融大脑"设计为"DDE"三层架构模式，即：数据层（Data Layer）、驱动层（Driver Layer）和执行层（Executive Layer）。其中，数据层包含了小微企业客户金融资产、资金往来、结算、理财等行内数据及海关、司法、税务、工商等行外数据，为整个"大脑"提供"血液"支持；驱动层是信息、数据的处理中心，由模型驱动，包含大量的业务逻辑模块，如产品营销（"产品脑"）、风险管理（"风控脑"）等，同时也是强化公私联动，与"个人业务大脑"进行信息交互的层面，该层为"大脑"运转提供动力，是最核心的一层；执行层面向基层行小微企业客户经理，将"大脑"处理完成的信息结果，通过特定方式反馈给客户经理，由客户经理负责执行落实，并反馈落实情况。"普惠金融大脑"基本框架设计如图 5 所示。

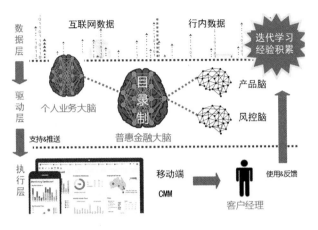

图5 "普惠金融大脑"基本架构

"普惠金融大脑"的三层架构模式并不是"数据层——驱动层——执行层"直线流水的作业方式，而是组合成"数据层——驱动层——执行层——数据层/驱动层——执行层"的营销管理闭环。在"普惠金融大脑"架构设计中，着重建立客户经理使用反馈机制，将客户经理反馈的信息传递给"大脑"，进行迭代学习、积累经验，进而采取数据修正、模型优化等措施，持续完善"普惠金融大脑"的运行机制，使"大脑"逐渐变得更"聪明"。

四 "普惠金融大脑"在"目录制"管理
关键阶段的应用研究

（一）业务背景

银行结算户是重要的潜在信贷客户，是商业银行发展小微金融信贷业务的"资源宝库"。为了响应国家对小微企业大力扶持的政策，解决小微企业客户营销信息不对称、管理成本高等问题，破解小微企业融资难困境，进一步加大小微企业信贷新增投放力度，农业银行依托金融科技手段在"普惠金融大脑"架构下启动小微企业客户"智慧"营销机制研究，重点针对小微企业客户营销"目录制"管理的提升阶段，建立结算户转有贷户大数据营销模型，推动商业银行小微企业客户加速从结算户（存）到贷款户（贷）的转变。其基本思路是：利用大数据分析建模，学习小微企业贷款客户的特点，让模型预测每个结算客户未来一定期限内转化为贷款客户的概率，从而实现从现有小微企业结算客户中寻找有潜力的客户，通过生成推荐营销客户清单的方式，帮助客户经理主动上门对接小微企业客户，为符合条件的客户提供融资服务，开展针对性营销，提高营销效率。小微企业客户"智慧"营销工作机制如图6所示。

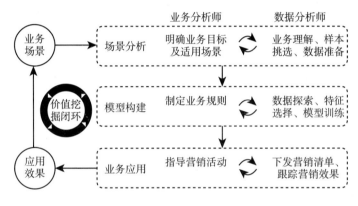

图6 小微企业客户"智慧"营销工作机制

小微企业客户的"智慧营销"模式通过运用大数据技术，对小微企业主动授信，改变了被动等客上门的传统服务模式，变被动等客上门为名单式、主动式、目标式营销，是金融科技破解小微金融服务瓶颈的创新实践。

（二）模型预测

模型预测采用大数据和机器学习手段挖掘潜在客户并做出预测分析，其步骤如下：

1. 特征选择和数据准备

结合业务专家和模型专家的经验，在前期"目录制"管理方法中总结出的小微企业客户特征指标基础上，进一步梳理筛选出 120 余个小微企业客户特征指标，覆盖客户基本信息、持有产品、金融资产、资金往来、服务渠道、关系人等内部数据以及工商、司法、涉诉情况等外部数据，在对数据初步加工后，进行数据清洗，主要包括缺失值处理、异常值处理、无效数据剔除等。经过数据清洗和特征分析，最终保留建模需要的数据特征应用于模型分析。

2. 数据预处理

本模型的数据预处理主要是枚举类特征的"哑变量变换"和"分箱"。对于枚举类的特征，如经营规模、客户等级，选用"哑变量变换"方式进行编码；对于枚举值较多的特征，如企业行业分类，对表现接近的行业做"分箱"整合。

3. 选择"观察期"和"预测期"

模型重点关注小微企业结算客户发放贷款前后的资产状况及交易行为，通过引入小微企业客户签约贷款产品前的多维度数据特征，建立结算户转贷款户的营销预测模型。选定特定时间区间为"观察期"，在观察期内对客户的各项数据特征进行计算与评估，掌握客户在此时间区间内存在的行为特征及变化规律；选定观察期后的一段时间区间为"表现期"（或"预测期"），即观察期后的三个月作为预测时段，通过模型预测客户在预测期是否大概率转化为贷款客户。选取方式如图 7 所示。

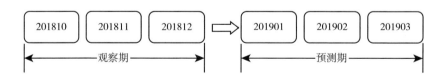

图 7　观察期和预测期的选择

4. 模型训练

（1）训练集和测试集构造

研究过程中选取浙江、江苏、广东、山东、北京五省市对公小微客户作为测试训练样本，正负样本比例约为 1 : 790，属于严重不均衡数据集。正负样本不平衡问题解决措施大致有三类：

Ⅰ．阈值移动：假设训练集是真实样本总体的无偏采样，通过对阈值缩放来调整预测值。

Ⅱ．欠采样：减少多类样本数目，使正负样本数目相近。

Ⅲ．过采样：增加少类样本数目，使正负样本数目相近。

本项目数据集不适合采用阈值移动的方式；过采样由于复制了少数类样本，若少数类样本存在局部噪声，则容易产生过拟合；欠采样则会丢失多数类样本的重要信息，随机选择的多数类样本容易存在偏差。经过测试对比分析，综合考虑，采用随机欠采样来平衡训练数据集。

为得到较好的模型，防止过拟合或欠拟合，将数据集按照 7 : 3 的比例划分为训练集和测试集，训练的过程如图 8 所示。训练集通过交叉验证来调整超参数，参数调整采用手工和网格搜索相结合的方式来寻找最优参数（树的深度、学习率、树的个数等）。最终，将测试数据集送入训练好的模型，计算精确率、召回率等相关指标来评估泛化误差。

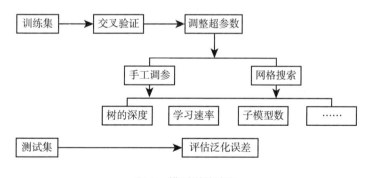

图 8 模型训练流程

（2）训练与调参

选取 1 : 6，1 : 12 和 1 : 20 三种不同的正负样本比，分别训练 XGBoost、随机森林、GBDT 三种模型，通过反复调参，最后经测试集测试后，结果如表 2 所示。

表 2　模型对比结果

正负样本比例	模型选择	测试集精确率	测试集召回率	F1 – SCORE
1:6	XGBoost	0.02	0.68	0.05
	随机森林	0.03	0.53	0.05
	GBDT	0.02	0.67	0.04
1:12	XGBoost	0.04	0.51	0.07
	随机森林	0.05	0.31	0.09
	GBDT	0.04	0.48	0.07
1:20	XGBoost	0.05	0.40	0.09
	随机森林	0.05	0.28	0.09
	GBDT	0.05	0.39	0.09

结果表明，XGBoost 在召回率上领先于其他两个模型，由于本项目着重关注召回率，因此本次研究最终将 XGBoost 算法作为训练模型。该模型效果好，对于输入要求不敏感，在业界有大量的应用。

对于每种机器学习算法，从对模型影响最重要的参数作为起点，按照对模型影响的重要性程度递减方向依次对各参数训练，每次训练都将之前训练中得到的最优解作为输入固定，滚动迭代。经过多轮迭代训练，最终调参结果如表 3 所示。

表 3　模型调参结果

参数	参数中文名	取值
learning_rate	学习速率	0.1
n_estimators	学习轮数(树的棵数)	100
max_depth	最大深度	6
min_child_weight	最小样本权重和	3
gamma	节点分裂所需的最小损失函数下降值	0.2
subsample	每棵树使用样本占总样本的比例	0.8
colsample_bytree	每棵树使用特征占总特征的比例	0.8
reg_alpha	L1 正则化项	1
objective	需最小化的损失函数	binary : logistic

5. 预测潜在客户

以训练样本的特征与正负样本标志为输入，以 XGBClassifier 的调参结果为基础模型进行训练，得到最后的分类器。然后将该分类器用于预测样本，得到最终的潜在营销客户清单。

（三）营销实践成效

研究初期，在北京、山东、浙江、江苏和广东等 5 个地区组织开展了试点营销工作。通过收集试点地区营销成效和问题，不断优化完善模型，并进一步在全国范围内进行推广。

1. 试点工作基本情况及成效

试点研究中，在结合"目录制"营销方法中总结出的 71 个小微客户特征指标基础上，共提取了客户 91 个维度的特征变量，并剔除历史有贷客户、本年新开户客户等几类客户。本次选用了 XGBoost 机器学习模型，通过使用 5 个试点地区结算户提升为有贷户的典型案例数据，训练"普惠金融大脑"自主学习客户历史特征，逐步让模型具备了对潜在信贷客户营销的判断和预测能力，最终，接受训练后模型对 5 个试点地区梳理出的近百万存量结算账户进行挖掘分析，预测生成了 13944 户小微企业"智慧"营销重点目录客户。

随后，将目录客户清单按归属下发至 5 个试点地区各经营机构，经过为期 2 个月的试点营销，下发的重点营销目录中符合贷款条件的客户占比为 43%，符合贷款条件且客户具备贷款意愿的占比为 21%，名单预测命中率符合最初设计目标。试点三个月后，成功营销并新放款客户 1511 户，新发放贷款余额 28.0 亿元，已放款客户数占目录客户数的 10.8%，是同期 5 个地区小微企业结算户向有贷户自然转换比例（1.38%）的 7.8 倍。

本次"普惠金融大脑"产生的重点营销目录有针对性地辅助了客户营销，帮助客户经理在存量结算户中发掘了大量有价值的客户，有效提升了营销效率，减轻了基层行负担。由于从客户营销到贷款发放有一定的周期，目录中客户将会持续转换为有贷客户，充分体现出此项目的创新应用价值，也为全国推广积累了经验、奠定了基础。

2. 全国推广应用及成效

在总结试点营销工作成果、优化模型的基础上，对全量小微企业结算账户进行挖掘分析，客户数据特征增加到121个。相比试点营销工作，全量小微企业账户模型训练和预测过程中使用了更加庞大的结算账户数据量，并且增加了30余个数据特征作为参数，极大丰富了客户属性数据，模型拟合效果更好，预测效果更精准。基于全量小微企业客户账户数据，经过建模预测，最终生成了包含55059户客户的营销清单。

随后，将模型生成的全国推荐营销客户清单按客户归属逐层分解下发至经营机构，按户分析、逐个落实、持续营销。同时，记录反馈"客户贷款意愿""是否满足贷款条件"等内容，定期反馈营销进度。相比试点营销，全国推广范围更广、力度更强、执行更规范、反馈机制更完善。经过一个月的营销推广，清单内累计放款4394户，占比8.0%，累计放款金额61.1亿元。同期，小微企业结算户向贷款户自然转换比例仅为0.76%，清单内客户转化率是同期自然转换比例的10.5倍，转化率明显高于自然转化比率，充分证明"普惠金融大脑"支持小微企业"智慧"营销成效明显。

目前，机器学习技术在银行对公客户挖掘中的应用相对较少，大多停留在理论研究层面，小微企业客户"智慧营销"研究实现了对公场景下的实际应用，具有一定的创新性和前瞻性，相关领域的研究具有重大意义。试点工作和后续开展的全国推广工作，充分验证了"普惠金融大脑"的先进性、可行性和有效性，为打造商业银行小微金融服务"智慧"模式奠定了基础。

五 总结与展望

本文以小微企业客户营销"目录制"管理模式为基础，引入机器学习及大数据技术等金融科技手段，构建"普惠金融大脑"架构设计，重点研究了小微企业客户营销"目录制"管理模式提升阶段（从结算户到贷款户的转化阶段）的"智慧"营销。从实践成果看，结算户转贷款户营销预测模型生成的推荐营销清单内客户转化率要远远高于同期自然转化比例。相关研究充分证明了机器学习、大数据技术在小微企业客户营销与管理中的有效性，丰富了"普惠金融大脑"的内涵，同时也是小微企业客户"目录制"管理模式的验证。未来，将持续围绕"普惠金融大脑"，进一步扩大小微企业客户"智慧营销"的应用成果，构建小微金融数据资产，打造以数据驱动的业务支持系统，持续强化小微金融大数据核心竞争力。

B.11
人工智能在化工及生态环境
大数据中的应用

林笑蔚　陈旭敏　王鑫阳　陆盈盈　何奕*

摘　要：　近年来，以大数据为代表的信息技术快速发展，为化学工业以及生态环境产业在生产方式、产业形态和商业模式等方面的重大变革带来了新机遇。应用以大数据为基础的人工智能方法，可有效降低研发与生产成本，提高生产效率。本文从人工智能方法在当前化工行业和生态环境领域的大数据应用状况以及典型应用案例入手，分析了人工智能在上述领域的应用中存在的数据分析复杂、数据共享难、定制软件平台缺乏等挑战，建议尽快启动国家级化工及生态环境大数据库的建设，同时有针对性地加快相关交叉学科人才的培养，并适时调整人才管理理念，以促进该领域研究与产业化进程的快速发展。

关键词：　大数据　机器学习　人工智能　化学工业　生态环境

---

* 林笑蔚，浙江大学硕士研究生，主要研究方向为分子化学工程、机器学习力场的开发与应用。
陈旭敏，浙江大学硕士研究生，主要研究方向为基于人工智能的功能多肽分子设计与应用。
王鑫阳，浙江大学博士研究生，主要研究方向为化工能源材料的开发、储能过程的分析与设计。
陆盈盈，浙江大学研究员、博士研究生导师，中国化工学会储能工程专委会副秘书长、过程工程学报编委、Nano Select 期刊副主编，主要研究方向为化工新能源技术、人工智能电池管理系统等。
何奕，浙江大学副教授，美国华盛顿大学兼聘副教授，博士生导师，*Molecular Simulation* 期刊编委、工业生态与环境研究所副所长，主要研究方向为多尺度计算机模拟、化工及医药大数据、人工智能技术等。

　　化工产业是我国国民经济的基础和支柱产业之一。其经济总量大，产业关联度高，因此对社会经济的各部门有着重大影响。经过几十年发展，我国化工产业取得了长足进步，但在产业布局、技术水平、科研创新、环保理念等方面仍与发达国家存在一定差距。

　　近年来，生态环境产业也日渐成为我国最具潜力的支柱性产业之一。据《中国环保产业分析报告（2019）》显示，2020年我国环保产业总营收有望超过2.1万亿人民币①。自党的十八大以来，生态环境保护便被摆上更加重要的战略位置，党的十九大进一步对相关工作做出部署，开展了蓝天保卫战等七场重大标志性战役和四个专项行动，推动了生态环境产业的市场化进程。"十三五"期间，我国生态环境产业在企业数量、产业规模、技术水平上均取得了显著进步。随着人们环保意识的不断加强，以及国家污染物排放标准的持续提高，预计我国生态环境产业将迎来新的市场机遇。

　　人工智能技术对大数据成功应用至关重要。一方面，人工智能需要大数据作为"学习"和"决策"的基础，另一方面，大数据也需要人工智能进行数据内在信息的深入挖掘与分析，从而获得有意义的结论或成果。伴随着物联网（IoT）的兴起，在线分析和检测技术飞速发展并被大规模应用，由此产生了大量的化工及生态环境数据。另外，国外的Hadoop、Spark和国内的CAS@Home等分布式计算系统以及阿里云、腾讯云等互联网企业云计算平台的相继问世降低了数据存储和计算成本，让大数据更易于使用。5G技术的应用则有效解决了大数据的实时传输问题。这些都为人工智能深度融合化工、生态环境大数据技术，推动化工、生态环境产业生产方式、产业形态和商业模式带来了重大机遇。将人工智能与化工大数据技术有机结合，可有效缩短化工产品研发周期，优化生产工艺和流程，提高生产效率，降低生产成本，提高化工过程安全性。在生态环境领域，将人工智能应用于大数据则可在环境空气质量预报、预警、环境综合管理和科学决策分析中发挥重要作

---

① 生态环境部环境规划院联合中国环境保护产业协会，《中国环保产业分析报告（2019）》，http://www.caep.org.cn/sy/zxypg/zxdt_21724/202001/t20200115_759442.shtml。

用。人工智能、大数据在化工及生态环境产业的深度融合和应用对从根本上实现创新驱动发展战略和绿色可持续发展战略至关重要。本报告旨在描述我国当前人工智能在化工及生态环境大数据中的典型应用状况，分析其中亟待解决的问题以及发展制约因素，并展望了其未来发展。

一　人工智能在化工及生态环境大数据中应用现状

（一）化工及生态环境领域的大数据与人工智能

化工大数据是工业大数据的分支之一，囊括化工产品全生命周期中的各类数据，其中包括材料组成、合成路线、工艺参数、产品性质等[①]。与应用人工智能技术密切相关的化工大数据的主要来源有三类。

1. 热力学实验数据。各种类型的无机和冶金物质、浓缩或是气态的纯物质、合金、炉渣、水溶液、盐以及半导体系统中的热力学数据均属于典型的化工大数据，经过长期积累，这些数据通常已经被整理后进入数据库系统。

2. 化工过程数据。这些数据主要由传感器采集，具体包括温度、压力、液位、流量、物料组成等。通过异常检测算法、人工智能分析，可实现故障的预警及快速诊断、定位和处理。

3. 复杂化工及材料机理模型计算数据。这些模型计算复杂度极高，运算耗时较长。因此，一种提高效率和模型响应速度的方法便是先由机理模型计算获得一定量的训练数据，进而采用机器学习方法，最终得到可以快速求解的人工智能模型。

生态环境大数据与人们的生产、生活密切相关。生态环境部下属的生态环境大数据建设领导小组建设了生态环境大数据平台和生态环境云平台等项

---

① 吉可明、荀家瑶、苏原、周浩等：《大数据技术及其在化工领域的应用和展望》，《现代化工》2020 年第 7 期。

目。项目数据来源于各级生态环境部门、相关企事业单位和科研单位，种类多样、结构各异。生态环境大数据除了具有一般大数据的普遍典型特征以外，还具有数据来源多样、分析难、不确定性高的特性[①]。生态环境大数据涉及过程极为复杂，难以建立精准的机理模型，或者即使能建立机理模拟，也往往由于复杂度高，计算效率低而难以实际应用。这恰恰是人工智能模拟可以发挥优势的领域。采用人工神经网络等技术，通过分析处理空气质量监测数据、水质监测数据、土壤监测数据以及气象监测数据等，可为大气环境管理、水环境管理、土壤环境管理、生态环境管理、短期目标达成评估管理系统、中长期达标规划、重污染天气应急响应等各类任务提供技术支撑。

（二）人工智能在化工及生态环境大数据领域应用

1. 国外发展现状

2011 年，工业 4.0 正式在德国落地，德国化学工业协会（VCI）将大数据视为促进化工经济增长的关键创新驱动力，并指出数据驱动模式将使石化生产、基本化学品和聚合物的产销形式发生剧变。随后美国、英国政府也积极注资推动大数据相关产业的发展。日本、美国均将"大数据战略"作为国家战略提出，澳大利亚、加拿大、新西兰、德国和印度等国也竞相出台支持政策，推动大数据技术的基础研究发展和应用落地，初步形成了结合人工智能等技术深度应用化工大数据的产业环境。

各国化工企业中，美国通用电气（GE）和英国石油公司（BP）都已使用基于大数据平台开发的软件实时监测油井性能，以提高产量并减少停机时间；美国 Uptake 公司提供数据分析与预测业务，利用机器学习分析风力涡轮机中不同故障模式的数据，建立良好的故障预测模型，指导企业及时采取预防措施[②]；美国能源部牵头成立的清洁能源智能制造创新中心

---

① 蒋洪强、卢亚灵、周思等：《生态环境大数据研究与应用进展》，《中国环境管理》2019 年第 6 期，第 11 ~ 15 页。

② Venkatasubramanian V. "The Promise of Artificial Intelligence in Chemical Engineering: Is It Here, Finally?", *AIChE Journal*, 2019, 65 (2): 466 – 478.

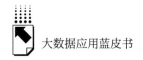
（CESMII）正大力研发结合工业大数据和人工智能的智能制造平台 SM Innovation。然而，根据 2019 年麦肯锡公司对 11 个行业进行的成熟度评估结果看，化工行业的数据驱动化程度依然排名靠后，落后于电信、媒体、汽车和旅游等行业。欧洲化学工业理事会也认为，"在数字化方面，化工行业落后于其他行业"[①]。化工领域人工智能与大数据技术的深度融合仍有很大发展空间。

在生态环境方面，目前国际上已经建立多套监测网络，获得了大量观测数据。这些网络主要有全球环境监测系统（GEMS）、英国环境变化监测网络（ECN）、美国长期生态研究网络（US－LTER）、日本长期生态研究网络（JaLTER）等。当前，世界各国都在大力推动生态环境大数据技术研究基础设施建设和应用。美国环境保护署（EPA）建立了排污设施登记数据库；英国自然环境研究理事会（NERC）也计划 2020 年建设环境数据创新中心；新加坡政府则在生态环境大数据的基础上，进一步提出了"智慧国家平台"（Smart Nation Platform）；联合区域内相关国家建立了东南亚国家区域烟霾预警系统（AHMS），为区域性重污染天气防控提供技术支撑。

2. 国内发展现状

习近平总书记于 2017 年 12 月主持国家大数据战略集体学习时指出，"要善于获取大数据、分析大数据、运用大数据，增强利用数据推进各项工作的本领，不断提高对大数据发展规律的把握能力，加快完善数字基础设施，推进数据资源整合和开放共享，保障数据安全，加快建设数字中国"[②]。

化工大数据技术在工艺参数调控、流程优化、异常工况检测等方面均有不同程度的应用。值得注意的是，随着近年来化工多尺度模拟技术的飞速发

---

① Winter, M., 2019. Digitalization of the European Chemical Industry. In：2nd European Forum on New Technologies, Digitalization in Chemical Engineering, Presentation available at：https：//efce. info/European Forum/ _ /Winter－20190301_ EFCE_ Digital_ Cefic_ MW_ final. pdf.

② 习近平：《实施国家大数据战略加快建设数字中国》，http：//cpc. people. com. cn/n1/2017/1209/c64094－29696290. html。

展，以分子化学工程、合成生物学为代表的新兴化工研究方向不断出现，这些研究经常会涉及大量数据，通过应用人工智能技术，可有效分析与利用这些数据，取得有价值的成果。以基于神经网络力场方法为例，基于该方法研究化工的微观分子传递行为，可比传统量子化学方法快 1000 倍以上。不仅如此，该方法的应用也使得研究微型电子元件的全原子模拟成为可能，有助于我国芯片工业突破国外技术限制，实现飞跃式发展。这些新兴领域的发展空间很大，对这方面研究的支持，有助于我国加速化工产业升级，增强国际竞争力，同时，也对提高国民经济安全有重要意义。

我国已将生态环境大数据列为国家发展战略的重要一环。生态环境部已建立了包含我国大气、水、土壤关键数据的生态环境监测网络系统，该网络覆盖了国家、省、市、县四个层面的 5000 余个监测站点，其中有 1436 个国控监测站全部配备了远程质控系统，保证了监测数据的真实可靠①。福建、山东等地也启动了生态环境大数据建设工程。此外，生态环境部还建立了生态环境云平台，可支撑二污普、"十三五"环境统计、土壤详查系统等生态环境部下属的 169 个应用②。当前，我国生态环境大数据也开始逐步进入商业应用，其中环境监测市场规模于 2020 年预计达 900 亿元至 1000 亿元③。国内企业也开展了大量智慧环保相关工作。例如，航天凯天公司通过智慧环境监管平台实现动态化监管，对大气、水、固废问题进行实时监控，依据数据分析建立预测模型，及时定位并向相关单位发出预警，提醒其整改，实现"环保管家"的全天候监测，保障工业园区生态环境良性发展④。

---

① 环保部：《全国环境空气质量监测网已建成》，http：//news. cnr. cn/native/gd/20170212/ t20170212_ 523589304. shtml。

② 《生态环境云成果》，http：//www. chinaeic. net/xxfw/hbypt/ptcg/201805/t20180514 _ 439450. html。

③ 《千亿市场规模近在咫尺 环境监测行业迎风起舞》，《化学分析计量》2018 年第 5 期。

④ 《航天凯天环保"衡水模式"引全国关注》，http：//hn. people. com. cn/n2/2019/0330/ c356886 - 32794478. htm。

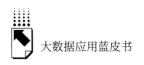

二 当前研究热点分析及典型案例

（一）当前研究热点分析

1. 功能分子与材料开发

化工产品的材料设计是产品研发的关键，其任务一方面在于设计出尽可能满足应用要求的特定材料，另一方面在于探究该目标产品的最佳合成路线或工艺，该过程需要大量实验和工业数据作为参考。大数据的应用不仅大大降低了设计所需的金钱和时间成本，更是提供了"工业4.0"时代下的新一代研究范式，即图1所示"第三代"数据驱动研究范式。通过人工智能技术，把各材料数据库中的物理化学性质用于训练模型，利用模型筛选出影响材料性能的关键因素，最终实现对目标材料的组成、结构和性能的精准预测，大幅缩短材料研发周期。为加速大数据时代下新材料产业的发展，美国于2011年启动了"面向全球竞争力的材料基因组计划"（Materials Genome Initiative for Global Competitiveness）[1]，并于2014年将其上升为国家战略。科技部亦于2016年启动了"材料基因工程关键技术与支撑平台"重点专项[2]，力求促进我国高端制造业和高新技术发展，为实现"中国制造2025"做出贡献。结合目前高速发展的高效计算、高通量实验和测试技术，基于大数据的材料研发将统筹"计算、实验、数据库"三大基础创新平台，以数据挖掘为核心驱动力，实现复杂分子的组成、结构的智能设计和属性预测，自主决策形成最佳分子合成路线，为化工产业中的多层次材料开发需求提供坚实的理论基础和可靠的技术支撑，提升我国在化工材料领域的竞争力。

---

[1] Materials Genome Initiative for Global Competitiveness. https：//www. mgi. gov/sites/default/files/documents/materials_ genome_ initiative – final. pdf.

[2] 科技部发布国家重点研发计划"材料基因工程关键技术与支撑平台"重点专项2016年度项目申报指南，http：//kjj. xjbt. gov. cn/c/2016 – 02 – 19/1988857. shtml。

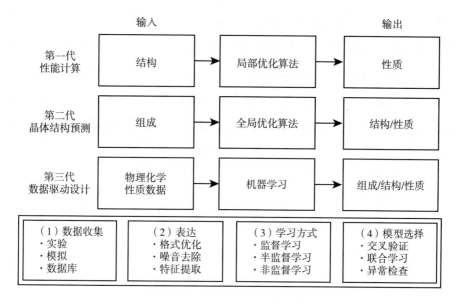

图1　材料设计的计算化学手段范式演变及人工智能模型训练方法

资料来源：Butler K T, Davies D W, Cartwright H, et al. "Machine learning for molecular and materials science", *Nature*, 2018, 559 (7715): 547-555.

2. 化工过程控制

整体而言，大型化工企业的自动化程度较高，架构也已较为成熟，一般按3个层级建立：控制层，主要对应过程控制系统（PCS）；生产层，主要对应生产执行系统（MES）；运营层，主要对应企业资源计划（ERP）。人工智能技术的加入可使柔性制造成为可能，从而实现化工产品生产的高质量、高效率、低能耗、低排放以及安全性等目标。一般而言，柔性制造的实现可以通过优化和模式识别方法解决，但传统的优化方法依赖于化工过程的机理模型，不确定性强，不适合处理柔性制造下工况条件多变的问题。因此，为解决传统优化的不确定性问题，鲁棒优化研究得到重视，但其数学表述复杂，获得的解决方案往往过于保守，无法进行实际应用。同样，传统的模式识别方法在检测和诊断化工过程安全隐患时也通常假定生产工况不变，因而也不适合柔性制造下工况条件多变的故障检测和诊断。大数据驱动的人工智能技术可以应用于这些问题的解决，可望获取并筛选过程控制和检测所得数据，进行故障诊断和安全生产、智能决策和效益优化。中石化自2011年来开发了"智能工厂""智能油田""智能管网"等一系列智能制造和控制模式，力图打造智慧石化建设发展蓝图（见图2），取得了显著的经济效益和社会效益[①]；通信巨头华为亦助力中石化、中石油等多家企业，提供智能炼化、云数据中心等各色解决方案，加速石化行业数字化转型[②]。基于大数据的流程智能控制必然将引领化工领域新一轮发展趋势。

3. 合成生物学

生命体从本质上可以看成是一个高度复杂的"微型"化工厂。合成生物学则是在生物学的基础上结合工程化的设计逻辑，进而对生命体进行设计、改良甚至是重新合成[③]。生命体精准代谢网络模型在生物合成过程中起到了至关重要的作用，它的构建依赖于对现有知识和海量数据的整合、更新校正和分类。利用人工智能和机器学习在数据处理方面的速度和体量优势可以突破有限的先验知识等传统方法的局限性，对海量数据中蕴含的信息进行深入挖掘与分析，实现代谢网络模型的高效构建。合成生物学的运行核心在于"设计－构建－测试－学习"（design-build-test-learn cycle）[④]：在设计阶段，基于AI算法设计的精准的代谢网络模型可在繁杂的代谢过程和生化反应引发的导航序列空间中预测关键节点，选择合适的基因调控元件并设计可能的合成途径，从而减少试错成本；在构建和测试阶段，利用自动化智能制造平台可以实现批量的遗传操作和高通量的数据筛选，实现优良合成生物体的快速构建，提高工作效率；在测试和学习阶段，整合先验知识和各种实验结果中海量的组学数据，利用机器学习等方法从数据中获取深层的知识，实

---

① 吕荣洁：《石化智能工厂2.0建设平台：两化深度融合的重要着力点》，《新能源经贸观察》2017年第6期。

② 王勇：《华为：助力油气行业数字化转型》，《能源》2018年第9期。

③ 夏建业、田锡炜、刘娟、庄英萍：《人工智能时代的智能生物制造》，《生物加工过程》2020年第1期。

④ Opgenorth P, Costello Z, Okada T, et al. "Lessons from Two Design-build-test-learn Cycles of Dodecanol Production in Escherichia Coli Aided by Machine Learning", *ACS Synthetic Biology*, 2019, 8（6）：1337-1351.

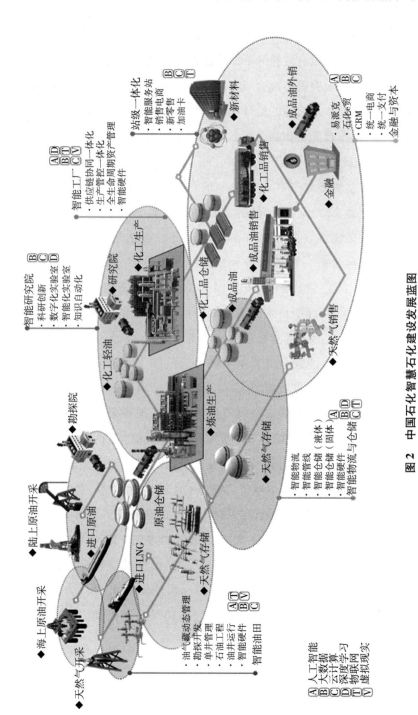

图 2 中国石化智慧石化建设发展蓝图

资料来源：李剑峰：《智慧石化建设：从信息化到智能化》,《石油科技论坛》2020 年第 1 期。

211

现生物过程的智能感知，并在此基础上形成智能决策与控制，以反馈的结果构建和升级预测模型，可以有效指导下一轮改造。因此，将大数据技术与人工智能技术结合，可有效突破传统合成生物学理性改造的局限，实现各种天然或者非天然生物元件以及途径的设计和构建，从而更快、更精准、更高效地构建细胞工厂，助推智能生物制造。

4.大气污染物浓度预报与预警

空气质量预报、预警对空气污染控制的科学决策和保护人民群众身体健康有着重要的意义。以空气质量监测站的数据、交通数据、气象数据、地形数据、社交媒体数据等为数据源，传统做法是基于传统大气化学物理模型进行综合分析、考量后得到预测结果。这方面国内外研究成果颇丰，形成了多套数值模型，如美国建立的多尺度空气质量模型（CMAQ），中科院大气物理所自主研发的嵌套网格空气质量预报模式系统（NAQMS）等[1]。然而，由于监测站的建设和维护成本高昂，一个城市通常只有有限的站点，并不能完全覆盖整个城市的范围。而且该方法计算较为耗时，且对污染源信息收集质量要求高。而通过采用结合大数据的人工智能技术，则可以低成本实现城市空气质量的高效准确预报，用于城市及周边地区的空气污染状况预测和预警，可在更短的时间得到更准确的预测结果。重庆广睿达科技有限公司开发了"城市生态环境监测、溯源与管控智能协同平台"，综合运用深度学习等人工智能技术以及物联网、云计算等通信计算技术，24 小时在线监控污染物，并反馈至管理人员手机 App，达到实时监管、精细控制的目标。从 2013 年起已为重庆、四川等 6 个省市的大气污染防治提供了数据服务，是重庆两江新区智慧城市建设的企业典范[2]。如图 3 所示，该平台在应用时，依据目标检测算法实时、动态地捕捉监控画面中的烟尘、排气等情况，自动划属违规类型和程度，同时记录

---

① 王永飞、邱阳：《大气污染预警技术现状及发展趋势》，《中国资源综合利用》2018 年第3 期。

② 《两江新区企业广睿达：打造国内领先的大数据环境检测预警平台》，http：//www. liangjiang. gov. cn/content/2018 −01/04/content_ 402656. htm。

空气质量指数（AQI）数值变化，使污染查证和治理有依有据、对症下药，防治效果显著。

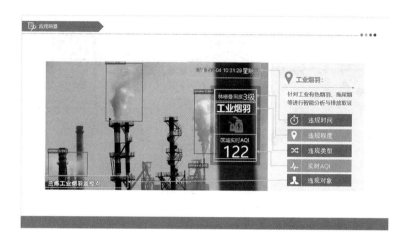

图3　重庆广睿达科技有限公司生态环境监测和管控平台应用示例

资料来源：《生态环境全景影像 AI 智能识别》，http：//www. grand – tech. com. cn/product/71. html。

（二）典型应用案例分析

1. 功能聚合物分子设计

聚合物材料具有高强度、低密度、耐腐蚀性、易成型性等特性，制造成本较低，因而被广泛应用于各种化工过程。基于现有的大量聚合物结构和属性的数据库，大数据结合机器学习的方法能在新型聚合物设计中发挥重要的作用。哥伦比亚大学 Sanat K. Kumar 实验室[①]提出了一种基于机器学习（Machine Leaning，ML）的分级方法（见图4）。该方法利用已有的渗透率实验大数据训练 ML 算法，对其余聚合物气体渗透数据进行测试及预测，并以数据驱动方法设计并成功制备了性能优异的新型聚合物膜以用于二氧化碳和

---

① J. Wesley Barnett, Connor R. Bilchak, et al. "Designing Exceptional Gas – separation Polymer Membranes Using Machine Learning", *Science Advances*, 2020（6）：eaaz4301.

甲烷气体的分离。证明 ML 是在实验数据集有限的情况下，预测并在此基础上设计应用于特定场合的最合适材料的可行方法。

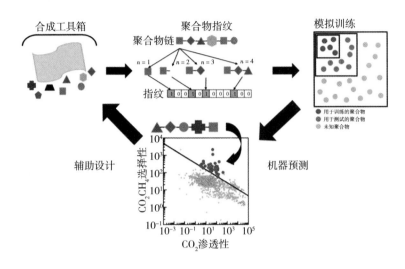

图4 高性能聚合物膜的 ML 辅助设计过程

德国巴斯夫公司则通过合理的数据挖掘，高效地从一万余种可能结构中筛选出了合适的聚合物结构，成功提高其乳液浓度。依据该建模方法实现的建模已经成为巴斯夫公司聚合物配方开发的既定组成部分，提供了基于大数据进行新型功能聚合物建模和筛选的范例①。

2. 炼化过程监控与预警

由于化工过程控制十分复杂，其涉及的机组、阀门等控制设备的故障无法进行事前预警，导致常规性维护手段多为设备定期检修或故障后维修，同时在设备实际运行过程中缺少异常事故定位分析手段，因此，难以避免会存在"失修"和"过修"现象。目前主要的故障预测算法有三种，分别基于模型、基于概率统计以及基于数据驱动。其中基于数据驱动的故障预测技术依靠大数据平台以及人工智能（AI）技术，利用大数据平台上的设备历史

① BASF pushes digitalization in research worldwide, https：//www. basf. com/no/en/media/news - releases/2017/06/p - 17 - 252. html.

数据建立一个反映设备运行状态的特征模型，进而利用该模型在设备正常运行的情况下实时分析出潜在的故障和原因，实现预知性维修，将能有效减少维修成本，降低非计划停工风险①。

九江石化以中石化 50 套催化装置的历史数据为数据源（包括生产执行的 MES 数据，实验室信息管理 LIMS 数据和实时数据库等约 50TB 的系统数据②），利用各种内置传感器对催化装置关键部件的运行状况进行实时监控，对潜在故障进行提前预警，提供装置的最优使用方案。该方案实现了关键报警提前 1～2 分钟预警，同时将装置报警数量减少了 40%，为及时采取措施、规避生产风险争取了一些宝贵时间。中石化和香港电讯盈科企业合资成立的石化盈科打造了面向能源化工行业自主知识产权的工业互联网平台 ProMACE，该平台入选了国家工信部"2018 年工业互联网试点示范项目"。基于 ProMACE 的调度指挥系统实现了生产运行可视化、异常侦测自动化、异常响应移动化等多种功能，应用案例涵盖镇海炼化、上海石化、齐鲁石化等。

3. 危化品物流安全

在我国石油和化工等行业快速发展的过程中，危化品的品种和数量越来越多，危化品运输安全问题的重要性和紧迫性日益凸显。近年来我国发生的危化品事故中，77% 发生在运输阶段，危化品物流已经成为危化品安全中风险最高的一环，是公路上流动的、不可预估的、不定时的危险，必须对其严加管控。然而，危化品种类繁多，且物流安全管理所涉及的标准和规范较多、较杂，物流环节如运输、装卸、搬运、储存、包装等各自都具有较强专业性，这一切都给危化品物流安全管理带来了巨大的挑战。此外，危化品物流行业的效率和安全性往往依赖于传统管理手段，互联网、大数据等技术在该行业渗透率较低。因此，采用大数据和人工智能算法构建科学、合理的危

---

① 贺宗江：《工业大数据技术在石化设备预警预测中的研究与实践》，《当代石油石化》2020年第 6 期。

② 智能制造系统解决方案典型案例展示（一），http：//www.cena.com.cn/industrynews/20171122/90437.html。

化品运输管理系统势在必行。中化能源科技"66 快车"① 利用基于大数据的物联网技术，采用大数据画像为石化货主企业、物流公司实时监控车辆位置，预警途中例如超速、路线异常等问题，帮助化工企业及危化品物流企业安全监管危化品车辆，有效减少了事故损失。

4. 空气质量预测

目前空气质量预测方法主要有：数值预测方法（如 CMAQ 模型等）、统计预测方法［如统计回归模型、反向传播（BP）模型等］、基于机器学习的预测方法［如支持向量机（SVM）等］。近期研究表明，卷积神经网络（CNN）、循环神经网络（RNN）以及长短期记忆网络（LSTM）深度学习模型结构，由于针对大数据分析的性能优异，因此具备较传统算法更强的特征提取与预测的能力。而通过对该方法的进一步优化，人工智能预测空气质量的效率和准确度还可以进一步提高②。常见的四类空气质量预测方法比较如表 1 所示。

表 1　空气质量预测方法比较

预测方法	预测时长	预测准确度	预测所需数据	优点	不足
数值预测	中、长期预测	较低	复杂	预测尺度范围广，对于揭示污染机理有优势	成本高，对输入数据要求较为苛刻，无法实现空气质量的实时在线预测
统计预测	短期预测	较高	较简单	实现简单，预测成本较低	需要大量历史数据进行预测
机器学习	短、中期预测	较低	简单	对小规模数据预测较好	对于空气质量预测中出现的不确定性和非线性问题难以解决
深度学习	短、中、长期预测	较高	较复杂	对大规模数据预测较好	模型初始参数设置较为复杂

① 赵原：《"互联网＋"赋能危化品仓储物流安全》，《劳动保护》2019 年第 3 期。
② 朱晏民、徐爱兰、孙强：《基于深度学习的空气质量预报方法新进展》，《中国环境监测》2020 年第 3 期。

　　大数据和人工智能在空气质量预测领域前景广阔，与传统的数值预测模型相比，响应更加快速、预测更加有效，是环保领域的热门发展方向。IBM和微软公司开发了一款空气质量预测工具，用于北京及周边地区的空气污染状况预测和预警，得益于大数据驱动下的人工智能分析，北京空气质量状况6小时预测准确度可达75%，12小时预测准确度达60%。

　　国内企业也竞相投入空气质量监测和污染治理领域，如中科宇图公司为空气质量预警及霾治理提供了一套解决方案，其研发的"基于大数据的空气质量监测与预报预警系统"已用于大连等地①，该系统集合了4种（CAMx、CMAQ、NAQPMS、WRF－CHEM）国际先进的数值预报模型，并在以数值预报为主的同时，采用统计预报和潜势预报等模型，在实现空气质量预报预警的基础上，还可进行污染源的溯源以及对污染物减排的模拟，为地方空气质量改善提供有效的决策依据。此外，依托于卫星遥感、无人机航拍、微站监测等各类数据的"精准治霾"解决方案，在北京、河南、湖北等地的20多个市县先后落地实施②。

三　存在问题

（一）数据类型复杂，描述符提取难度高

　　无论是化工大数据还是生态环境大数据，由于其涉及对象的复杂性，相应的数据类型也呈现多样性。例如，化工数据囊括如温度、压力、流量和浓度等标量；包含如光谱、色谱和粒度分布的一维向量以及图像、气相色谱和质谱等二维形式；包括视频等高阶数组；甚至涉及以电子邮件、操作员日志、实验室笔记本和社交媒体谈论等文本形式存在的数据。对于生态环境大数据而言，则包含了气象数据、地面气象监测数据、空

---

① 《大连精细化预报预警空气质量》，http：//www. mapuni. com/Articles/162/481201. html。
② 《中科宇图为"精准治霾"献良方　做"打赢蓝天保卫战"的弄潮儿》，《中国环境报》，http：//www. mapuni. com/Articles/163/487401. html。

气质量数据等，这其中还可以细分为风速、空气湿润度、PM2.5等，这些数据不仅形式多样，相应的预处理和分析过程也不尽相同，因此处理工作量大。

大数据与人工智能技术成功融合的关键桥梁在于采用有效的描述符建立人工智能模型，对于有监督学习的人工智能方法，这些描述符的选取至关重要。虽然纯数学的手段可以为描述符的选取提供有价值的参考，但是在目前阶段，真正理想的描述符选取仍然有赖于化工和生态环境专业研究人员对于研究对象的深入理解。这也从另一个角度表明人工智能技术在化工与环境大数据领域的成功应用离不开具有深厚交叉学科知识背景的研究人才。

（二）数据共享难

大数据是发展人工智能的关键资源，掌握了化工和生态环境大数据，也就掌握了这两个领域前沿研究的主动权，因此，客观存在不同部门或组织之间有时不愿共享公布数据的情况。另外，化工和生态环境大数据涉及不少关系国家安全领域的信息，必须做好对特定数据的保密工作。因此，如何兼顾各项客观限制、发挥大数据的潜在用途、促进国民经济的发展、造福我国人民就成了当前人工智能在化工及生态环境领域另一个要解决的难点。

（三）缺乏定制的人工智能软件平台

虽然国内外已经开发了包括TensorFlow，SystemML，Pytorch等一些通用的人工智能应用程序框架，它们为开发具体的人工智能应用程序的确带来了很多方便，但这些应用仍然对除计算机领域外的研究人员不够友好，因此，在这些程序框架上开发大型专业应用程序仍然困难重重。此外，由于程序开发、维护，数据库的开发、拓展均需要长时间投入人力物力，一般高校或科研机构的小型研究团队往往很难承担起这样的工作，这也制约了人工智能技术在化工及生态环境专业领域的应用。

四 发展建议

（一）规划和构建国家级化工及生态环境大数据库

数据库是开展人工智能与大数据相关应用的基础。长期以来，我国一直缺乏这方面具有自主知识产权的大型专业数据库，如 Materials Project、ALFOWlib、PDB 等。现有数据库多由欧美国家开发，这不利于我国在科研领域的自主独立，乃至存在国家安全方面的隐患。从国家层面推动此类数据库的建设，有利于优化资源配置、提高建设效率、突破部门利益干扰、降低数据获取成本，使我国在未来的国际科技竞争中居于更有利的地位。

在数据库的建设上，应充分发挥各学科专业学术委员会的作用，在计算机专业人员的支持下，开展数据库的整体规划和细节设计，提供符合专业应用需要的数据库结构和用户接口，并开发与之紧密集成的人工智能应用程序框架。同时，保证框架对专业研究人员的友好性，为专业应用程序的开发、最大限度地发挥数据库的效能打下基础。

此外，国家应保持对数据库及配套软件系统的持续投入，保证系统的可用性、可升级性和可扩充性。在此同时，通过实施积极的财税政策，积极引导和鼓励社会力量进行参与和做出贡献，这不仅可降低数据库开发和维护成本，也可以进一步促进人工智能在化工和生态环境领域得到更广泛的应用。

（二）强化人才的分类培养

实现人工智能在化工和生态环境领域的成功发展，离不开大量的具有交叉学科背景的优秀人才。这要求相关人才不仅具备较深厚的计算机基础，也需要拥有扎实的化工及生态环境专业能力。为最大限度发挥人才优势，根据人才需求特点，可将人才分为技术性人才、咨询型人才以及复合型人才分类培养。其中，一是技术性人才应具备基础专业知识以及核心能力，主攻专业

目标产品；二是咨询型人才侧重于应用层面，需要对大数据和人工智能技术有较广泛了解，能够利用现有产品或技术，为项目的设计、实施提供咨询服务；三是复合型人才需要具备拓展应用能力，主要负责整体规划、架构设计、维护拓展[①]。国家教育部门应在本科教育中，适当加入相关课程，从而为上述人才的培养打下坚实的基础。

（三）调整人才管理思路

开发先进人工智能技术离不开人才，而实现人尽其才的关键在于发挥广大科研人员的主观能动性，这就需要具备符合时代需求的人才管理机制。改革开放以来，我国已成功实现了社会经济的巨大发展和变革，相应的人才管理机制也到了需要做调整的时候了，这样才能有利于我国科技水平的长期快速发展。针对当前我国社会经济发展水平，建议对人才管理的基本思路从以考核鞭策为主向以激励为主转变。当前量化考核的各项指标总体合理，并为我国科技的发展带来很大促进作用。但是，该考核体系也存在着业绩考核的过于细化，灵活度不足的问题，不利于重大创新成果的产出。科研活动的特点决定了科研人才不能完全套用生产线管理模式。建议采用"严进宽管"的办法，在综合考察人才发展潜力、提升人才选拔标准的同时，减少对已入选人才的量化考核，尤其要避免以量化考核结果为依据，调减人才收入。对于潜心搞科研的科研人员，尤其是从事相对基础研究的老师，应该避免用"鞭策"的方法促使其出成果。在我国经济发展步入新阶段之际，应有更多的资源来为科研人员提供较高生活保障，使其安心科研，鼓励他们勇于从事创新研究。

---

① 杨润芊、韩萌菲：《大数据人才的能力要求与需求分析》，《数字技术与应用》2019 年第 8 期。

B.12
运营商位置大数据应用与发展

张恩皖　吕　军　张奕奎*

摘　要： 随着移动互联网时代的发展，位置服务一直以来都是广大行业用户最为感兴趣的业务之一。运营商拥有庞大的潜在客户群体，而大数据产品大多数与位置相关。位置大数据结合现有的数据资源，能够很大程度上促进公安、金融、商业、旅游、交通、安全等多个行业的业务发展。本文从运营商主流位置类大数据的技术框架体系入手，通过对各类"位置应用"开发思路的剖析，描述运营商如何发挥大数据能力，通过整合现有位置中台，实现数据资源价值，并对其未来发展趋势做出研判。

关键词： 大数据　位置服务　轨迹分析

一　运营商位置服务发展现状

　　随着移动互联网时代的发展，位置服务一直以来都是广大行业用户最为感兴趣的业务之一。运营商拥有着庞大的潜在客户群体，而大数据产品大多数与位置相关。位置大数据结合现有的数据资源，能够很大程度上促进公

---

* 张恩皖：安徽移动信息系统部数据应用室高级项目经理。
吕军：安徽移动信息系统部数据应用室副经理。
张奕奎：博士，中国移动通信集团大数据管理高级专家。

安、金融、商业、旅游、交通、安全等多个行业的业务发展。

位置服务（Location Based Service，LBS），又称定位服务，是指通过移动终端和移动网络的相互配合，以空间数据库为基础，确定移动用户的实际地理位置，从而提供用户所需要的与位置相关的服务信息。位置服务是由移动通信网络和卫星定位系统结合在一起提供的一种增值业务，它是移动通信技术、空间定位技术、地理信息系统技术等多种技术融合发展到特定历史阶段的产物，是现代科学技术和经济社会发展需求的客观要求。

多样化的智能终端和移动互联网的迅猛发展促使 LBS 用户不断增长。根据中国产业调研网发布的《中国移动位置服务（LBS）行业现状调研分析及市场前景预测报告（2020 年版）》统计，截至 2019 年底，中国移动位置交友应用市场累计账户规模达到 5 亿户。随着我国 5G 的高速发展、智能终端的普及，以传统互联网为平台的社会化媒体向移动客户端转化，智能手机成为用户获取网络体验的活跃终端，基于移动互联网的 LBS 应用获得了更大的发展空间。

二 运营商采用的定位技术介绍

（一）运营商传统定位技术

当前基于运营商数据与能力的传统定位技术包括以下几种：小区定位、三角定位、指纹定位、室内外区分技术等。其中小区定位技术是随机定位到服务小区服务范围内的任一点，所以定位精度很差，平均定位误差在 500 米左右；三角定位技术是根据接收场强、收发时间差、路损公式等计算距离，要求同时收到至少 3 个小区信号，计算复杂，计算量大，定位精度可达 100 ~ 200 米；指纹定位是指利用扫频、路测等具有位置信息的无线测量数据进行离线训练，生成指纹库，然后将没有位置的 MR 信息根据特征进行指纹匹配，生成位置信息，定位精度在 50 ~ 100 米；室内外区分技术主要指利用服务小区室分属性、服务小区的建筑物穿透损耗、移动速度、邻区等特征建模，区分用户室内或室外，准确率可达 85% 以上。

（二）基于 OTT 指纹技术的 MR 定位

OTT（Over The Top）来源于篮球等体育运动，是"过顶传球"之意，指的是篮球运动员在他们头顶之上来回传球使其到达目的地。互联网企业（如国外的谷歌、国内的百度等）利用电信运营商的宽带网络发展自己的业务，而这些应用被称为 OTT 应用。一些 OTT 服务商为用户提供定位及导航类服务，在其 App 应用中存在明文上报位置信息的情况，通过提取经纬度信息，来描绘用户的移动轨迹。由于这种定位方式获取的经纬度来源于 OTT 应用，所以称之为 OTT 定位。

MR（Measurement Report，测量报告）是指信息在业务信道上每 480ms（信令信道上 470ms）发送一次的数据，这些数据可用于网络评估和优化。

基于 OTT 的指纹定位是指解析第三方 App 应用中用户位置信息，并与无线侧 MR 做关联生成 OTT 指纹库，然后为所有上报 MR 信息的终端设备进行定位。基于此核心能力与丰富的用户标签，打造运营商大数据联合作战能力，高效支撑内部精准营销与运维优化，对外充分发挥移动数据金矿价值，积极探索数据变现之路。其功能框架图如图 1 所示。

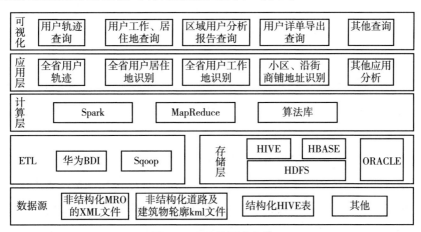

图 1 MR 定位平台架构

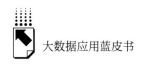

基于 OTT 指纹技术的 MR 定位的主要内容包括道路用户识别模型、仿真图层模型、基于人工智能思路及算法的优化更新流程。具体如下所示。

1. 道路用户识别模型

道路用户识别：主要包括速度识别、等红绿灯识别。

速度识别：当速度大于某个值时，认为正常人类在步行/骑行无法达到时，再排除定位错误数据，持续一段时间的稳定的高速移动，认为是乘车（火车、地铁等亦算在内）在道路上行驶。

等红绿灯识别：道路上的用户除了高速行驶，还存在等红绿灯等情况，此时用户有以下三个特征。一是速度特征，此时用户速度会呈现由正常速度快速变为零、一定时间内又变回正常速度的过程（特殊情况暂不考虑）；二是使用的主服务小区特征，此过程中用户一直在车内（道路上）使用基站服务小区；三是小区信号变化特征，当停止不动时，信号变化应趋于稳定。所以通过以上各种行为特征，综合识别在道路上的用户。

2. 仿真图层模型

根据已经收集的海量历史覆盖信息（MR 等），利用 LightGBM 算法建立训练模型，实现全区域的模拟仿真信号覆盖，用以辅助、补充现有根据 OTT 建立的栅格库中覆盖不全面，不合理的栅格及区域，进一步提高模型准确性。LightGBM 的思想是将连续的浮点特征离散成 k 个离散值，并构造宽度为 k 的梯度框架。然后遍历训练数据，统计每个离散值在直方图中的累计统计量。在进行特征选择时，只需要根据直方图的离散值，遍历寻找最优的分割点即可。

于传统算法相比，LightGBM 具有更快的训练效率，内存消耗低，准确率更高，支持并行化学习，具备大规模数据处理能力，因支持直接使用 category 特征而逐渐流行起来。

3. 基于人工智能思路及算法的优化更新流程

指纹库的更新和优化是一大难题，主流指纹库的优化多是基于人工寻找库，更新周期长且建库完成以后需要重新优化；使用时循环往复整个重建、优化的过程，非常消耗人力物力且效率低，效果差；且每次优化后，定位准确的部分库无法保持，进而无法实现持续的优化迭代，导致定位效果无法实现越来越准，整个过程非常消耗人力物力且效果不够显著，成为当前定位模型的一大难题。

基于此现状，目前运营商使用了基于人工智能思路及算法的优化更新流程，此流程包含更新和优化两大功能，首先作为最初建库的优化方法，基于大数据技术，效率高效果好，且实现全流程自动化，无须人工参与，极大节省人力资源和计算资源等；其次作为后续指纹库的更新方法，比原有技术更方便更灵活、可自由选择一小时、一天、一周、一月等更新周期，实现小、中、大版本及时更新、随时发布，保证了更新的及时性和定位的准确性。

因流程机制是持续的迭代更新，无须重新建库，可保证前期优化后的优良的部分栅格库始终保持，持续积累，实现迭代优化的功能，随着不断使用，定位效果越来越好。指纹库更新流程如图2所示。

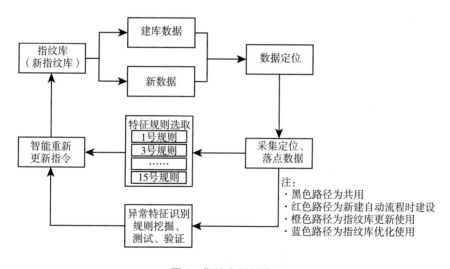

图2 指纹库更新流程

（三）室内定位——楼宇常驻人员识别

室内定位相对来说技术实现方式较简单，楼宇内有专门用来进行实现室

225

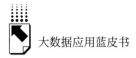

内信号覆盖的专属设备，也就是我们通常所说的"室分设备"，用户在终端网络注册时只要附着在"室分设备"上，理论上就应该位于该"室分设备"所在楼宇。运营商通常将分析重点放在如何识别楼宇中的常驻用户（工作、居住）上。

借助于建筑物边界、用户宽带装机地址信息以及用户常驻地信息，将用户定位到具体小区及楼栋，并引入用户居住地置信度概念，提升用户数据使用感知。常用方案是使用一个月的日定位位置确定出用户的居住地空间位置，再将用户的装机地址结合地图信息，找到每个装机地址对应的空间位置，结合小区楼栋建筑物边界位置，利用欧式距离，将用户居住地空间位置落到具体的小区及楼栋，并根据居住地周边日定位数据的分布情况计算出置信度。其原理如图 3 所示。

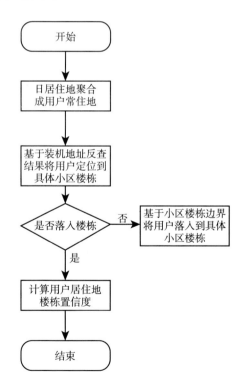

图 3　用户"入楼"原理

用户"入楼"数据流程具体如图 4 所示。过程如下所示。

步骤 1：提取日居住地位置数据聚合计算出用户常住地；

步骤 2：调用运营商自身的 GIS 地图数据，结合用户常驻地经纬度，将用户定位到具体小区楼栋；

步骤 3：取出装机地址没有定位到楼栋的用户，利用建筑物 GIS 轮廓信息将用户落入到小区楼栋，并回填用户地址；

步骤 4：根据日常驻地与最终位置的比例关系，输出用户常住地楼栋位置置信度。

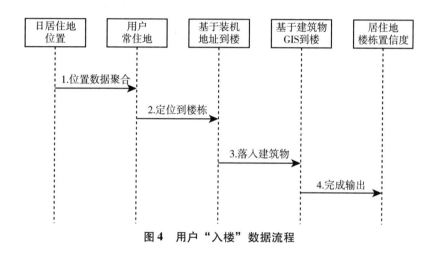

图 4　用户"入楼"数据流程

三　运营商位置服务应用

依托位置数据中台的精准位置能力，运营商能够快速支撑公司内外部需求。对公司内包括楼宇集团客户拓展、快递员识别、返乡滞留人员营销等；对公司外包括人群交通路线识别、就业推荐、提醒等。

（一）对公司内需求支撑

1. 楼宇集团成员的识别

楼宇集团成员模型旨在对附着在楼宇里室分基站的工作地用户进行集团

划分，进而识别重点用户并实现对重点人群的定位监测。总体思路如图5所示。其过程包括模型输入、模型建立、模型输出和数据验证步骤。

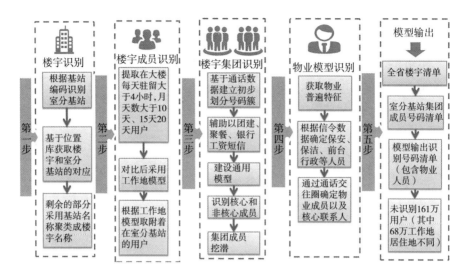

图5 楼宇模型设计

（1）模型输入

模型输入以楼编码为主键，提取每栋楼内用户基础信息、本网通话交往圈信息、本网用户与异网用户通话信息、信令信息共四大类数据。具体如表1所示。

表1 楼宇用户基本信息表

序号	字段名	数据定义	数据来源
1	成员编码	/	集团用户信息表
2	成员号码	/	集团用户信息表
3	集团名称	/	集团用户信息表
4	集团编码	/	集团用户信息表
5	区域编码	合肥、宿州等	集团用户信息表
6	订购产品名称	/	用户产品信息表
7	内部成员工作时间内通话次数	取三个月平均数据,时间:上午9:00～11:30,下午13:30～17:30	用户通话信息表

序号	字段名	数据定义	数据来源
8	内部成员工作时间内通话人数	取三个月平均数据,时间:上午9:00～11:30,下午13:30～17:30	用户通话信息表
9	内部成员工作时间内通话时长	取三个月平均数据,时间:上午9:00～11:30,下午13:30～17:30	用户通话信息表
10	内部成员工作时间内通话天数	取三个月平均数据,时间:上午9:00～11:30,下午13:30～17:30	用户通话信息表
11	交往圈人数	取三个月平均数据,时间:上午9:00～11:30,下午13:30～17:30	用户交往圈信息表
12	内部成员工作时间内通话占比	内部成员工作时间内通话人数/交往圈人数	衍生字段
13	内部成员全天内通话次数	取三个月平均数据,时间:全天	用户通话信息表
14	内部成员全天内通话人数	取三个月平均数据,时间:全天	用户通话信息表
15	内部成员全天内通话时长	取三个月平均数据,时间:全天	用户通话信息表
16	内部成员全天内通话天数	取三个月平均数据,时间:全天	用户通话信息表
17	内部成员节假日内通话次数	取三个月平均数据,时间:节假日	用户通话信息表
18	内部成员节假日内通话人数	取三个月平均数据,时间:节假日	用户通话信息表
19	内部成员节假日内通话时长	取三个月平均数据,时间:节假日	用户通话信息表
20	内部成员节假日内通话天数	取三个月平均数据,时间:节假日	用户通话信息表
21	工作地基站编码	/	工作地信息表
22	工作地基站名称	/	工作地信息表
23	工作地基站经度	/	基站经纬度信息表
24	工作地基站维度	/	基站经纬度信息表

（2）模型建立

核心模型建立包括下列过程。首先进行楼宇识别。该方法先根据基站编码识别室分基站（取基站数据表中基站名称包含"－F"特征的基站），将室分基站名称聚类成楼宇名称。然后和爬虫获取的楼宇名称进行匹配。如图6所示。

楼宇识别

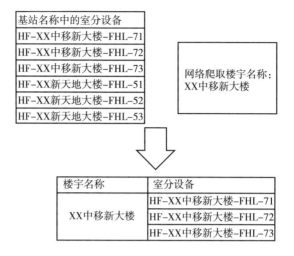

图6 楼宇名称分词识别示意图

其次进行楼宇成员识别。方法基于识别出的楼宇，根据工作地模型，将楼内室分基站附着的成员进行识别。作业流程如图7所示。

图7 楼宇用户识别

再次进行楼宇集团识别。方法基于识别出的楼宇内的人员，建设模型来进行集团切分。作业流程如图8所示。

最后，基于社区发现算法划分初步号码簇。其算法步骤如图9所示，内容包括通过分析用户1个月的通信情况，剔除用户交往圈中的"噪声"数据，提取出用户稳定的交往圈信息；计算用户交往圈中用户出现的频率，通话时长，通话时段等信息，随机过程计算用户与交往圈中每个用户主叫、被叫所处的稳定状态概率值，根据稳定状态的加权，计算出哪些用户为交往圈中的核心用户；将每个用户模拟成一个节点，节点之间有通话就有一条连

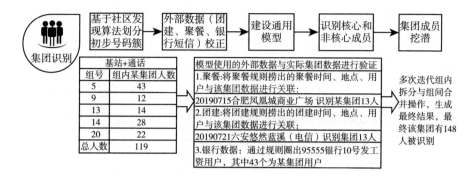

图8 楼宇集团识别

线，根据两个节点之间的通话频次和时长，给这个连接附上一个权值，权值越大表示两个节点之间关系越紧密，从而形成一个复杂的网络图结构。结构图由多个社区结构构成，每个社区内部的关系密切、社团与社团之间联系稀疏，即为我们想要的楼宇集团。

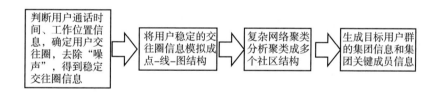

图9 集团用户识别

基于社区发现算法划分初步号码簇的过程包括以下内容。

第一，初步划分。基于用户通话交往圈以及号码对在统计周期内通话频次，构建用户关系网络信息结构图；采用社区发现louvain算法进行群组细分，形成号码簇；针对不同集团成员间可能存在通话的现象，根据室分基站对初始号码簇进行拆分，得到在同一室分基站下的通话分组，实现对集团用户初步归类。

第二，组内拆分。针对初步分组中同一分组人员分布可能出现的大量同一集团成员混杂少量其他集团成员的情况，为了剔除一个分组中掺杂的其他集团成员并进行重新分配，我们采取了组内拆分的方法，具体思路是：计算各个分组的组内成员亲密度，定义为组内每个成员与其他成员的平均通话次数。将组内亲密度排序后10%（低于十分位数）且低于亲密度阈值的用户拆成游离用户进行重新分配，对每一个用户来说，重新计算该用户与所有分组的亲密度，定义为该成员与分组内成员的平均通话次数，取亲密度最高的分组，若计算得到的亲密度值大于该组10%成员的组内成员亲密度（高于十分位数），则将该成员并入该组，否则将其独立为一个新的分组。

第三，组间合并。针对分组中同一集团成员可能被分配到多个不同分组的情况，为了合并集团成员，我们采取了组间合并的方法，具体思路是：计算两两分组之间的组间亲密度，定义为两个分组所有用户之间的总通话次数均值，由此得到一个二维的亲密度矩阵。将组间亲密度达到一定阈值的组进行合并，将它们合并为一个分组。若出现A和B，A和C亲密度都很高的情况，则只取它们中的较大者进行合并。组间合并操作在组内拆分操作之后进行，二者形成循环体，在每一次分组后均运行迭代多次。

第四，外部数据校正。在初步号码簇形成之后，筛选出银行圈数据、聚餐圈数据、团建圈数据三部分外部数据。筛选规则如图10所示。

第五，集团核心联系人识别。在实现集团划分的基础上，根据集团内用户与本集团成员通话频次、成员覆盖率判断是不是核心联系人，每个集团标识出1~3个核心联系人。

第六，异网集团成员挖潜。包括以下四种方案。

方案一：通过通话圈覆盖率识别。取工作时间段与楼内本网号码有通话的异网号码，针对每一个异网电话号码，统计该号码与各个分组的通话情况，放入通话人数大于10且通话次数大于50或通话人数占比多于50%的最亲密组中。

方案二：通过与核心联系人通话亲密度识别。取工作时间段与楼内本网号码有通话的异网号码，针对每一个异网号码，统计分析其与核心集团联系人通话情况，放入最亲密组中。

方案三：快递员模型通过两种步骤实现。步骤一为快递员号码获取，即通过网络爬虫以及是否办理快递员套餐两种途径获取快递员号码。步骤二为

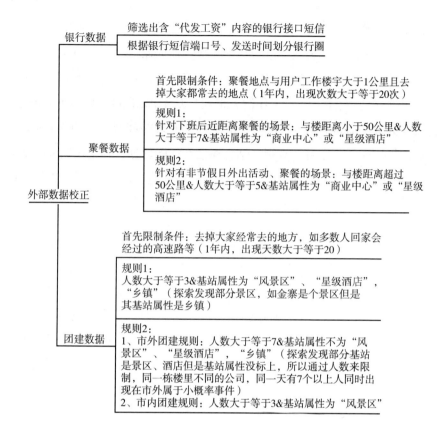

图 10　外部数据校正设计

异网集团成员识别，获取快递员通话详单，结合时间间隔、通话时长识别同一栋楼中夹杂在本网号码间的异网号码。

方案四：外卖员模型的获取包括以下步骤。步骤一为外卖员号码获取，通过网络爬虫获取外卖员号码。步骤二为异网集团成员识别，获取外卖员通话详单，结合时间间隔、通话时长识别同一栋楼中夹杂在本网号码间的异网号码。

合并去重以上四种方案识别出的异网用户，作为潜在异网集团成员。

第七，物业识别。通过集团成员信令数据探索和调研，得到楼宇物业人员具有月休四天、月上班天数比上班族多，早晨上班时间点较早等共通的上班行为特征。物业人员主要分固定地点办公人员，包括保安、保洁、楼宇前台等；还有一类不固定办公地的物业人员，包括维修人员、收取物业费人员。我们对固定地点办公人员进行特征提取：根据保安具有 40 岁以上男性、上夜班、排班轮休、上班时间点较早、巡逻等特征，确定特征规则；根据保洁具有 40 岁以上女性、半天工作制、工作日从不加班等特征，确定特征规则；根据会服、前台行政为 20～35 岁女性、上班时间早、下班时间固定、周末双休等特征，确定特征规则。结合通话交往圈数据，筛选出物业人员间联系人数较多的用户，定义为核心物业人员。物业核心人员识别流程如图 11 所示。

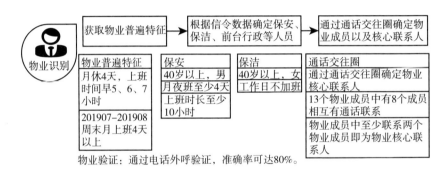

图 11　物业识别设计

（3）模型输出

楼宇集团成员输出样例如表 2 所示。

表 2　楼宇集团成员信息

字段名称	注释
集团所属地市	北京
集团所属区县	海淀区
楼宇编码	
楼宇名称	
集团编码	
集团名称	楼宇、宏站模型输出关联 esop 取已建档集团名称
集团成员手机号	
是否异网	
是否核心联系人	

（4）数据验证

选取有代表性的三处楼宇进行集团数验证，验证结果如表3所示。

表3　楼宇集团成员抽样验证结果

楼宇名称	模型分组个数	实际考察公司数	识别集团用户总数	识别本网集团用户数	潜在异网集团用户数	外部数据归位用户数	物业用户数	分组覆盖率(%)
试点大楼A	23	26	1210	1049	161	19	13	88.46
试点大楼B	35	33	1847	1517	330	91	35	100
试点大楼C	92	116	1056	981	75	56	18	79.31

以某商业楼宇为例，进行集团成员准确率和覆盖率验证，验证结果如表4所示。

表4　楼宇集团成员识别验证结果

公司名称	公司人数	对应组号	组中识别正确人数	在组内且在验证数据里的人数	准确率(%)	覆盖率(%)
试点公司A	183	12	148	170	87.06	80.87
试点公司B	148	18	90	127	71	61
试点公司C	95	11	64	74	86.49	67.37
试点公司D	33	22	22	22	100	67
试点公司E	28	16	21	42	50	75
试点公司F	22	15	12	13	92.31	55

注：准确率＝组中识别正确人数/在组内且在验证数据里的人数；覆盖率＝组中识别正确人数/公司人数。

如表4所示，由于部分集团组内成员通话少，缺少团建、聚餐、银行短信等辅助信息，导致部分集团成员覆盖率低下。

2. 楼宇集团客户拓展

节假日后，随着各楼宇陆续复工复产，运营商利用楼宇模型监控全省楼宇集团人员上班及复工数据，包括上班的集团数量变化、楼宇内办公人数变化、各集团人员上班变化，快速掌握各楼宇集团复工情况。图 12 为楼宇集团客户复工趋势图。

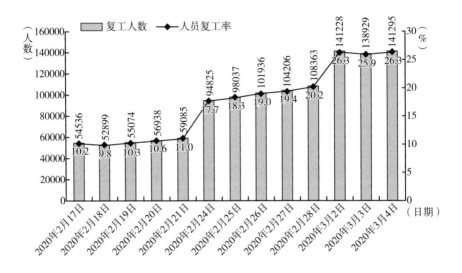

图 12　楼宇人员复工走势

对复工比例高的楼宇，由归属网格的客户经理和渠道经理优先开展现场营销，同时配备楼宇装维负责人，进行点对点支撑。自 2020 年 3 月份复工以来，全省营销楼宇集团数提升了 20.3%，地市营销楼宇集团成员数提升了 15.6%。

3. 快递员识别

快递员识别模型是大数据的基础模型之一，对异网用户位置识别、异网集团成员识别都有重要作用。近年来，由于快递员送货主要放入快递柜，与收件人通话较少，原有基于通话特征识别快递员的方法，查全率越来越低。

由于 2020 年初小区封闭管理，快递员行为发生了变化。经过调研目标省份 8 家主流快递公司（四通一达、顺丰、京东、邮政）的快递员，均符合以下情况（见图 13）。

基于小区封闭管理期间的详单、信令等数据，使用通话特征识别快递员，补充识别了大量的快递员数据。

1月24日~2月3日　　　2月5日~3月19日　　　3月20日之后

· 春节假期：网购量不大，快递基本未开工。
· 小区封闭管理期：快递员无法进入小区，大多在小区门口打电话、发短信通知收件人取件。
· 小区解封期：快递员行为恢复正常，快件直接放在代收点、快递柜，不再打电话。

图13　快递员识别设计

4. 返乡滞留人员营销

对于外出务工大省，返乡人员数量大，受节假日影响很多外省返乡人员滞留省内。此类省份的运营商基于数据中台位置能力识别返乡滞留用户，以目标省份移动为例，结合工业园区驻留、浏览招聘信息等特征，在全省识别有务工需求的目标客户90.5万（见图14）。

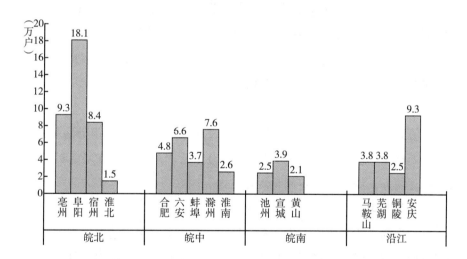

图14　返乡人员地市分布

针对返乡目标客户，部分运营商还量身定做了"创业卡"、"随心卡"等营销政策，通过策略中心推送营销短信，网格化现场亲切，截至2020年3月底，营销成功7.5万，营销成功率8.3%，相比新入网营销成功率提升65%。

（二）对公司外需求支撑

伴随着运营商位置服务的快速增长，各类应用接踵而至，都试图在传统输出能力上尽可能大的取得突破，运营商的移动位置服务面临着极大的挑战和发展机遇。

1. 交通路线识别

依据用户漫入目标省份的轨迹（粒度：基站小区级），进行聚类筛选出聚集度较高的无线小区集合，结合位置库中已有的"道路 POI"边界数据，拟合出防控人群在目标省份境内移动、扩散的交通线路，供防疫办指挥交通部门进行道路监管。

通过 GIS 地图的形式，直观展示了漫入用户是如何入境、如何流动、如何扩散的。同时，依据目标用户漫入目标省份的轨迹，结合 GIS 地图中"边界 500 米内基站"列表，在 GIS 中绘制出目标省份"漫入门户"，通过 GIS 地图的方式直观地显示用户从哪里入境，为交通管制部门设置入境哨卡地点的选择、补漏、优化提供数据支撑。识别出全省非道路"门户"32 处，为交通管制查缺补漏提供了极大帮助。

2. 过境识别

过境短信：根据实际需求，某省移动公司划分出所有地市的边界区域，由信令处理平台实时识别过境用户，输出至云 MAS（Mobile Agent Server，移动代理服务）中心进行定制化短信发送。

3. 就业推荐

某地市为工业重镇，云集汽车、纺织、矿产等众多制造业大型企业。移动运营商与省市联动，提前为制造业复工后员工短缺问题出谋划策：抽取该地区区域用户的流量 XDR，匹配 58 同城等就业网站上与制造业相关的 URL，提前累积制造业就业意愿用户清单，帮助企业渡过复工员工短缺危机，也为相关人员恢复工作，缓解经济压力提供帮助。

通过流量分析能力，自动识别复工意愿用户，为企业寻找员工提供了新途径。累计识别制造业就业意愿用户 1.2 万人，为企业复工用人提供了支撑。

4. 复工提醒

移动运营商政企部门组织了省内大规模工业园区用户识别专项工作，共识别了某省 1520 个工业园区的 80563 名用户。

以前期识别的工业园区用户为目标用户，结合 GIS 地图中工业园区拟合出的小区扇区，在信令处理平台中实时判断目标用户是否出现在工业园区，如出现且驻留超过 2 小时则判断为复工情况并发送"复工注意事项"短信。

通过自动化技术手段，快速识别工业园区员工复工迹象。累计识别用户 2.7 万人并发送了复工短信，提升了用户快速复工上岗的工作意识。

四 运营商位置大数据未来发展方向探讨

从运营商位置大数据应用的全球发展趋势来看，随着移动互联网尤其是 5G 的发展、智能手机的普及以及社交网站的流行，位置服务成为最受开发者关注的 API 之一，相关应用领域也随之不断丰富。目前，位置服务在紧急救援、位置跟踪、定位导航、本地搜索、社交娱乐、广告促销等方面都有广泛应用。因此，如何深挖运营商位置能力独有的特点，是拓展特色业务、抢占市场先机的重中之重。

（一）深挖运营商位置能力"实时"性的特点，拓展特色业务

经过多年建设，运营商基于 Spark、Flink 的实时数据能力有了长足发展，过境短信、景区用户实时识别等变现场景日渐成熟。但传统基于扇区粒度的实时定位能力无法应对"细颗粒"应用场景，如最受欢迎的位置能力应用，导航功能。如何从 O 域数据源头，挖掘、建设实时定位能力，如实时"MR 指纹"定位能力，将是运营商位置能力接下来的主要研究方向。可拓展应用场景：结合交通数据，与交通指挥中心联动，对正在使用导航用户行使状态的分析可反向推算出道路的拥堵情况，也可为交管部门提供路况信息参考。

（二）结合多元数据，发挥多维度体系优势

从目前的位置类应用运营情况来看，运营商定位能力还具有极大的发展空间，目前位置业务的数据支撑源还比较单一，服务种类才刚开始拓展，以后的发展方向一定是全范围的数据业务整合与打包。比如将定位能力与其他运营商基础数据业务进行关联，如 SMS、MMS、WAP 等；再比如结合目前比较流行的搜索类应用，嵌入移动搜索、12580、博客、商旅、交友、聊天、游戏、聚会、社区服务等更高层级的应用，从而形成新的组合产品。通过这些业务整合，使服务信息更加精准化、趣味化和多元化，使高精度定位信息更加实用化，从而为用户提供更加丰富的互动服务，也更贴近用户需求。目前，已经开始崭露头角的本地热点生活信息查询就是位置服务的一项卓有成效的延伸应用。用户通过 12580 进行餐饮、娱乐等热点生活信息查询时，系统会依据用户进行呼入时所在的位置信息与用户想要查询的热点信息进行匹配，经过计算为用户提供距离最近、行程最方便等多项结果供用户选择，这种高精准匹配方式，极大地提高了服务推荐的成功率。向用户推荐应用的目的是引导用户在查询完毕后的"使用"动作，系统可向用户提示、引导下载 JAVA/BREW 应用客户端或者直接推送彩信地图，为客户提供当前位置到目的地的导航服务。将位置信息服务与服务渠道相结合，可为用户提供更便利的服务，从而催生更完美的用户体验，培养用户使用习惯。

（三）转变运营模式，"前向收费"变"后向收费"

目前运营商主流的位置类应用中，基本都是采取向最终使用客户收费的方式实现盈利，比如：移动手机地图业务的包月或按次费用，或者其他地图类应用下载时产生的费用等。但是，绝大多数用户都已经习惯了享用免费服务，实际上愿意付费购买的服务只有导航等个别应用，收费项目的单一化限制了运营商付费客户群的进一步扩张。放眼世界，google、百度在互联网搜索引擎广告方面的成功是有借鉴意义的，那就是没有比热点信息查询更"精准"的广告媒体投放了，我们完全可以通过对客户的日常行为模式进行分析，从而得出潜在的客户需求，进而形成一套完整的客户信息数据库，也就是用户标签。在用户进行服务查询时，对查询到的商户进行"竞价排名"展示，从而实现对用户免费，对商户收费的运营模式演进。基于位置的服务将会促进安全、交通、物流、城市规划，甚至农林渔等传统产业的精确信息化管理。运营商可以凭借行业用户的价格承受能力较高的特点，充分与传统产业开展合作，打造和扶持基于运营商位置能力的融合性行业应用，从而促进位置变现产业价值链的多元化，如基于用户位置特征信息的"燃信"业务。

（四）加强互动性应用，鼓励用户积极参与

我们认为，与POI（Point Of Information，信息点）数据的有机结合将是运营商位置服务的下一个数据金矿，但是POI信息的海量采集与维护成本的高昂，一向是位置服务提供商的重点与难点。传统的信息采集是通过网络爬取或者购买专业图商数据，信息更新频率低、成本高。换一个思路，是否可以通过积分等激励手段，鼓励用户通过客户端（手厅或订制App等）提供的标注功能，实现POI收集的"人海战术"呢。同样的，针对POI信息维护，也可以鼓励用户对热点信息进行纠错、评注，从而实现POI数据的高效更新。

运营商位置服务产业是近几年较热的技术拓展领域，由于其产业链的复杂性，涉及环节的多样性，技术升级、更替的快速性，使得商业化模式也在不断地探索、出新。因此，如何优化资源配置，提高移动位置服务整条产业链的产出效率，提升产业链上企业的经济效益，同时让用户享受到质量水平更高的移动位置服务，是我们今后研究的主要方向。

B.13
基于 AI 视觉的开放式大场景
电力作业过程
——智能管控解决方案

谭守标　朱吕甫　黄叙新　朱兆亚*

摘　要： 随着变电站信息化等新技术的不断应用，为减员增效，很
多变电站逐步转为无人值守变电站。日常变电站运维检修
作业需由变电站安全管理人员陪同监管，但由于监管人员
有限、作业过程难以全程监管，容易因人员疏忽导致一些
安全事故的发生。基于深度学习智能视频分析技术，对现
场监控视频进行实时分析处理，识别画面中人员的作业行
为，结合工作票信息判断是否存在违规操作，及时发出预
警，实现现场运维作业过程的全程智能监管，将风险隐患
消灭在萌芽状态，为电力作业安全保驾护航。本文介绍了
基于视频画面对开放式大场景中作业人员行为进行分析识
别所采用的基本方法，包括前景检测、目标检测定位、目
标分类识别、语义分割、动作识别等。描述了安徽炬视科
技有限公司开发的电力作业过程智能管控系统的技术架构、
系统框架、工作模式以及智能分析内容。成功的案例充分

* 谭守标：安徽大学教授，博士生导师，安徽炬视科技有限公司创始人，安徽省战略性新兴产
业技术领军人才，主要研究方向：图像视频智能分析，计算机视觉。
朱吕甫：安徽炬视科技有限公司副总经理，从事人工智能应用转化工作。
黄叙新：高级经济师，合肥工业大学在读博士研究生，从事科技成果转化与创业投资研究
工作。
朱兆亚：安徽炬视科技有限公司总经理，从事人工智能应用推广工作。

证明系统对辅助管理人员进行现场作业的精细化管控，对消除安全隐患产生了良好效果。

关键词： 电力作业过程管控　AI 视觉　开放式大场景　视频智能监控

一　电力作业过程智能管控的现状

近年来，国民经济和社会事业的高速发展，促使电力行业持续加大建设步伐，电网设备规模大幅增长，变电站数量显著增加。电力运检作业呈现出数量大、分布广等特点，运检人员工作量日渐繁重，但人员增长有限，结构化问题突出，从事智能站的运维人员不到总数的 10%。大量常规变电站设备运维、检修日常工作仍沿袭 20 年前的传统，许多工作仍采用人工就地操作、手动抄录、现场频繁往返等形式[①]。随着变电站无人值守、运维一体化、"2 + N"值班模式的推进，人员能力已经基本挖掘，运检工作量与运检人员的矛盾日益突出，随之而来管理难度也不断增加。

现有电力的日常运检作业，一般是依赖于人工现场随班、视频监控为辅的管理方式[②]。上述管理方式已然不能满足实际需要，主要问题可概括为以下几点。

第一，依靠现有管理人员，没有办法做到作业现场安全督察过程中的全

---

① 盛远、梁智、朱春莉、厉娜：《基于"3 + 3"工作模式的电力安全生产管控建设》，《农电管理》2020 年第 6 期，第 9 ~ 12 页；周刚、田玮、李云龙、李志军、王之剑：《电力行业风险较大作业项目安全管控研究与应用》，《电工技术》2020 年第 1 期，85 ~ 88 页；张小海：《电力施工作业现场的全过程实时管控》，《浙江电力》2014 年 33 卷第 6 期，第 60 ~ 62 页；宋璞、宋叶琳：《农配网工程施工现场勘察及作业过程安全管控》，《安徽电力》2018 年 35 卷第 2 期，第 26 ~ 28 页。

② 顾显俊：《作业现场在线管控信息系统在电力行业中的研究与应用》，《无线互联科技》2015 年 20 卷，第 147 ~ 148 页；付新阳：《现场作业全过程监控管控平台应用》，《电力安全技术》2017 年 19 卷第 1 期，第 8 ~ 10 页；谢红：《深化工程施工全过程管控平台应用》，《通讯世界》2018 年第 7 期，第 318 ~ 319 页。

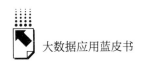

面督查覆盖。

第二，依据纸质资料做记录，难免会出现流程不规范、记录不完整的情况，整体信息智能化程度低。

第三，督查效力很大程度上取决于现场督察人员的个人经验，不利于督察标准化以及安全督查的数据统计分析。

第四，无法确保巡检人员按时按质完成标准操作，无法保证记录的准确性、全面性，难以提高安全生产工作效率和质量。

随着以人工智能、大数据、云计算、物联网等为代表的新技术的不断发展，电力生产提出并逐步试点应用了云、管、边、端的信息化管理架构，提高了电力信息化程度，增强了管理手段。但仍有不少环节缺乏有效手段，特别是作业过程中人员的安全措施和行为难以被全程监管，容易产生安全隐患。基于 AI 视觉的作业人员行为实时识别技术的研发并试点应用，将实现对作业过程的全程实时监管，对排除各种安全隐患起到较好作用。经过几年的试点应用，该技术取得了较好的现场应用效果，已逐步开始小批量推广应用。当然，由于 AI 视觉技术还远远达不到人的智能水平，目前还只能识别一些典型的行为，场景适应性也还需不断加强，但其作为一个有效的作业过程精细化管控手段，将越来越受到重视。

二 国内外研究现状和发展趋势

国外早在 20 世纪 80 年代初就已经开始进行对电力工作安全管控系统的研究，且取得了较大的进展。1982 年，在英国召开的第六届国际供电会议上，人们开始有意识地去考虑变电站现场安全生产的问题[1]，自此开始，电力工作安全管控系统以精确、快速、实时、可靠安全为导向快速发展。西门子公司研制的变电现场安全作业监控系统 LSA678 在 1988 年正式投运，随

---

① 张育英：《参加第六届国际供电会议和英国电力工业考察报告》，1981。

后 5 年推广到了 300 多个变电现场并投入使用①。美国 20 世纪 90 年代初在变电站现场安全管理方面进行了深入研究，积累了较多的科研成果，其中美国西屋公司和 BBC 公司研制出的 SPCS 变电站安全监控系统在欧美等发达国家得到了广泛的使用。日本起步稍晚，90 年代后期开始在新建变电站内使用信息化的安全作业监控系统，监管变电站的作业安全。目前，国外对人员行为分析的研究不少，有了一些阶段性成果，比较著名的有视觉实时监控系统 W4，可以自动进行人体部位分割定位、人员跟踪、物品携带、遗留等行为识别②，提高了人员安全行为识别技术的准确性。

国内在电力工作安全管控技术方面的起步较晚，但发展较快。特别是近二、三十年国内经济飞速发展，电力不断建设，对于电力安全生产也越来越重视，投入了大量资金进行电力作业安全管控信息化、智能化的研发，形成安全生产信息化综合平台，并将信息化管理范围逐步扩展到变电站施工作业现场，利用可扩展标记语言数据传输技术的平台，设计并实现了变电站的作业现场信息管理系统，使得系统内数据更加完整全面；通过现场标准化作业管理系统与生产管理系统的结合，提高了电力企业现场标准化作业管理的水平，并使其规范化、流程化，保障了现场作业的安全，提高了工作效率；国内相关物联网传感器技术也发展较快，提供了完善的电网现场作业管理系统总体架构及功能。

随着视频监控大面积应用，行为识别技术也有了一定的技术突破。国内相关专家在传统 Markov 随机场理论中，融入连续帧的动态信息，能较准确的判别一些简单行为。通过在监控视频中设置若干有意义的标志点，通过一系列的标志点将复杂行为分解为简单行为，利用隐马尔可夫模型（Hidden Markov Model，HMM）对简单行为轨迹建模，实现复杂行为的分层识别③。

---

① Wolf S, "Microprocessor Controlled Standard System for Power Substation Control, Monitoring", *Automation and Protection*, 1993.

② Haritaoglu I, Harwood D and Davis L, "Ral - time Surveillance of People and Their Activities", *IEEE Trans Pattern Analysis and Machine Intelligence*, 2000 年 22 卷第 8 期，第 809 ~ 830 页。

③ 孙琪：《基于随机场模型的人体动作识别》，硕士学位论文，天津大学，2012。

随着深度学习技术的出现和发展，以及经过连续几年的现场试点应用和持续优化，基于 AI 视觉的现场作业人员行为管控逐步成熟并进入实用化阶段。本方案结合人工智能、视觉分析、图形学、控制学等技术实现了作业现场安全生产状况的实时检测和告警，有效提升了现场生产作业的信息化及精细化管理水平。

三　研究方法

（一）前景检测

前景检测是从场景中分离出运动前景目标，同时尽可能降低噪声、阴影等环境变化的影响。该模块的检测结果为目标检测模块提供大致的目标检测搜索区域信息，可提高目标检测效率，降低误检率。前景检测主要分为前景建模法、帧差法、光流法、背景减法、平均背景法、非参数背景估计、码本、背景建模法等。

目前，较为成熟、应用范围广泛的是用于背景建模的高斯混合模型（Gaussian Mixture Model，GMM），也称混合高斯背景建模。GMM 最早由 Stauffer 等人提出，是基于像素样本统计信息的背景建模方法，利用视频图像中每个独立像素在较长时间内大量样本值的概率密度等统计信息来区分前景和背景。对于每一个像素点，其颜色值在视频序列帧中的变化可看作不断产生颜色值的随机过程，并使用高斯分布来描述此随机过程的统计规律：设彩色图像每个像素点的变化对应随机变量 X，其观测数据集为 $\{x1, x2, \cdots, xN\}$，其中 xt =（rt，gt，bt）为 t 时刻样本，则单个样本 x_t 服从混合高斯分布概率密度函数：

$$P(X_t) = \sum_{i=1}^{K} \omega_{i,t} * \eta(X_t, \mu_{i,t}, \sum_{i,t})$$

以此为基础，使用统计差分（如均值和方差等）的 3σ 原则来进行目标像素的前、背景归属判断。

针对 GMM 的一些缺点，KaewTraKul Pong 将 GMM 的训练过程做了改进，将其分为两阶段进行，前 L 帧采用期望值最大化算法（Expectation Maximization，EM）进行权值、均值、方差更新，之后就采用前景检测进行更新，这种改进能提高 GMM 的背景学习能力①。流程如图 1 所示。

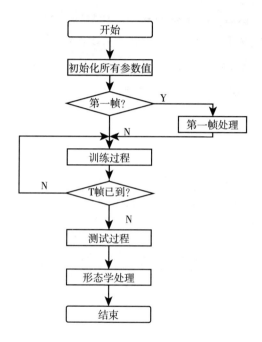

图 1　GMM 学习流程

（二）目标检测及定位

目标检测的目的是判断当前视频帧中是否存在目标并进而定位目标区域，目标区域的检测结果将为后续分类和识别判断做准备。比较著名的目标检测网络有 Faster R - CNN、SSD、YOLO 等，本文简要介绍其中的 Faster R - CNN② 网络。

---

① 夏海英，何利平，黄思奇：《基于时空分布的混合高斯背景建模改进方法》，《计算机应用研究》2015 年第 5 期，第 1546～1548、第 1553 页。

② 较快基于区域的卷积神经网络。

Faster R – CNN 是以 Fast R – CNN 为基础的一个双阶段的目标检测算法，可以简单地看成是"区域生成网络 + Fast R – CNN"的系统，候选区域网络（Region Proposal Network，RPN）用于快速生成候选区域，Fast R – CNN 则作为检测识别部分。使用 RPN 网络来代替 Selective Search 选取目标候选区域，可以有效提升候选区域生成的效率。在总体结构上，Faster R – CNN 将特征抽取、候选区域提取、边界框回归、分类都整合在一个网络中，使得检测准确度有较大幅度提高，RPN 的使用则大幅提升了总体检测速度[①]。Faster R – CNN 的完整网络结构如图 2 所示。

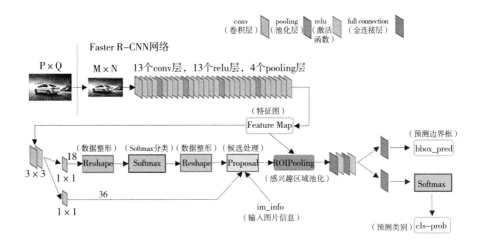

图 2　Faster R – CNN 网络结构

从流程上可以将之划分为 4 个主要部分：特征提取、候选区域生成、ROI 特征池化、分类与回归，如图 3 所示。

卷积层（特征提取）：包括一系列基础的卷积（conv）、激活（relu）和池化（pooling）操作组合，用于提取图像的特征映射（feature maps）。该特征映射被后续的 RPN 层和全连接层所共享。

区域生成网络（RPN）：RPN 网络用于生成区域候选框。该层引入多尺

① 张俊文：《基于 Faster R – CNN 的目标检测》，硕士学位论文，山东大学，2019。

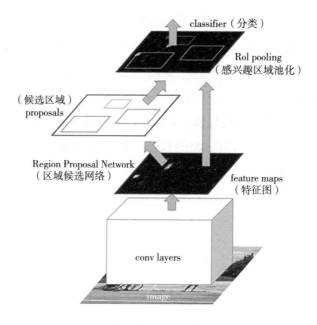

图 3 Faster R – CNN 流程示意

度锚点（Anchor），通过 softmax 判断锚点属于目标还是背景，再利用边界框回归方法修正锚点获得精确的候选框位置，用于后续目标识别处理。

ROI 特征池化：该层对输入的卷积层特征映射中对应的候选框区域，进行池化操作获得固定大小的池化特征，送入后续全连接层进行目标分类判别。

分类与回归：全连接层中的分类层用于计算检测框中目标的类别，回归层则用于对边界框进行进一步回归计算，获得精确的目标边界框位置。

目标分类及识别

目标分类识别用于对框选的目标进行分类处理，识别出是哪一种目标。典型的目标分类识别网络有 AlexNet、Vgg、GoogleNet、ResNet、MobileNet、DenseNet 等。

以下对残差网络（Residual Networks，ResNet）进行简要介绍。为了提取更加复杂的特征和提升模型的准确度，最直接的方法就是把网络设计得越深越好，这样模型的准确率也就会越来越高。但事实上，随着网络深度的增加，会出现一种退化问题，即当网络层数加深时，梯度在传播过程中会产生梯度消失或者梯度爆炸，导致无法对前面网络层的权重进行有效的调整。为了解决这种退化现象，ResNet 网络提出一种残差结构，即在网络中增加了直连通道，此前的网络结构是性能输入做一个非线性变换，而直连通道则以旁路方式将输入信息直接传到输出。由此，该层网络不再是学习一个整体的输出，而是学习前一层网络输出的残差（输出与输入之间的差值），因此 ResNet 又叫作残差网络，示意如图 4 所示。

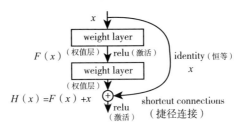

图 4　ResNet 示意

经检验，深度残差网络的确解决了退化问题。残差网络根据网络深度可分为 ResNet – 18、ResNet – 50、ResNet – 101 等，以 ResNet – 50 为例，其主要结构如图 5 所示。

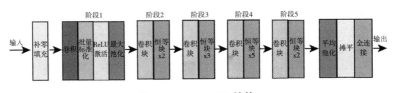

图 5　ResNet – 50 结构

对输入的图像首先进行卷积、批量标准化和池化等操作后送入四个残差块，每个残差块都有若干个学习单元，最后经过平均池化等操作之后输出。其中批量标准化将数据进行标准化操作，防止参数由于分布不同，在经过卷积之后对结果产生影响，卷积层负责提取信息。最后在网络结尾经过一个全局平均池化，用于在整个网络结构上做正则化处理，加强了特征映射与类别的一致性，防止出现过拟合问题。

（三）语义分割

图像语义分割，简单而言就是给定一张图片，对图片上的每一个像素点进行分类（见图6）。

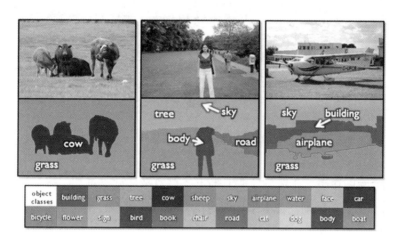

图6 语义分割示意

DeepLab 是基于 CNN 开发的语义分割模型，是最常用的语义分割网络。最新版本是 DeepLabv3＋，在此模型中进一步将深度可分离卷积应用到孔空间金字塔池化和解码器模块，从而形成更快，更强大的语义分割编码器—解码器网络。其网络结构如图 7 所示。

DeepLabv3＋的主要特点为：

（1）提出了一个编码器－解码器结构，以 DeepLabv3 作为编码器，设计了一个高效的编码器模块。解码器逐渐减小特征图并提取高层语义信息，decoder 逐渐恢复物体细节和空间信息。

（2）编码器－解码器结构中可以通过空洞卷积来平衡精度和运行时间，现有的编码器－解码器结构无法做到。

（3）采用空间金字塔池化（SPP），通过多种感受野池化不同分辨率的特征来挖掘上下文信息。

（4）提出深度可分离卷积或分组卷积，将标准卷积分解为逐深度卷积

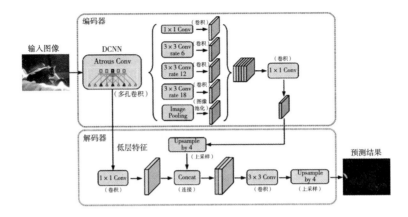

图7 DeepLab 网络结构

后跟一个逐点卷积，在保持性能前提下，有效降低计算量和参数量。

（5）在语义分割任务中采用改进的 Xception 模型，更快更有效。

（四）动作识别

动作识别是指对目标的连续运动过程的分类识别。动作识别不能简单地使用目标检测、目标分类进行处理，需通过对连续帧的画面特性进行关联分析处理。循环神经网络（Recurrent Neural Network，RNN）是一种用于处理序列数据的神经网络，与常规神经网络区别的地方在于，其隐藏层的值不仅取决于这次输入，还受到上一次隐藏层值的影响，由此能学习序列数据的关联信息。长短期记忆网络（LSTM）是一种特殊的 RNN，主要是为了解决 RNN 在长序列训练过程中的梯度消失和梯度爆炸问题。通过引入细胞状态概念，以选择性记忆机制来记住长期的状态，使其能在更长的序列中有更好的表现。

LSTM 与常规 RNN 在其内部结构上的主要区别如图8所示。

其中 RNN 只有一个传递状态 h^t，LSTM 则有两个传输状态 c^t 和 h^t，c^t 即为细胞状态，改变较慢，用于记忆长期状态。

LSTM 内部主要有三个阶段。

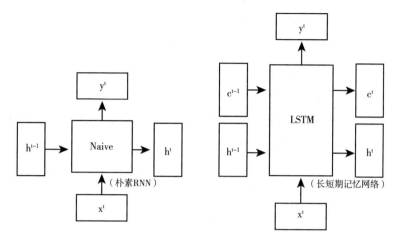

图 8 LSTM 网络结构

第一阶段：遗忘阶段。这个阶段主要是使用 sigmoid 函数根据上一个节点保留的信息及新传进来的信息进行选择性遗忘，只保留应该要保留的信息。

第二阶段：选择记忆阶段。这个阶段也是使用 sigmoid 函数根据保留信息确定新的输入中哪些信息是需要加入细胞状态进行"记忆"的。

第三阶段：输出阶段。这个阶段综合第一阶段、第二阶段的信息，以 tanh 后的结果作为当前状态的输出。

通过上述三个阶段，LSTM 确定哪些信息是对当前更有影响而进行保留，从而学习到序列数据中真正相互关联的信息。

四 技术方案

电力行业由于作业面较大、运维人数较多、设备比较多、安全生产周期较长，因此，作业现场存在监管不到位、发现不及时的隐患。为了及时发现和纠正作业现场存在的问题，确保作业全过程处于受控状态，建立一套安全生产可视化智能视频监控系统平台，对重点环节和关键部位进行监控及智能实时管控。

为了更好、更有效地解决现场作业面的安全防护，提升监管手段的智能化水平，项目研发了基于 B/S 架构的集管理系统平台、手机 App 端、大屏集成展示、智能广播等功能于一体的行为安全可视化智能管控系统平台和安全帽佩戴识别、重点区域入侵识别、施工围栏检测识别、工作服穿着识别等 AI 视觉算法程序，研制了基于 GPU 的视频分析装置，实现了作业现场全过程可视化监控体系，实现远程视频监督、智能视频分析、事后视频检索与抽查等功能。通过违章作业行为识别、个人防护用品佩戴检测、误入非工作区域等监测，将监控系统智能化，实现了现场违规行为的及时发现、预警提醒与抓拍存档，从简单的事后追责转变为事中控制，事中处理，事后分析，变"被动监控"为"主动预警"，实现工地安全管控。

作业现场行为安全可视化智能视频监控系统平台不仅能够提高企业监管效能、保障建筑生产安全、防止建筑事故、保护作业职工人身安全、促进电力发展，更便于各级政府和行业主管领导对现场进行安全监督、监察和有效管理，节省开支、提高工作效率、提升信息化管理水平。

（一）系统简介

采用智能视频分析服务器，结合 AI 视觉技术，对现场定期采集或实时采集的视频图像进行作业行为、设备运行状态监测分析，根据规则进行智能预警，实现电力运检作业的智能管控。

以探索运检业务"机器代人"模式为核心，建设站端"电力运检作业智能管控系统"，实现数据的采集、识别、处理，达到"自动巡视、自动识别、智能预警、智能决策"的高效运检的目标，提升运检管控的穿透力，提升运检工作质量和效率。系统具备以下特征。

自动巡视：将可见光监视、移动通信技术应用于日常巡视工作，实现传统以人工巡视、检查、抄录表计的周期性巡视模式转变为以机器人、摄像机为载体的，自动获取具备视频、声音等多维数据巡视记录的"机器代人"自动巡视模式，减少人工简单重复劳动，提高巡视质量和效率。

自动识别：将深度学习、模式识别、神经网络技术应用到配电巡视可见光图片、视频等源数据信息抽取方面，实现从基于传统人工经验的主观判断识别模式转变为基于可见光图像表计读数识别、开关分合状态识别等自动识别模式，替代人工表计读数抄录、试验记录等，减轻运维工作量。

智能预警：将大数据分析技术融入运维异常、缺陷管理，实现从异常被动告知、现场试验、事后状态评价的运维检修模式，转变为基于设备多维数据资源池的趋势分析、智能诊断的主动预警模式，分类、分级主动推送预警信息，提升运维检修的及时性。

智能决策：将人工智能技术引入运检工作的作业行为管控、设备故障判别、检修计划管理中，实现从传统高度依赖人员责任心和能力的经验决策模式，转变为依托运检知识库和分析算法模型的智能决策模式，机器 AI 智能判断故障异常，主动推送检修处置措施建议，自动生成分析报告，辅助运检管理。

（二）技术架构

电力作业过程智能监管平台系统（平台系统）技术架构（见图9），是系统从最底部的数据源层开始，一层一层地向上提供接口服务。各层次专注于自身功能的接口实现，整个层次保持相对稳定。系统通过不改变接口，将各个层次、各个组件进行优化的策略，能在不影响整个业务的前提下，不断地完善和改进。

平台系统从各类数据起源、提供程序和数据源获取数据，并存储在HDFS、HBase、NoSQL 和 MongoDB 等数据存储系统中。这个垂直层可供各种组件使用（例如数据获取、数据整理、实时处理和离线处理、模型管理和交易拦截器），负责连接到各种数据源。通过高质量的 FTP/Flume 连接器和适配器，集成具有不同特征的数据源的信息和广泛使用的数据来源。通过Rest 对外提供分析结果检索和历史明细检索等服务。

（三）系统架构

电力作业过程智能监管平台由移动终端、报警控制装置、后台服务平台、智能分析设备、网络传输设备以及视频采集装置组成（见图10）。

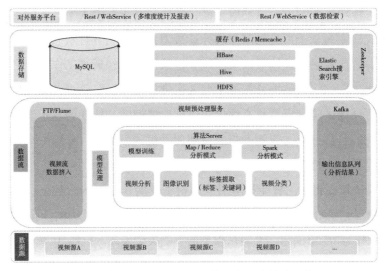

图9　电力作业过程智能监管平台系统技术架构

可视化作业过程智能管控系统平台对重点环节和关键部位进行监控及智能实时管控，现场的摄像头高清画面通过无线传输到后台，实现 24 小时视频监控，对数据进行 7×24 小时录像保存，同时对视频数据进行智能分析处理，对作业人员和进入作业区域的人员的违章作业行为、个人防护用品佩戴、误入非工作区域等行为进行实时分析识别处理。

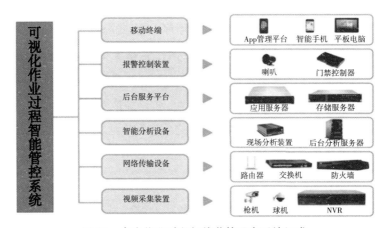

图10　电力作业过程智能监管平台系统组成

（四）工作模式

平台系统的工作模式包括单站模式和集控模式两种。

1. 单站模式

单站模式是通过现场的视频监控系统和移动应急布控系统，通过有线/无线网络传输，将视频信息上传到智能分析服务器，在线/离线的实时智能分析现场人员行为、设备状态、环境情况等，综合利用大数据分析技术，深入视频、图像数据的挖掘、分析，结合智能预警模型，自动判断，主动推送告警信息，实现智能管控、智能预警；自动判断，主动推送分析结果、告警信息至管理平台客户端、手机移动 App 等，提升事故处理效率，减少处理时间。部署方式如图 11 所示。

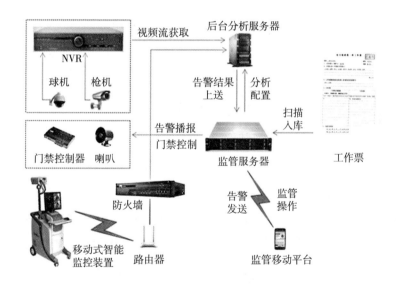

图 11 单站部署示意

2. 集控模式

集控模式适用于多个变电站的集中式多产能及智能监控管理，便于上级部分及时掌握全局安全生产情况。通过大数据分析技术，深度挖掘安全隐患易发点，提高安全生产管理水平（见图 12）。

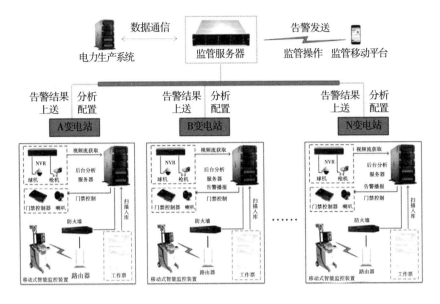

图12　集控部署示意

五　系统描述

（一）系统特点

电力作业过程智能监管平台具有以下特点：

第一，系统集成及开放性好。系统基于先进的云边协同技术架构，管理平台采用B/S架构，边端与服务端以松耦合的方式进行通信，能够很好地实现与其他系统平台之间的互联、互通，满足系统在横向、纵向上的资源共享要求。

第二，系统扩展性、兼容性行强。系统兼容国内外主流厂商的IPC、NVR和SDK接入，兼容有线、无线、4G等多种通信方式。

第三，能够促进企业提质增效。系统采用先进的AI视频图像分析技术，有机融合多种算法，贴合实际使用需求，对设备状态及缺陷自动巡视、作业人员行为自动监管，及时智能预警，做出智能决策，从而降低作业人员工作负荷，减少设备及人员的安全隐患，提高作业效率，实现安全生产的智能化、精细化管理。

（二）系统功能

平台系统通过深度学习等技术建立模型，对作业行为进行数据采集，建立数据库，实现人脸识别、安全帽识别、工作服识别、抽烟行为识别、人员离岗分析、攀爬行为监测、徘徊行为监测、人流量分析、车牌识别、电子周界识别等功能。前端通过具有关联分析功能的视频监控设备采集数据，和对应的数据库中的数据进行比对，自动识别，现场拍照，触发告警，提醒管理人员和施工人员，同时将信息图片等传送给后台管理人员，为后续操作提供充分可靠的依据。

1. 人员身份校核

人员身份校核即通过人脸识别算法对参与作业的人员的身份进行校核。可将人员脸部特征模型与其身份信息包括姓名、身份证号、所属承包商及施工队单位、工种、安规考试成绩结果、特种作业资格证等信息进行绑定后存入系统人员库，在作业现场通过图片采集分析人脸模型后与人员库中模型进行匹配，给出人员身份的校核结果（见图 13）。

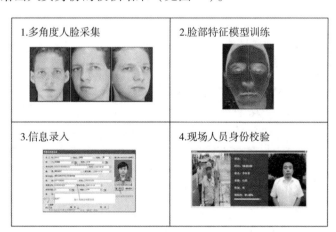

图 13 人员身份校核实现原理

2. 作业区域校核

采用特定目标检测技术，检测识别施工围栏警示标志，进而实现施工作业区域识别及与工作票信息校核处理。算法参数指标如表1所示。

表1　作业区域校核算法参数指标

功能类别	参数指标
警示标注检出率	检出率：≥95%
作业区域检测	准确率：≥95%
标志成像要求	30×30 像素

3. 作业设备操作校核

运用机器学习算法，对发电厂、工地、变电站的高压开关柜进行实时监控，对可疑人员的非法操作实时告警。算法参数指标如表2所示。

表2　作业设备操作校核算法参数指标

功能类别	参数指标
人体检出率	检出率：≥95%
非法操作检测	准确率：≥96%
标志成像要求	30×30 像素

4. 非法攀高实时监测预警

采用目标跟踪及行为识别技术，实时监测是否出现施工区域外非法攀高行为并进行预警。算法参数指标如表3所示。

表3　非法攀高实时监测预警算法参数指标

功能类别	参数指标
人体检出率	检出率：≥95%
非法攀爬检测	准确率：≥96%
人体成像要求	30×90 像素

5. 安全帽检测

安全帽检测算法采用了计算机深度学习算法，通过进行海量安全帽模型检测训练后配合现场部署的摄像头，对作业区域内的人员安全帽佩戴情况进行检测。对未佩戴安全帽的人员做出预警防范，并在系统平台中产生告警信息。算法参数指标如表 4 所示。

表 4　安全帽检测算法参数指标

功能类别	参数指标
人体检出率	检出率：≥95%
安全帽佩戴检测	准确率：≥90%
人体成像要求	50×150 像素

6. 反光背心检测识别

基于大规模反光服数据模型识别训练，配合现场摄像头，自动监控如高速路、建筑工地、城市道路等特殊环境下作业人员是否穿着反光衣，有效防范因未穿反光衣造成的意外伤害事故，做到提前预警防范，大幅减少安全事故的发生概率。算法参数指标如表 5 所示。

表 5　反光背心检测识别算法参数指标

功能类别	参数指标
检测人员	检出率：≥96%
反光背心监测识别	准确率：≥94%
人体成像要求	40×120 像素

7. 危险区域闯入检测

危险区域闯入检测算法采用了计算机深度学习算法，通过进行海量的人体模型检测训练后配合现场部署的摄像头，对作业区域内的危险区域闯入人员进行检测，并实时做出预警防范，从而在系统平台中产生告警信息。算法参数指标如表 6 所示。

表6　危险区域闯入检测算法参数指标

功能类别	参数指标
人体检出率	检出率：≥95%
危险区域闯入检测	准确率：≥95%
人体成像要求	30×90 像素

8. 人员聚集检测

人员聚集检测算法采用了计算机深度学习算法，通过进行海量的人体模型检测训练后配合现场部署的摄像头，对作业区域内的人员数量情况进行检测。对超过多少数量人员（可自行设定）做出预警防范，并在系统平台中产生告警信息。算法参数指标如表7所示。

表7　人员聚集检测算法参数指标

功能类别	参数指标
人体检出率	检出率：≥95%
人员聚集检测	准确率：≥95%
人体成像要求	15×40 像素

9. 烟雾明火检测识别

基于大规模明火场景数据识别训练，配合摄像头实时监控各区域内明火动态情况，定位明火发生区域，立即报警迅速救援。算法参数指标如表8所示。

表8　烟雾明火检测识别算法参数指标

功能类别	参数指标
明火检测	准确率：≥91%
明火成像要求	30×30 像素

10. 车辆识别

检测并识别出进入指定区域的车辆车牌信息，按时间信息及识别出的车辆信息对车辆进入区域、离开区域时间段的视频进行存储和标注，支持后续快速检索及数据传输，检测视频中的车辆，对车牌进行识别。对没有进入权限的车辆实时语音告警，并对车辆数量进行统计。算法参数指标如表 9 所示。

表 9　车辆识别算法参数指标

功能类别	参数指标
车牌检出率	识别率：≥99%
车牌成像要求	100×50 像素，倾角小于 20°

11. 系统平台界面图展示

电力作业过程智能管控系统包含了可视化监管、创建任务、任务监督、告警中心、业务配置等系统功能。该系统可以对现场进行全自动、全天候、智能化监控，有效进行预警项目进展、分析控制项目进展情况、拍照取证。对现场人员行为、设备状态监管记录实现信息化管理，有效解决了对于既往安全信息数据和现场作业图片信息资料等无法实时存储和调阅的问题，使监管情况分析有据可依，分析报告的可信度大大增加。

12. 边缘智能分析装置

边缘智能分析装置支持在 7×24 小时全天候无人值守的情况下，采用事件设定＋检测识别＋告警触发的方式，结合视频监控触发的视频录像或图片，自动分析、预警，最大程度减少运维工作强度、人员投入、网络带宽资源和系统存储资源。参数指标如表 10 所示。

表 10　边缘智能分析装置参数指标

算法实时分析数路	支持同时 32 路智能算法实时分析，可根据需要设置具体规则，以满足复杂、多样场景的需求。
视频编码格式	H264、H265
视频流接入协议	Rtsp、Rtmp、海康 SDK、大华 SDK
报警响应时间	≤5s
检出率	平均算法检出率不低于 92%
功耗	≤30W
算法类型	内嵌安全帽检测、区域入侵检测、人员身份校验、作业设备效验、非法攀高检测、烟雾明火监测等算法。

六　应用场景

电力作业过程智能监管平台系统在包括变电站、电力检修公司、基建工程等多个场景中得到应用，取得良好效果。电力作业过程智能监管平台系统典型应用场景包括以下内容。

（一）作业行为智能监管

华东某变电站为改善日常作业过程因人工监管不足，容易出现漏管、无人监管，存在着安全风险的情况，在智能辅助综合监控系统中部署作业行为智能监管模块，实时监管作业过程中的违规行为。包括安全帽佩戴监测、工作服穿着监测、作业区域检测、攀爬行为监测、单人持长杆监测、高压开关柜非法打开监测等，对异常情况进行告警，潜在危险得到了预防。

（二）电力检修作业安全监管

华东某省电力公司检修公司为远程监管各变电站作业行为安全，部署一套作业行为管理系统，对作业人员身份、资质、安全穿戴、危险区域闯入、攀爬等危险行为、烟火等环境安全进行远程实时监管，对异常情况进行预警，为作业行为安全提供了很好的保障。

（三）与工作票机制的融合

华南某明星变电站积极进行技术创新，将变电站运维作业行为智能管控模块整合为智能视频信息融合监控系统，打通工作票管理系统，实时获取工作票信息，根据工作票内容进行现场作业智能实时管控。包括对作业人员身份、资质、作业区域、安全行为、环境安全等进行全方位管控，实现无人值守变电站作业全过程智能监管。

（四）基建工程安全行为监控

由于基建施工场地环境复杂、机械设备多、安全风险较大，华南某局引入安全行为智能监管模块，创新性实现基建工程施工过程信息化、智能化管控，使用新技术监管安全措施到位、排除安全隐患，为基建工程安全施工保驾护航。具体的智能监管措施包括安全帽佩戴监管、工作服监管、施工区域检测、电子周界监测、登高作业监测、火情监测、班前会、班后会监测等。

（五）变电站现场作业智能管控

华北某明星变电站为实现站内作业过程全程监管，引入移动式视频智能分析监管装置，无须现场重新施工部署电缆和通信线缆，只要现场作业时移动装置到作业现场，即可通过装置上的摄像头监管作业区域，通过装置内的智能分析盒进行现场实时分析，发现问题及时通过装置上的喇叭进行语音警报，并通过 4G 模块将告警数据传回平台进行管理。

B.14
区块链在新能源业务形态中的应用

周海明　范　寅[*]

摘　要：　伴随新能源的兴起，能源行业技术、市场均发生变化。电力
　　　　交易主体愈加丰富，企业购电成本得到降低，但也存在新的
　　　　挑战和问题：既有的集中式电力交易体系，与新能源市场小
　　　　而散的分布式特征已经无法匹配，既有电力数据交换机制亟
　　　　待改进。区块链技术是一种天然的分布式技术，目前已被作
　　　　为一种新技术基础设施纳入国家新型基础设施建设中。本文
　　　　将介绍通过区块链技术以联盟链方式构建多中心化的分布式
　　　　交易系统，较好地解决目前新能源业务形态中无法解决的高
　　　　效交易问题，更好地促进新能源就近消纳，有利于分布式电
　　　　力资源的高效配置。

关键词：　区块链　分布式　新能源　光伏发电

一　新能源发展现状及趋势

新能源又被称为非常规能源，指的是新技术条件下的可再生能源，包括
核能、风能、生物质能、地热能、海洋能、氢能等[①]。与传统能源相比，具

---

* 周海明，曾就职于道富银行、成功软件，目前就职于浙江网新软件恒天有限公司，长期从
事遗留系统改造、区块链、金融科技、反洗钱、电力行业等研究工作。
范寅，曾就职于思科、联发科、腾讯等企业，长期从事系统软件、算法开发研究工作。
① 网集：《走近新能源》，《华北电业》2011 年第 4 期，第 52~55 页。

有可再生性、清洁环保、使用限制较少、分布广泛等特点而受到关注。随着各国对能源环保要求提高，对于可持续能源要求不断增长，新能源在各国政策扶持下得到了高速发展。新能源逐渐成为替代传统能源的重要力量，而其中风电和光伏发电因为成本低、铺设简单、无污染等原因而更受青睐。新能源装机量近十年内得到加速增长，其中风电和太阳能增长势头最快，装机容量年均增长率分别为14.1%和35.1%。如图1所示，新能源总体装机比重由2010年的4.6%上升为2019年的16.8%。

图1　2010～2019年全球新能源发电装机容量及占比

资料来源：国网能源院新能源与统计研究所。

伴随装机容量的增长，全球新能源发电量比重也不断提升。据国网能源院新能源与统计研究所数据，2010年至2019年十年间，全球新能源发电量年均增长率为20.5%，其中风电、太阳能发电增长率仍居于榜首，分别为16.3%和40.1%。2019年，全球新能源发电量已达到20737.07亿千瓦时，占2019年总发电量的8.1%。风电发电量为13775.3亿千瓦时，占2019年的5.4%；光伏发电量为6961.7亿千瓦时，占2019年的2.7%。

新能源技术的成熟促使能源转型不断推进，世界各国都将推进能源转型制定为重要目标。中国、美国、德国、丹麦、西班牙等国家的新能源发电规模不断扩大，发电量占总发电量的比重不断提高。其中丹麦、德国新能源发

电量占比分别达到61.6%和28.3%，远居领先地位；西班牙新能源发电量占比从2010年的18%升至2019年的25.8%，美国从2.7%升至10.3%，欧盟从5.6%升至17.8%，中国从1.2%升至8.6%，均高于全球平均水平。

经过持续多年的高速增长，中国已成为新能源发电第一大国，新能源发电装机在全网总装机中的占比已经超过20%。中国的新能源在电力系统中的地位悄然变化，正在向电能增量主力供应者过渡。据统计，截至2019年底，中国并网风电发电容量达到2.1亿千瓦，并网太阳能发电装机容量达到2亿千瓦[①]。其中，甘肃省的新能源装机总量超过火电，成为省内电力系统第一大能源。新能源的快速发展对推动中国能源变革发挥了重要作用。随着新能源在中国的兴起，分布式能源成为能源市场活跃的市场主体。市场主体日益增多，能源系统商业模式和供求结构产生巨大变化，能源交易模式和市场机制变得更加复杂。

二　新型能源业务带来信息系统的应对挑战

新能源主要有以下业务特点：

（一）微电网技术是分布式能源业务的重要支撑

分布式能源是新能源的一种重要形式，分布式能源是否就地消纳，对于分布式能源的发展格外重要，同时，分布式能源的就地消纳也需要新的电力网络支持。微电网正是一种新型的能够支持分布式能源快速就地消化的方式，近年内随着技术发展而日趋成熟，成为分布能源的重要电力网络支持。

微电网是将分布式电源、负荷、储能装置、变流器以及监控保护装置有机整合在一起的小型发配电系统[②]。微电网，即一个微小的电力网络系统，可谓"麻雀虽小，五脏俱全"。微电网技术具有如下优点：1. 可以方便接入

---

① 国家统计局：《中华人民共和国2019年国民经济和社会发展统计公报》，《中国信息报》，2020年3月2日。

② 方彬鹏：《微电网监控系统及其孤岛检测的研究》，硕士学位论文，合肥工业大学，2016。

周边发电资源，从而充分利用周边可再生分布式能源；2. 可以就近消耗，避免长距离输电的损耗和高额投资；3. 可灵活调整发电容量，改造费用小；4. 可靠性高，并网灵活；5. 微电网作为一个可控单元能够有效缓解间歇电源对大电网的冲击。

（二）分布式能源发展面对的主要问题

我国地域辽阔，风电、光伏发电均呈现较好的地理分散效应，各省级电网之间出力特性具有一定的互补性。因此，通过加强区域内各省级电网互联，能够有效缓解部分区域较为突出的调峰压力。因此，分布式能源发展有较好的潜力和价值，但也遭遇到一些问题。

首先是经济问题。虽然分布式电源上网电价近年来一直呈下降趋势，但目前还无法达到传统能源的水平，部分分布式电源的上网电价仍然较高。预计到 2025 年，风电、光伏发电的度电成本测算结果表明，新能源发电总体上即将进入平价上网时代。但是，对终端用户来说，平价上网的新能源传导至用户需额外增加利用成本，包括接入送出产生的输配电成本以及为保障系统安全增加的系统成本，平价上网不等于平价利用。分布式能源主要面对的另一个问题是如何合理确定新能源利用率，增加新能源利用规模。从新能源发电出力统计结果来看，在一定周期内，分布式能源尖峰电量出现概率低、持续时间短。给分布式能源的定价带来困扰，全额消纳需付出额外成本，降低系统整体经济性，从而引起一些企业组织主动或者被动弃能。弃能问题不仅仅出现在国内，新能源发展规模比较大的国家也均存在不同程度的主动或被动弃能现象。要解决问题，需要建立合理的市场议价竞价方式，也需要能够支持高速、可靠数据交换的信息基础设施支撑。

分布式电源，特别是风力发电和太阳能光伏发电，受天气影响较大，同时也受季节及时间的影响，对于能源的调峰错峰和调度带来更多的挑战。因此需要加强灾害气象预警水平，结合电网运行特性，强化风险分析与预防。需要更加详细的物联网数据采集，以及实时高速的数据传输系统支持。

分布式电源的特点主要是分布面积比传统发电企业广，发点规模较小，而数量巨大。高渗透率接入对电网安全运行管理带来一定困扰，需要及时解决早期制定的标准偏低导致容易脱网、可观可测比例低导致调峰难度加大、影响配电网供电可靠性和电能质量等问题。需要适时提出修订分布式电源并网标准，严格设备入网检测及现场验收，加强核查整改；加强中低压分布式电源信息监测，实现分布式电源可观可测、部分可控，推广应用分布式电源"群控群调"；建立以承载力为依据的分布式电源规模布局管控机制。随着新能源快速发展，电力电子设备大量接入电网，电力系统电力电子化特征日益显著，易大规模脱网引发连锁故障，且带来新的系统稳定问题，给电网运行机理带来深刻变化。因此需要加强信息化监管，提高数据治理能力。

（三）交易参与方发生变化

新能源的快速发展，使得新能源发电企业快速进入到能源交易环节，电力交易的参与方也发生了很大的变化。传统能源主要以大而集中的方式产生，比如传统大型火力电力厂、大型水力发电厂等，都是按照整体规划，有序进入电力交易。新能源的发展带动了一批小而散的发电户，这些发电户因地制宜，在风能和太阳能比较丰富的地方建厂，甚至是在房子屋顶上，附近空地上，以及田间进行风力或光伏能源的发电，这些小而散的发电参与者进入到电力交易系统当中，会给现有的电力交易机制及方式带来改变。

（四）交易方式发生改变

随着交易主体（即市场主体，交易实体）发生变化，现有的交易方式也需要随之进行调整。先前的交易参与方主要是大型发电企业，随着小而散的发电企业、发点站、发电户的快速参与，交易参与方的数量快速增加。原先交易参与方数量不多，交易主要以集中式交易为主，在电力交易中心进行集中式的撮合交易。但随着分布式发电企业进入到交易环节，交易方式随之发生改变，需要从集中式的交易方式变成分布式的交易方式。现有集中式的交易方式无法支撑越来越多的电力交易主体进入到交易系统中。同时，分布式交易可以更加适应电力用发电企业和用电企业就近进行交易，能够促进电力的就近消纳，节省及减轻电力的配送压力。

（五）交易机制需要创新

分布式的交易方式对现有交易机制带来了新的需求和期望，需要进行创新。原先集中式方式可以集中进行系统的撮合，分布式的交易方式，需要考虑交易参与方的区域位置和地理环境，需要进行点对点的交易。点对点的直接快速交易可以使交易双方就交易内容和条款快速达成共识。由于交易参与方众多，点对点的交易方式会对现有的交易信息系统带来巨大的压力。如何设计一种点对点的，高效的交易机制变得非常重要，直接影响到分布式电力是否能发挥最大作用。

随着新能源的兴起，能源交换以及市场机制发生了深刻的变化，电力数据的采集、传递、交换产生了大的变化。数据传输与交换具有数据主体众多、数据点对点交换、数据高可靠、低时延、数据量大、结构复杂等一系列新特征。因此要求新型的信息技术与之对应。

三　新能源业务形态下的分布式电力交易场景

根据新能源业务形态的特点和发展趋势，分布式电力交易业务场景会不断涌现，因为这些业务场景有其自身独特的特点，使得他们和传统的集中式电力交易业务场景有很大的区别。

（一）分布式电力交易业务场景

传统的电力交易市场主体主要包括一般工商业户、发电企业、大工业用户、售电公司、电力交易中心和监管及调度部门。与之相比，分布式电力交易业务场景中增加分布式电源和普通电力用户，分布式电源和普通电力用户小而散的特点使得新的交易场景比原有场景更加复杂。分布式电源及普通电力用户数量大，分布广，地区分布分散，但同时他们又是独立存在的市场主体，拥有参与电力市场交易的同等权利。他们希望通过公平、公开、可靠并且低成本的交易平台来进行电力的交易，从而获得最大的收益。电力交易系统往智能化和自动化的发展可以使电力交易的成本不断降低，这满足了分布式电源参与电力交易的期望。由于分布式电力交易场景的复杂性，使得分布式电力交易系统的建设需要更多考虑数据的安全性和可靠性。因为系统不再是运行在交易中心内部的集中化系统，而是分布在各个参与方，有不同的地理位置和不同的运行环境，系统需要很好的设计来提供相应的安全保障体系。

在分布式场景中，各市场主体之间进行电力交易的需求及形式的简单示意图如图2所示。

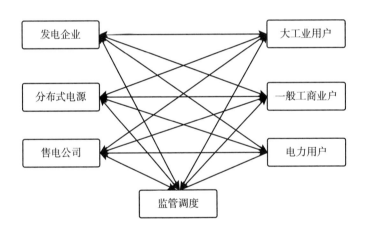

图2　市场主体交易关系示意图

真实的业务场景比图2所示的更加复杂，由于市场主体的数量巨大，这将是一张复杂且巨大的网（见图3）。

异常复杂的市场交易需要设计相应的分布式系统来满足，这使得设计一个满足要求的、健壮的系统变得更加困难。从各市场主体之间进行点对点交易的特点分析，结合上述分布式电力交易业务场景的特点，目前流行的区块链技术正好可以支撑复杂的分布式电力交易（见图4）。

分布式电力交易场景的特点和区块链技术的特性和优势刚好相符。

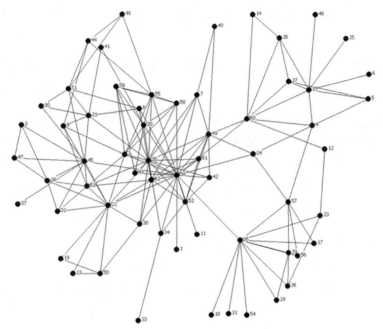

图 3　复杂的市场交易主体关系示意图

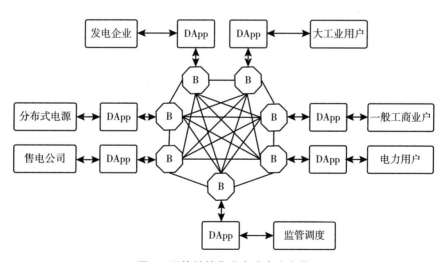

图 4　区块链简化分布式电力交易

区块链网络天然支持点对点交易，可以让区块链网络来处理复杂的分布式网络环境。市场交易主体只要简单地和分布式应用 DApp 进行交互，即可

实现相应的电力交易，而不需要知道底层的复杂网络环境具体是如何实现的。

在区块链网络中，所有的节点都是平等的，拥有相同的权利，这就能满足市场主体追求平等权利的要求。从而使各市场主体在电力交易当中获得同等的收益，而不会因为个体大小的差异影响了交易的公平性。

区块链系统拥有分布式账本技术，分布式账本在所有节点的备份都是一致的，这就保证了电力交易平台的公正、公开透明、公平可靠。

区块链技术当中的智能合约是通过预先编制的代码自动在区块链上运行，达到电力交易的智能化和自动化。而智能合约的可编程特点可以将交易双方协商的条款写入到合约当中自动执行，保证交易的公平和完整。

区块链系统集成了非对称加密技术，同时使用了哈希算法和默克尔树算法来保证交易数据的不可篡改性，为各市场主体的信息安全提供了有力保障。

从上述区块链技术特点和分布式电力交易场景的特点比较来看，区块链技术可以用来支撑分布式电力交易系统。

（二）新基建的推进带来区块链应用的发展契机

区块链技术因为大量采用加密、散列等技术，需要极高的算力支持，同时，因为共识机制需要使用大量计算节点参与决策，因此区块链的应用发展需要基础设施支撑。2020 年以来，随着我国大力推动新基建建设，区块链作为信息基建的重要内容，得到了极大推进。在天津、辽宁、山西、江苏、内蒙古、湖南、海南等多个省市，均将区块链作为新基建的重要组成部分①，纷纷出台相关政策。

能源行业的发展为区块链技术的应用带来了丰富的应用场景。区块链在能源行业的应用，将打破既有能源行业中心化信息壁垒，引领多方主体参与信息共享；降低了信息流通成本，提升了众多市场主体的参与；与新能源的

---

① 赛迪政策法规研究所、赛迪产业政策研究所：《"新基建"政策白皮书》，2020 年 4 月。

结合，将以"区块链+共享储能方式"解决清洁能源消纳痛点，为分布式能源的推动起到重要助力作用。

（三）区块链特点

区块链的技术特点契合能源行业的场景应用：

区块链的底层存储技术实现可以看成是一种分布式数据库，区块链网络上的每一方都可以访问整个数据库及其完整的历史记录。没有单一方控制数据或信息。每一方都可以直接验证其交易合作伙伴的记录，而无须中间人的介入。信息存储具备分散性。

区块链网络上的节点以对等的方式实现点对点（Peer to Peer）的传输方式。区块链节点之间的通信直接在对等体之间发生，而不要经过中心节点。每个节点存储并转发信息到所有其他节点，具有信息自治特征。

区块链上的数据兼具公开透明和匿名的特征。区块链具备开放性，任何有权访问系统的用户都可以看到区块链保存的所有事务及其关联值，其交易具有透明特征。区块链采用地址标识自身，具有匿名特征。区块链上的每个节点或用户都采用一个以30位以上字母、数字组成的唯一地址标记自身，隐匿了节点用户的更多信息。数据的交换或者涉及用户的节点或者用户，均采用地址代替，保证了参与节点或者用户的隐私。

区块链数据的存储特性具有不可篡改（即恶意修改，正常修改不属于篡改范畴）的特点，即记录是不可逆的。区块链采用链式的数据记录，其记录数据通过不可逆的哈希技术与之前的交易记录链接。因此，区块链数据库具有不可更改特征，一旦在数据库输入事务，记录则无法修改。区块链同时采用各种不同的算法，保证了数据库中的记录是按时间顺序排序、对所有节点可见、数据记录永久。

区块链特有的智能合约具有可编程性，使得真实的业务交易能够更灵活地实现。区块链采用的分类账本具备数字性质，即其采用的智能合约体系中计算逻辑是可编程的。因此，用户可以通过编程设定交易的算法和规则，并在交易执行时自动触发。

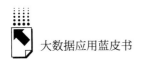

（四）区块链分类及联盟链介绍

区块链按照应用场景、数据读写范围来分，可以分为三类：公有链、联盟链和私有链。

公有链不需要许可，所有人根据自己的意愿加入，在世界上分布广，节点多，主要是通过激励机制来确保区块链的运行，公有链上的数据完全公开透明，所有人都能看到，一般采用POW或者POS等共识算法，算法性能较低，很难支持企业应用。比较著名的公链有比特币、以太坊。

联盟链是由多个参与方组成的区块链网络，多个参与方（即交易组织）通过事先约定的协议组织成一个区块链网络，他们在区块链网络上进行业务交易。联盟链不能像公有链参与者一样随意加入，需要通过协商和基于一定规则来决定，因此联盟链也称为许可链。因为联盟参与者数量一般有限，同时通常会采用效率更高的共识算法，因此联盟链的性能会比公有链高很多。整个网络由成员组织共同维护，网络接入一般通过成员机构的节点接入，共识算法一般采用性能较好的PBFT、RAFT和RBFT等[1]。比较有名的联盟链包括R3 CEV Corda、HyperLedger Fabric、金链盟[2]等。

私有链一般是在同一个组织内进行使用，主要是利用区块链的某些特性来实现应用系统的开发，比如实现内部存证的需要和数据共享的目的。

由于现实的业务应用场景需求复杂多变，区块链技术（不同的区块链平台）也会根据业务需要而改变。但无论是公有链、私有链还是联盟链，都没有绝对的优势和劣势，往往需要根据不同的应用场景和真实需求来分析选择适合的区块链类型。

其中联盟链是半开放的区块链，个人和组织的加入需要联盟中某些节点的审核，联盟链在电力交易领域的应用有如下优点。

（1）数据安全：与公链不同，联盟链内的数据在有限的和许可的范围

---

① 颜春辉：《基于区块链的安全投票系统研究与设计》，硕士学位论文，杭州电子科技大学，2018。

② 金链盟：全称"金融区块链合作联盟（深圳）"，于2016年5月31日在深圳成立。

内共享。只有经过认证审核的组织才可以访问联盟链内的数据，在数据共享的同时提供隐私保护。

（2）可控：联盟链中的组织可以动态调整，经过审核的市场主体可以加入到联盟链的网络中，网络中现有的组织也可以从网络中退出。联盟链网络维护者可以对市场主体的加入和退出进行管控，也可由联盟内的各组织共同管控。

（3）去信任：区块链特征使得各用户节点无需相互信任即可基于智能合约完成交易。事后因为账本公开透明，数据完全同步，各方节省了对账成本，也降低了信用成本和管理成本。

（4）速度快：联盟链内节点数量有限，较为容易达成共识，交易确认速度快。

Hyperledger Fabric 作为开源联盟区块链框架，可以满足电力交易场景中电力交易数据防篡改存证的要求，其中智能合约（链码，Chaincode）可以保证分布式电力交易的安全性和可靠性，支持多市场主体在弱中心化环境中直接进行电能交易。

四　基于区块链的分布式电力交易系统方案

典型的基于区块链的分布式电力交易系统方案，应从系统的架构、核心技术、系统角色、智能合约和交易流程等方面予以考虑，现介绍如下。

（一）系统架构设计

基于区块链的分布式电力交易系统主要包括几个部分：交易参与方（即市场主体）、基于智能合约的交易方式和交易流程。市场主体需要先通过认证才能加入区块链网络，通过独立的区块链节点和分布式应用，调用智能合约进行交易。图 5 描述了基于区块链的电力交易系统的整体架构。

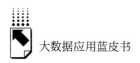

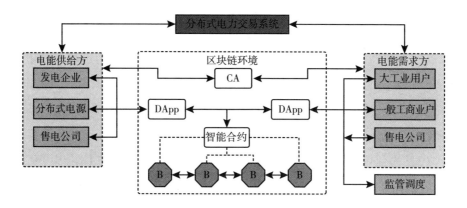

图5　基于区块链的电力交易系统架构

（二）区块链技术支撑分布式电力交易

区块链技术支撑分布式电力交易系统的核心业务和技术点包括身份认证、分布式（点对点）交易、交易撮合、费用结算和数据存储。

身份认证

分布式电力交易首先要解决身份认证的问题，通常在区块链网络中基于证书授权机构（Certificate Authority 即 CA）和 MSP（Membership Service Providers）来完成身份认证。在区块链网络中的 Root CA 是由电力交易中心进行管理，网络中进行交易以及身份认证的 CA 都来源于 Root CA。在电力交易市场主体申请加入到区块链网络中时，交易中心首先对市场主体进行资质审核，审核通过后会给该组织颁发一个组织证书。组织公钥信息通过区块链信息进行同步，用于之后不同组织之间信息交互的验证工作。

分布式（点对点）交易

区块链网络是一个点对点的去中心化网络，它可以在区块链里任意的两个节点之间建立网络连接并进行交易。相比其他集中式交易方式，可以更加分摊和减少网络压力，就近选择相邻节点进行交易，高效地达成共识。同时交易完成后，其交易结果可以通过区块链网络快速同步到其他节点。分布式（点对点）的交易方式通常有下述几个优点。

（1）交易场所相对分散，各参与方可以利用多种方式来进行联系，而后达成交易，在参与方数量较多情况下可以提高效率。

（2）买方与卖方直接进行交易，不会受到集中式系统的限制。

（3）交易时间及交易对象灵活，一般情况下，可以进行 7×24 小时交易。

交易撮合

基于区块链的分布式电力交易的撮合也是在区块链上进行。区块链的智能合约会从区块链上获取买卖双方的报价信息，然后根据这些报价信息以及事先约定的智能合约里面的交易撮合逻辑，满足相应交易的一些规则，即可达成交易，并且会在全网进行广播，同时在区块链上进行可信的存储。

由区块链上的智能合约进行交易撮合的好处包括规则是预先设定，并且对买卖双方及其他各参与方都公开透明；买卖双方根据自己的意愿进行出价，不受其他因素干扰；所有交易信息及结果在区块链上进行同步实时存储，无须编写额外程序代码。

费用结算

区块链的技术特性决定了，在区块链上可以达到快速交易及结算的效果。区块链上的智能合约对电力结算规则进行预先编程实现，执行后完成结算动作。根据区块链上不可篡改的参与方信息、交易记录、交易结果，根据预先设计的合约规则进行结算，结算的结果同步存储在区块链上。同时智能合约可以触发相应的结算事件，实时调用非区块链系统的 API 服务，进行相应的资金结算和转移。在实现了通证的区块链电力交易系统当中，费用结算不需要通过链下的系统及接口完成，可以实时的在区块链上通过通证账户的转移支付完成。这种方式只需要用户事先在系统中设置相应的账户和通证账户的关联信息，比如相应的设置或者充值操作，事后再根据一定的周期，如按月进行集中的处理结算。

在区块链上进行交易结算的另外一个最大的好处是：不需要各参与方进行对账操作，就可以增加各方互信，减少对账的成本，从而提高系统整体效率。因为各参与方拥有的账本数据是完全一致的，这就是区块链分布式账本

的好处。

数据存储

在分布式电力交易系统当中，交易的数据、系统的数据及其他数据都保存在区块链上。区块链具有历史数据不可篡改的特性，所以在区块链电力交易系统当中产生的数据都是真实可信的，无法人为篡改相应的信息，使得在交易市场当中的各参与方，更加互信，提高系统使用效率。

区块链上存储数据也有相应的限制和不足。其中主要的一点就是区块链上无法存储大尺寸和大容量的数据，数据量大之后，区块链的运行效率将会降低，因此在区块链系统中可以将原始的大型文件或其他大尺寸数据在链下进行保存，在链上存储其中的关键信息和文件及大数据的哈希值。仅保存哈希值在链上的好处是能够提高智能合约的执行效率，同时也方便事后通过哈希值进行验证。

在区块链系统当中，对所有数据进行遍历和查询的速度相比关系型数据库要慢，但通过一定的设计，将实时的信息，即当前最新的值和历史数据进行分开保存的方式，可以加快数据的检索和使用效率，目前系统当中采用的是将当前值保存在一个键值对数据库中，该数据库可以对部分列进行索引，从而提高了检索效率。历史数据则通过区块链链式存储结构，交易数据的哈希值和前后区块哈希关联，变成不可篡改的可信数据。

（三）电力交易系统设计方案

市场主体

所有市场主体在加入区块链网络前，必须经过 CA（Certificate Authority，即认证中心）认证，并颁发相应的数字证书和公钥及私钥。

市场主体包含以下几类：

（1）一般工商业户：从售电公司和分布式电源购买电能，一般工商业户会基于售电价格做出选择，以降低购电成本。

（2）分布式电源：安装了光伏发电、风力发电等发电站，通过出售电能获得收益。

（3）发电企业：常规的传统电力生产者，如火电站，水电站，核电站。目前常规发电企业一般以中长期交易合约的方式直接向电网出售电能。

（4）大工业用户：大规模的工业用户，电压等级较高，一般以中长期交易方式从电网购电。

（5）售电公司：既是电力购买者，也是消费者，一般以中长期交易方式从电网购电，然后以现货交易方式向其他电力消费者出售电能。

（6）电力交易中心：电力交易市场维护者，联盟链管理者，负责审核市场主体的加入和退出。

（7）监管调度部门：对电力交易数据进行监控和调度管理。

智能合约

电力交易市场中主要有双边交易、挂牌交易和集中撮合交易三种不同形式，根据交易特点，对应如下三种智能合约。

双边电力交易智能合约：适用于传统的电力双边协商交易和分布式电源直接撮合交易。电力交易中的电量、电价、时间等关键信息由市场主体双方自主协商确定。分布式电源直接交易中的关键信息由系统根据算法自动生成。

挂牌交易智能合约：挂牌电力交易中，挂牌信息以及摘牌信息由挂牌交易智能合约存储于区块链网络[1]。挂牌交易双方没有协商的过程，在电力交易系统下将自身的购/售电量、购/售电价格等信息通过分布式应用程序提交到交易系统，交易系统接收到购/售电信息向售/购电主体发布。与此对应，购/售电主体接收到交易系统的售/购电信息并寻找适合的售/购电信息并发出相应的邀约申请，形成交易订单。

集中竞价撮合交易智能合约：集中竞价撮合交易智能合约负责把撮合交易提案提交到区块链网络中，经由各个参与方确认后正式生成电力交易合同。竞价撮合为市场的电力平衡提供系统性的交易机制，减少了发电主体与

---

[1] 杨顺元：《跨区跨省电力交易机制与风险控制策略研究》，《中国科技投资》2019年27期，第83~84页。

用户之间的反复沟通。

交易流程

分布式电力交易流程分为如下四个阶段：

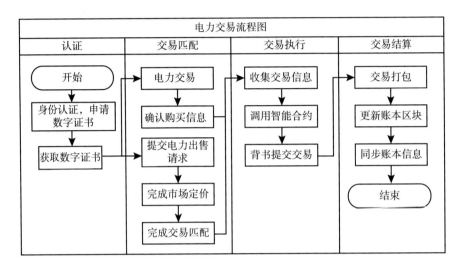

图6 电力交易流程

（1）认证阶段：在认证阶段，市场主体首先申请加入电力交易区块链网络中。各个主体向 CA 中心申请证书，CA 中心向通过审核的市场主体颁发数字证书以及与区块链节点交互所需要的公钥和私钥。

（2）交易匹配阶段：根据电力交易形式的区别，可以有两种定价方式。其一是自由定价，参与交易的市场主体通过双边协商、集中竞价和挂牌交易的方式发布价格以及电量信息，自由定价完成交易匹配。其二是自动定价，系统自动根据参与交易的分布式电源信息，匹配价格，完成交易。

（3）交易执行阶段：交易执行阶段首先是收集交易双方的买卖信息，将信息提交到智能合约。智能合约根据事先预定的规则进行校验计算，然后再由相应的背书节点对交易进行背书，从而完成交易。

（4）交易结算阶段：交易结算阶段主要是将已经完成背书的交易进行打包，然后将打包的信息更新到区块（即分布式区块链账本），最后将账本信息同步到区块链网络中有权限的（即共享的）所有节点，从而结束整个电能交易流程。

系统应用结果分析

基于区块链的分布式电能交易系统，在实际应用过程当中，得到了很好的验证，能够实现预期功能，发挥预期的效果。从实际应用过程当中，可以得到下述结论。

第一，系统实现了预期的设计，各个市场主体围绕着区块链，通过区块链网络进入分布式电力交易的场景。通过智能合约发挥交易的匹配及执行作用，可以将传统集中式的电力交易撮合，通过分布式的形式实现。

第二，系统在实际项目中，使用了联盟链的实现方式，项目中基于Hyperledger Fabric 底层区块链平台，采用 RAFT 共识算法，在实际运行过程当中能够达到较好的吞吐量和并发数。

第三，在项目的性能测试过程中，随着节点数量的不断增加，网络复杂度的增加，系统的性能有所下降。主要表现在交易的执行时间会随着节点数量的增加而变长。在实际应用当中，可以根据项目的实际需要，来设置合理的节点数量。对于部分参与方可以不需要实际使用物理节点，可以通过虚拟节点的方式（即多个参与方同时连接单个物理节点的方式）来实现。这种方式是可行的，因为每个参与方都有自己独立的数字证书，不会影响交易执行。同时推荐参与方就近选择相应的物理节点。

第四、由于区块链系统本身的特点，交易系统中交易完成的实时性并不是很高。对于大量交易的完成，并没有达到传统高性能服务器集中计算所能达到的实时性，但是在实际应用过程中，可以满足实际需要，这跟电力系统交易本身对于实时性要求不高的特点比较匹配。

五　总结

基于区块链的分布式电能交易系统，在试点过程当中能够发挥其作用，能够比较好地容纳风电、光伏等新能源发电企业及发电站的参与。目前风

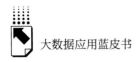
电、光伏等新能源在资源丰富的地方快速展开，特别是光伏发电由于其发电设备成本的不断降低，设备小型化的特点，可以在小面积范围进行安装使用。目前，在我国越来越多的地方，特别是农村地区，光伏发电设备安装数量越来越多，除自用外还可以参与电力交易。目前仍以补贴上网或统一采购上网的形式为主，但随着光伏发电行业的不断发展，分布式交易系统将成为主流的交易方式。

通过本项目的验证，分布式的电能交易方式真实可行，但其中也存在一些问题和障碍。除区块链技术本身的限制，也存在与之配套的管理流程以及其他因素制约，短期内或大规模实施尚存在顾虑。随着相应的法律法规、安全性能、区块链关键技术、区块链基础设施的提高，区块链将在新能源行业应用中发挥其用武之地。

附　录

Appendix

B.15
《大数据应用蓝皮书：中国大数据应用
发展报告》2017 ~2019年度目录

《大数据应用蓝皮书： 中国大数据应用发展报告 （2017 ）》

Ⅰ　总报告

Ⅱ　行业报告

Ⅲ　案例报告

《大数据应用蓝皮书： 中国大数据应用发展报告 （2018 ）》

Ⅰ 总报告

Ⅱ 热点篇

Ⅲ 案例篇

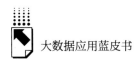
Ⅳ　行业篇

《大数据应用蓝皮书：中国大数据应用发展报告（2019）》

Ⅰ　总报告

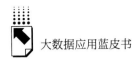

Abstract

Blue Book of Big Data Application, jointly compiled by the Big Data Management Committee of China Management Science Society (CMSS), the Industrial Internet Research Group of Development Research Center of the State Council (DRC) and Shanghai Neo Cloud Data Technology Co., Ltd., is the first blue book on big data application in China. The blue book aims to describe the current application status of big data in relevant industries, fields and typical scenarios, and analyze the problems existing in the current application of big data and the factors restricting its development. It also tries to explore the development tendency according to the actual situation of the current application of big data.

Annual Report on Development of Big Data Applications in China No. 4 (2020) consists of four parts: General Report, Index Report, Hot Topics and Cases, it describes widely concerned big data applications in 2020 in China.

With the overwhelming development of 5G, big data, cloud computing, IOT, AI and industrial Internet, together with the initial opening of government data and the full activation of "non-contact economy", various "new infrastructure" policies have been released and infrastructure construction is moving forward. Under the new circumstances in 2020, the theory of "value is driven by data" has been gradually becoming the foundation of all business applications. In the mean time, big data applications have been proliferated.

The COVID – 19 pandemic, which swept the world at the end of 2019 and has not yet dissipated, has had a huge impact on global social life and economy, bringing great challenges and difficulties to local government management, social governance, public services, industrial production and business operations in China. It can be seen that big data has played an enormous role in the fight against COVID – 19. It has helped China achieve both precise "anti-epidemic" and production recovery, and substantially promoted the development of the "non-

contact economy". Meanwhile, the "new infrastructure" established in the government work report in early 2020 has become an effective means to deal with the epidemic and the economic downturn. It not only represents the future direction of high-quality economic growth, but also a new engine for the development of digital economy.

In this context, the Blue Book focuses on "new infrastructure", government emergency management and other fields, and organizes practical cases of big data applications in social governancef under the epidemic situation, as well as do some exploration on data security and data security governance. It is obvious that in the near future, big data management and application will become the basic supporting capacity for the modernization of national governance system and governance capacity.

Big data application has been integrated into all walks of life and penetrated into all aspects of economic activities and social life. In April 2020, the CPC Central Committee and the State Council released a document on allocation of factors of production, listing data, labor, capital, land and science and technology as the five major factors of production. With the rise of international unilateralism and science and technology protectionism, China's high-tech product supply chain will be affected, and the source of technological innovation will be restricted. This volume of the Blue Book reminds us that it is imperative that China's core technology of big data find new ways of independent innovations as soon as possible.

Keywords: Big Data Application; New Infrastructure; Government Emergency Management

Contents

I General Report

Abstract: China's social economy and technology are entering a period of
deep change, and are making important changes from low-quality development
towards high-quality development. In 2020, the role of digital governance in
China will be obvious, the driving force of digital economy will be strengthened,
the industrial and economic structure will be adjusted, and big data will face new
opportunities and important challenges. With data becoming the major factor of
production, the initial opening of government data, and the full activation of
"non-contact economy", the core value of data economy is reflected, and the
core role of big data is more obvious. The new infrastructure is expected to
become a new driving force for China's rapid macro-economic development, and
has been highly concerned. With the intensive release of various new infrastructure
policies and the gradual promotion of infrastructure, the development of big data
has a substantial material and content foundation. Under the new situation, the
role of digital governance has been emphasized, the development trend of digital
government is good, "big data + grid" has become a developing trend of smart
city. With the rise of international unilateralism and science and technology
protectionism, China's supply chain of high-tech products is affected, and the

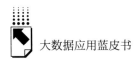
source of technological innovation is restricted. Therefore China's core technology development of big data needs to find new ways of independent innovation.

Keywords: Digital Intelligence; New Infrastructure; Social Emergency Response System; Data Governance; Open Source Software

Ⅱ Index Report

B. 2 Research on the Evaluation Index System for Development of Anhui Province Digital Economy

Wang Zhong, Liu Guiquan / 027

Abstract: This indicator system is guided by the digital China white paper, combined with the actual conditions of various cities in Anhui Province, and based on scientific design concepts. The digital economy is divided into three major items and 20 sub-items: digital industrialization, industrial digitization, and information infrastructure. The expert method is used to formulate the percentage weight of each evaluation system index, and the scores of each city are calculated according to the efficiency coefficient method, and then the average, standard deviation, variance, kurtosis, skewness and other information of each index item of 16 cities in Anhui Province are calculated analysis. This report has a certain role in promoting the development of digital economy in Anhui Province, filling in the blank of the digital economy indicator system in the province, and providing decision support for the development of digital economy in Anhui Province.

Keywords: Digital Economy; Digital Industrialization; Industrial Digitalization; Information Infrastructure

Ⅲ Hot Topics

B. 3 Development and Application of the Municipal-district Integrated Information Platform for National Health in Wuhan

Liang Gang, Liang Yan, Liu Yi, Feng Lei and Liang Xiongwei / 049

Abstract: The construction of the municipal-district integrated information platform in Wuhan is based on the "46312" Project (top-level design of the integration of health and family planning resources) and "Application Guide of Provincial-level Regional Population Health Information Platform ". The construction principles of the platform are overall design, advanced standard, innovation and demonstration. The construction of the platform complies with the national construction requirements and specifications, implements the important thought of "services on the foreground and data analysis on the background ". And it enhances the supporting capacity of the platform's services integration and collaboration, the post-structurization processing capacity of health data, the visual analysis and mining capability of big data, and the service management capacity of the cloud resources. The whole platform will help to improve the level of data standardization and data governance, promote the big data sharing and service supporting of health service in Wuhan, and the strategic development of "Healthy Wuhan".

Keywords: Integrated Information Platform; Data Fusion; National Health

B. 4   SSpatio-temporal Big Data Technology Framework and Industry Applications

Meng Xianwei, Jia Lin and Wang Xiaoqiong / 061

Abstract: As the national governance system, government management of people's livelihood, and smart cities rely more and more on time and space information elements, spatio-temporal data is increasingly becoming the core driving force of modern governance capabilities, economic operation mechanisms, social lifestyles, and the development of various industries. This article systematically introduces the concept and development status of spatio-temporal big data, explores the technical framework system and key technologies of spatio-temporal big data, analyzes the problems and development trends in the development of spatio-temporal big data, and lists its typical applications in

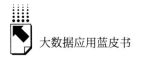

intelligent transportation and marine fishery.

Keywords: Spatio-temporal Big Data; Beidou; PNT; Industry Chain; Technical Framework

B. 5　Big Data Cloud Platform for Epidemic Prevention and Control: a Solution to Major Public Health Emergencies

Xu Tong, *Yu Runlong* / 084

Abstract: The COVID −19 pandemic has had a major impact on Chinese society and the health of Chinese people. As public health emergencies restrict the activities of epidemic prevention personnel, it is particularly important to use big data technology to complete data processing, modeling analysis, and visualization with cloud computing in that it can assist relevant functional departments in formulating epidemic prevention measures and deploying and monitoring online. The big data cloud platform for epidemic prevention and control proposed in this report aims to provide intelligent solutions for quarantine, material deployment, and resumption of production for major public health emergencies such as COVID −19. This report is based on the overall situation of the comprehensive epidemic prevention, centering on cities affected by the epidemic, forming an epidemic prevention united front for external and surrounding cities, focusing internally on the development trend of community epidemics, and resulting in an online and offline stereoscopic integrated urban prevention and control. Combined with real epidemic data, this report shows the key functions and visualization results of the big data cloud platform for epidemic prevention and control.

Keywords: Epidemic Big Data; Public Health Events; Cloud Computing.

B. 6 Exploration and Practice of Data Security Governance

in the New Era *Du Yuejin* / 106

Abstract: As we are entering the age of digital economy, data has become an essential production factor. Therefore, all kinds of big data application scenarios pose unprecedented challenges for data security, and previous security solutions are unable to solve today's data security problems anymore. This report not only comprehensively reviews the current situation of data security governance at home and abroad from the aspects of policies, regulations, standards and technologies, but also points out the main problems and challenges at present. Based on that, the report further introduces basic principles and measures of data security governance, and prospects the development trend of data security governance.

Keywords: Digital Economy; Data Security Governance; Capability Maturity; Cipher Computing; Privacy Protection

B. 7 Data Security Entering Quantum Age *Lu Dun* / 121

Abstract: Quantum information science is one of the most active fields in modern physics, based on quantum states inseparable, uncertainty and superposition principle, it is a frontier science of information processing research in the 21st century. Quantum information technology is a strategic emerging technology of highly international competitiveness, breaking through the limit of classical physics and information technology in information security, computing power and perception measurement. Quantum security communication technology has developed rapidly, and a series of mature commercial products and solutions have been applied in a wide range of industries including government affairs, finance, grid, public security, data center, and others.

Keywords: Quantum Information; Quantum Secure Communication; Data Security

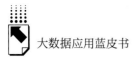

Ⅳ Cases

B. 8 Wuhan Housing Provident Fund Informatization Development and Big Data Application Practice

Liang Tiezhong , Liang Liang / 145

Abstract：The informatization construction of Wuhan Housing Provident Fund Management has experienced three stages and has fully realized the integration of the information system and provident fund management, their functions and application. In recent years, with the transforming of the old computer room and the setting up of new data center in Houhu , the top-level design and construction of information projects such as provident fund open platform, provident fund data monitoring and analysis platform have been strengthened, which has led the information management service of Wuhan provident fund to a new level and effectively promoted the application practice of big data.

Keywords：Provident Fund；Informatization；Big Data；Data Center

B. 9 The IOT Supports the Development of Comprehensive Control of Overload Transportation

Shao Tao , Jiang Cheng , Zhou Yaoming and Yuan Le / 159

Abstract：The problem of overload transportation of highway freight vehicles has become a chronic disease endangering the sustainable development of highway transportation. Off-site comprehensive overload control has become an important means of overload monitoring and law enforcement. This paper analyzes the development background and business scenarios of comprehensive control of overload, puts forward the design requirements and solutions of off-site comprehensive overload control, constructs a system solution, and elaborates the important links of comprehensive over load control, and forecasts the development prospect of comprehensive over load transportation control of smart traffic.

Keywords: Dynamic Weighing; Overload Control; Smart Traffic

B. 10 "Brain of Inclusive Finance"

—*Research and Practice of Machine Learning and Big Data Technology in Marketing Management of Small and Micro Enterprises*
Xu Jiang, Zhang Xing, Jiang Jianping, Xing Xuetao and Liu Cundong / 178

Abstract: Big data is increasingly being applied to the whole process of financial services for small and micro enterprises in commercial banks in China, therefore the traditional small and micro credit model will undergo qualitative change. Through the application case of "Brain of Inclusive Finance", this paper introduces how commercial Banks build small and micro financial data assets by applying machine learning and big data technology which based on "catalogue system" management mode of classified marketing for small and micro enterprise customers, and innovates the "big data + finance" loan mode without face-to-face approval, so as to provide intelligent solutions to solve the financing difficulties of small and micro enterprises.

Keywords: Inclusive Finance; Small and Micro Enterprises; Machine Learning; Big Data

B. 11 Application of AI in Big Data in Chemical and Eco-environmental

Industry *Lin Xiaowei, Chen Xumin, Wang Xinyang, Lu Yingying and He Yi / 202*

Abstract: In recent years, the rapid development of information technology,

such as big data and artificial intelligence (AI), has brought new opportunities for major changes in the production mode, industrial form and business mode of chemical and eco-environmental industry. The applications of AI methods based on big data can effectively reduce R&D and production costs and therefore improve production efficiency. This paper starts with the application status and typical application cases of artificial intelligence in big data in chemical and eco-environmental industry, then analyzes the problems that need to be solved urgently in the application of artificial intelligence in the mentioned fields and puts forward some suggestions for future development.

Keywords: Big Data; Machine Learning; Artificial Intelligence; Chemical Industry; Ecological Environment

B. 12 Application and Development of Operators' Location Big Data

Zhang Enwan, Lv Jun and Zhang Yikui / 221

Abstract: With the development of the mobile Internet era, location-based service has always been one of the most interesting businesses for the majority of industry users. Operators have a large number of potential customers, and most big data products are location related. Combined with existing data resources, location big data can greatly promote the business development of public security, finance, commerce, tourism, transportation, security and other industries. This paper starts with the technical framework system of the mainstream location-based big data of operators, and through the analysis of various "location application" development ideas, describes how the operators play the big data ability, to realize the value of data resources by integrating the existing location middle-ground and make a judgment on its future development trend.

Keywords: Big Data; Location-based Services; Trace Analysis

B. 13　AI Vision Based Intelligent Control Solution for Power

Operation Process in Open Large Scene

Tan Shoubiao, Zhu Lvpu, Huang Xuxin and Zhu Zhaoya / 242

Abstract: With the application of information systems, many substations are gradually turned into unmanned substations in order to reduce staff and increase efficiency. Daily substation maintenance and repair operations are still supervised by substation safety management personnel. However, safety accidents occurs from time to time due to personnel negligence and the difficulty of supervising the entire operation process by limited number of supervisors. Based on deep learning technology in intelligent video analysis, the supervision of the whole process of on-site operation and maintenance can be realized by real-time analysis of on-site surveillance video, in which the operation behavior of personnel in the screen will be identified, and illegal operations will be determined and warned in time according to the work ticket information, then potential risks can be eliminated to improve the safety of electric power operations. The methods used to analyze and recognize operator behaviors in open large scenes based on videos are introduced in this article, including foreground detection, target detection and positioning, target classification and recognition, semantic segmentation, and action recognition. The technical architecture, system framework, working mode, and intelligent analysis content of the intelligent power operation process control system developed by Anhui Zeusight Technology Co., Ltd. are described in detail. Numerous successful cases show that the system is effective for fine site operation management and eliminating potential safety hazard.

Keywords: Power Operation Process Control; AI Vision; Open Large Scene; Intelligent Video Monitoring

B. 14　The Application of Block Chain in New Energy Business Form

Zhou Haiming , Fan Yin ／ 266

Abstract：With the continuous development of power market reformation and the opening of power trading, a big number of new energy power generation enterprises actively participate in the power trading market. It helps involving more entities and reducing the power purchase cost, meanwhile it also brings new challenges and problems. The existing large-scale centralized power trading market and system cannot solve these challenges due to the distributed characteristics of new energy and the small and scattered trading characteristics. Blockchain technology is a natural distributed technology, which has been selected as the new technology infrastructure of new national infrastructure. This paper will introduce the construction of a multi-central distributed trading system through Blockchain technology. It organizes the consortium to improve the trading efficiency which comes with the current new energy business form. It promotes the nearby consumption of new energy and the efficient allocation of distributed power resources.

Keywords：Blockchain；Distributed；New Energy；Photovoltaic Power Generation

社会科学文献出版社

皮 书

智库报告的主要形式
同一主题智库报告的聚合

✤ 皮书定义 ✤

皮书是对中国与世界发展状况和热点问题进行年度监测，以专业的角度、专家的视野和实证研究方法，针对某一领域或区域现状与发展态势展开分析和预测，具备前沿性、原创性、实证性、连续性、时效性等特点的公开出版物，由一系列权威研究报告组成。

✤ 皮书作者 ✤

皮书系列报告作者以国内外一流研究机构、知名高校等重点智库的研究人员为主，多为相关领域一流专家学者，他们的观点代表了当下学界对中国与世界的现实和未来最高水平的解读与分析。截至2020年，皮书研创机构有近千家，报告作者累计超过7万人。

✤ 皮书荣誉 ✤

皮书系列已成为社会科学文献出版社的著名图书品牌和中国社会科学院的知名学术品牌。2016年皮书系列正式列入"十三五"国家重点出版规划项目；2013~2020年，重点皮书列入中国社会科学院承担的国家哲学社会科学创新工程项目。

中国皮书网

（网址：www.pishu.cn）

发布皮书研创资讯，传播皮书精彩内容
引领皮书出版潮流，打造皮书服务平台

栏目设置

◆**关于皮书**

何谓皮书、皮书分类、皮书大事记、
皮书荣誉、皮书出版第一人、皮书编辑部

◆**最新资讯**

通知公告、新闻动态、媒体聚焦、
网站专题、视频直播、下载专区

◆**皮书研创**

皮书规范、皮书选题、皮书出版、
皮书研究、研创团队

◆**皮书评奖评价**

指标体系、皮书评价、皮书评奖

◆**互动专区**

皮书说、社科数托邦、皮书微博、留言板

所获荣誉

◆ 2008 年、2011 年、2014 年，中国皮书
网均在全国新闻出版业网站荣誉评选中
获得"最具商业价值网站"称号；
◆ 2012 年,获得"出版业网站百强"称号。

网库合一

2014年，中国皮书网与皮书数据库端口
合一，实现资源共享。

权威报告·一手数据·特色资源

皮书数据库
ANNUAL REPORT(YEARBOOK)
DATABASE

分析解读当下中国发展变迁的高端智库平台

所获荣誉

● 2019年，入围国家新闻出版署数字出版精品遴选推荐计划项目

● 2016年，入选"'十三五'国家重点电子出版物出版规划骨干工程"

● 2015年，荣获"搜索中国正能量 点赞2015""创新中国科技创新奖"

● 2013年，荣获"中国出版政府奖·网络出版物奖"提名奖

● 连续多年荣获中国数字出版博览会"数字出版·优秀品牌"奖

成为会员

通过网址www.pishu.com.cn访问皮书数据库网站或下载皮书数据库APP，进行手机号码验证或邮箱验证即可成为皮书数据库会员。

会员福利

● 已注册用户购书后可免费获赠100元皮书数据库充值卡。刮开充值卡涂层获取充值密码，登录并进入"会员中心"—"在线充值"—"充值卡充值"，充值成功即可购买和查看数据库内容。

● 会员福利最终解释权归社会科学文献出版社所有。

数据库服务热线：400-008-6695
数据库服务QQ：2475522410
数据库服务邮箱：database@ssap.cn
图书销售热线：010-59367070/7028
图书服务QQ：1265056568
图书服务邮箱：duzhe@ssap.cn

社会科学文献出版社 皮书系列
SOCIAL SCIENCES ACADEMIC PRESS (CHINA)

卡号：564223563441
密码：

基本子库
SUB DATABASE

中国社会发展数据库（下设 12 个子库）

整合国内外中国社会发展研究成果，汇聚独家统计数据、深度分析报告，涉及社会、人口、政治、教育、法律等 12 个领域，为了解中国社会发展动态、跟踪社会核心热点、分析社会发展趋势提供一站式资源搜索和数据服务。

中国经济发展数据库（下设 12 个子库）

围绕国内外中国经济发展主题研究报告、学术资讯、基础数据等资料构建，内容涵盖宏观经济、农业经济、工业经济、产业经济等 12 个重点经济领域，为实时掌控经济运行态势、把握经济发展规律、洞察经济形势、进行经济决策提供参考和依据。

中国行业发展数据库（下设 17 个子库）

以中国国民经济行业分类为依据，覆盖金融业、旅游、医疗卫生、交通运输、能源矿产等 100 多个行业，跟踪分析国民经济相关行业市场运行状况和政策导向，汇集行业发展前沿资讯，为投资、从业及各种经济决策提供理论基础和实践指导。

中国区域发展数据库（下设 6 个子库）

对中国特定区域内的经济、社会、文化等领域现状与发展情况进行深度分析和预测，研究层级至县及县以下行政区，涉及地区、区域经济体、城市、农村等不同维度，为地方经济社会宏观态势研究、发展经验研究、案例分析提供数据服务。

中国文化传媒数据库（下设 18 个子库）

汇聚文化传媒领域专家观点、热点资讯，梳理国内外中国文化发展相关学术研究成果、一手统计数据，涵盖文化产业、新闻传播、电影娱乐、文学艺术、群众文化等 18 个重点研究领域。为文化传媒研究提供相关数据、研究报告和综合分析服务。

世界经济与国际关系数据库（下设 6 个子库）

立足"皮书系列"世界经济、国际关系相关学术资源，整合世界经济、国际政治、世界文化与科技、全球性问题、国际组织与国际法、区域研究 6 大领域研究成果，为世界经济与国际关系研究提供全方位数据分析，为决策和形势研判提供参考。

法律声明

"皮书系列"（含蓝皮书、绿皮书、黄皮书）之品牌由社会科学文献出版社最早使用并持续至今，现已被中国图书市场所熟知。"皮书系列"的相关商标已在中华人民共和国国家工商行政管理总局商标局注册，如 LOGO（▨）、皮书、Pishu、经济蓝皮书、社会蓝皮书等。"皮书系列"图书的注册商标专用权及封面设计、版式设计的著作权均为社会科学文献出版社所有。未经社会科学文献出版社书面授权许可，任何使用与"皮书系列"图书注册商标、封面设计、版式设计相同或者近似的文字、图形或其组合的行为均系侵权行为。

经作者授权，本书的专有出版权及信息网络传播权等为社会科学文献出版社享有。未经社会科学文献出版社书面授权许可，任何就本书内容的复制、发行或以数字形式进行网络传播的行为均系侵权行为。

社会科学文献出版社将通过法律途径追究上述侵权行为的法律责任，维护自身合法权益。

欢迎社会各界人士对侵犯社会科学文献出版社上述权利的侵权行为进行举报。电话：010-59367121，电子邮箱：fawubu@ssap.cn。

社会科学文献出版社